三维激光扫描原理与应用

李　峰　王　健　刘小阳　刘文龙　丁建闯　编著

地震出版社

图书在版编目（CIP）数据

三维激光扫描原理与应用/李峰等编著.
—北京：地震出版社，2020.5（2022.7重印）
ISBN 978 - 7 - 5028 - 5126 - 2

Ⅰ.①三…　Ⅱ.①李…　Ⅲ.①三维—激光扫描—研究

Ⅳ.①TN249

中国版本图书馆 CIP 数据核字（2019）第 274480 号

地震版　XM5306／TN（5845）

三维激光扫描原理与应用

李　峰　王　健　刘小阳　刘文龙　丁建闯　编著

责任编辑：樊　钰
责任校对：刘　丽

出版发行：**地震出版社**
　　　　　北京市海淀区民族大学南路 9 号　　　　　邮编：100081
　　　　　发行部：68423031　68467993　　　　　传真：88421706
　　　　　门市部：68467991　　　　　　　　　　传真：68467991
　　　　　总编室：68462709　68423029　　　　　传真：68455221
　　　　　http://seismologicalpress.com

经销：全国各地新华书店
印刷：河北文盛印刷有限公司

版（印）次：2020 年 5 月第一版　2022 年 7 月第五次印刷
开本：787×1092　1/16
字数：467 千字
印张：18.25
书号：ISBN 978 - 7 - 5028 - 5126 - 2
定价：80.00 元

前　言

以"3S"技术和"4D"产品为代表的测绘学的发展标志着测绘学科从单一学科迈向了多学科的交叉融合，测绘新技术的快速发展也必将引起测绘教育与教学的深刻变革。三维激光扫描技术自20世纪90年代末兴起，至今已有20多年的时间。三维激光扫描技术前端采集激光点云数据的方法较为成熟，但是后期海量激光点云数据处理和特征提取的理论与方法仍在不断更新完善中。从高校教学角度看，三维激光扫描技术融合了普通测量学、GPS、GIS、遥感、测量平差理论、摄影测量学等多门课程的教学内容，课程的交叉性、专业性、综合性较强。为了弥补三维激光扫描课程教材的不足，笔者结合我国当前高校测绘专业教育改革、课程设置的实际状况，根据多年激光扫描数据的实践和教学经历编写了本书，力图通过本书向读者展示三维激光扫描的基本原理、方法和产品的生产过程。

该教材具有以下特点：

（1）实践性。教材来源于实践，内容编排按照"由浅入深，由易到难，由简到繁"的直观性教学原则，覆盖了激光扫描仪作业方法、多站点云配准、点云赋色、曲面3D建模和建筑物3D实体建模等内容，实验信息量丰富，能满足工程实践的现实需求。

（2）理论性。教材突出了激光测距的原理、激光点云的配准压缩算法、点云自动建模方法和激光扫描仪的检定和校正方法，从原理上阐述了激光点云从采集到3D建模的过程，并以实际灾害实例强化其理论基础。

（3）丰富性。教材从激光技术的发展谈起，介绍了地面三维激光扫描技术原理、点云格式、主流激光扫描仪、点云压缩与配准、点云建模方法、点云建模软件、点云误差来源和校正方法等内容。

（4）新颖性。教材在介绍地面三维激光扫描技术的同时，附带引入了移动式激光扫描技术和机载LiDAR技术的相关原理和方法，反映了测绘新技术的发展方向和时代特征。

参加本教材编写工作的老师有：防灾科技学院李峰（第1~11章，附录），山东科技大学王健（4.4节），防灾科技学院刘小阳（第13章），北京工业职业技术学院刘文龙和华北科技学院丁建闯（第12章）。全书由李峰和王健统稿。

限于编者水平，书中的一些理论方法尚不完善，编写过程中难免有不妥和错误之处，编者真诚地希望广大读者能提出批评意见和建议，恳请广大读者朋友将阅读和实际操作中遇到的问题及时发送到 lif1223@ aliyun. com 邮箱，不胜感谢。

编 者

2018 年 4 月于防灾科技学院

目　　录

第1章 绪 论

1.1 三维激光扫描技术概述

最近 50 年间，固态电子学、光子学、计算机视觉领域以及计算机图形学的发展促进了可靠的、高分辨率的、精确的地面和机载激光扫描仪的发展。毫无疑问，最近 20 年来激光扫描技术的迅速发展已经成为最重要的地质空间数据采集手段。激光扫描系统安装到飞机和路基平台后以空前的高精度采集了详尽、海量的 3D 数据，此外，激光数据处理的复杂度相对适中，这进一步加速了这项技术在各个行业的快速推广应用。激光技术的发明可以追溯到 20 世纪 60 年代，但是因缺少各种支持性的技术而阻碍了它在测量制图领域的应用。20 世纪 90 年代中期，直接大地定向技术的出现以及计算机技术的进步促进了激光扫描技术在商业制图领域的发展。此外，以高密度激光点云的效率和节约成本的特点已经得到了广泛的应用，如地形图绘制、环境制图、工业和文化遗产的 3D 数据获取与建模。

经过对三维激光扫描技术长期的研究，以及技术和仪器的长足进步，测绘人员已经在当前地形应用中广泛采用了自 20 世纪 90 年代中期开始发展的激光扫描系统。在这一领域必须提到的是 NASA，它在 20 世纪 60 年代的北冰洋制图活动中起到了重要的带头作用，早在这些发展之前，激光就已经广泛应用于测量的许多领域，尤其是工程测量。激光的各种原始形式有固态激光（1960 年）、气体激光（1961 年）和半导体激光（1962 年），实际上在激光发明出现不久就被专业陆地测量师和土木工程师所采用。激光的早期应用包括校准操作和在桥梁、隧道中的变形测量；另一种早期应用的方式是联合手动操作的激光和自动安平激光水准仪，主要用于工程测量应用。20 世纪 60 年代中后期，激光开始被测量师用于距离测量，这些测量的原理主要包括基于相位的对比法和脉冲回波法。随后高能量的激光测距仪应用在军事上的射击和跟踪。1970 年后，激光开始取代早期电子测距仪（EDM）中的钨丝和汞灯，开始时这些激光 EDM 设备主要单独用于控制测量和大地三角网或导线测量中的距离测量，而这些操作中的角度测量则分别使用经纬仪。后来，这两种类型的仪器融合成带激光测距功能的全站仪，它能利用光电子解码技术精确测量角度，在制作地形图和地面模型时，这些全站仪采用连接杆的反射镜进行连续地形测量，这类测量方式被称为电子视距测量。随着小型高能量（对人眼仍然安全）的激光器的发展，无棱镜距离测量成为可能，无棱镜式地基激光测距仪开始用于露天矿和隧道的测量。考虑到激光在不同测量领域的大量应用，一种新型的扫描装置添加到激光测距仪中，这就是我们现在使用的地面激光扫描仪，它可安放在三脚架上在静态位置上测量或安置在交通工具平台上进行移动测量。

1.2　三维激光扫描技术的发展历程

三维激光扫描技术的发展可以追溯到 20 世纪 60 年代。1960 年，美国加利福尼亚州休斯实验室的科学家梅曼研制成功了世界上第一台红宝石激光器。1961 年，中国大陆第一台激光器在中科院长春光机所研制成功。1965 年，英国国防部使用砷化镓半导体实验性激光测高仪测量空中飞机距离地面的高度，当时的飞行高度为 300m，激光测距的精度达到了 1.5m；通过示波器显示的激光脉冲振幅可以很容易地区分出地面和建筑物的屋顶，区分的结果还可以用飞机所拍摄的地面照片进行验证。不久以后，首个航空激光剖面测绘仪（laser profiler）被引入到了商业地形制图作业中；这种激光测距仪采用了氦氖气体激光器，发出波长为 632.8nm 的连续波 CW（Continuous Wave），利用 KDP 晶体使得连续波分成 1MHz、5MHz 和 25MHz 三种不同的频率，由地面反射回的每种回波信号与参考信号对比后得到各自的相位差，从而计算出实际的距离，这是最早的相位式激光器；同时安装在飞机上的灵敏式气压传感器用来测量飞机的绝对高程，经过检校的条幅式相机用来提供地面的剖面线性影像；通常认为这种激光测高仪的测距范围为 300~1500m，但在 4500m 的高度时也接收到了地面的回波信号。在此期间，脉冲式红宝石激光器也开始进行测试，由于产生了极低的脉冲重复率（每秒几个脉冲），所以并未应用到实际的系统中。

1969 年，美国阿波罗 11 号飞船的宇航员们就已经在月球的静海中安置反射镜阵列，当来自地球的激光脉冲被反射后就准确地测试出了地球与月球之间的距离。从 20 世纪 70 年代中期开始，Nd. YAG（Neodymium-doped Yttrium Aluminium Garnet，掺钕钇铝石榴石）固态激光器与 GaAs（砷化镓）半导体激光器被开发并构成了机载脉冲式激光剖面绘图系统的基础。1979 年，美国马萨诸塞州的 Avco Everett 公司采用了 Nd. YAG 固体式激光测图系统，使用双轴式陀螺仪来测定飞机的飞行姿态并且用来辅助确定地面激光点的位置；这种激光剖面绘图仪的位置和姿态由装置在飞机上的微波测距系统与地面上 3 个已知基站的异频雷达收发机来共同确定。1980 年，美国马萨诸塞州出现了名为 PRAMIII 的激光剖面绘图仪，它是基于 GaAs 半导体二极管的激光器，波长为 904nm，脉冲重复率 PRR（Pulse Repetition Rate）高达 4kHz。Honeywell、Litton 等著名公司的 IMU（Inerial Measurement Unit）开始集成到这个系统中，并且一些公司开始利用多种微波测距系统提供商业化的精确地形剖面绘图服务。同一时期，总部位于加拿大多伦多的 Optech 公司也使用 GaAs 半导体二极管建造了 Model 501 SX 型机载剖面绘图系统，其波长为 904nm，脉冲宽度为 15ns，脉冲重复率高达 2kHz。

1985 年，NASA 下属的兰利研究中心执行了它的机载激光测量任务，目的是研究大气中存在的水蒸气和气溶胶的密度。1973—1994 年间，美国国防部成功地建立起了全球定位系统 GPS。通过 4 颗以上的 GPS 卫星就可以准确地测定地物的三维坐标。1988 年，德国斯图加特大学的 Ackermann 教授进行了机载动态 GPS 的测量试验，以少量的地面控制点 GCP（Ground Control Point）成功实现了 GPS 空中三角测量。在同一年里，Ackermann 教授又展示了利用机载激光测量技术测绘森林地区地形的潜在用途。1989—1993 年之间，斯图加特大学的 Peter Frie ß. 和 Joachim Lindenberger 两位博士生将 GPS 接收机、惯性测量系统 IMU 及激光扫描仪集成在一起，利用 GPS 获取扫描仪中心的位置坐标和 IMU 测定扫描仪的三个姿态角的功能，完成了一系列的测量试验，当时的系统就成为了现代 LiDAR 系统的雏形。

1989 年，SAAB 公司（AHAB 的前身）受瑞典海军的委托开发了一套用于追踪潜艇的测海机载 LiDAR 系统。1992 年，Peter Frie ß. 和 Joachim Lindenberger 成立了 TopScan 公司。1993 年，加拿大的 Optech 公司推出了第一套真正意义上的商业化激光扫描仪 ALTM 1020，随后，由 TopScan 公司采集数据并对系统进行了评估。1995 年，Leica 推出世界上第一个三维激光扫描仪的原型产品。1998 年，Leica 推出了第一台三维激光扫描仪实用产品 Cyrax 2400，扫描速度 100 点/秒。1998 年，NASA 开始使用波形数字化激光扫描仪 LVIS 采集数据。2004 年，奥地利的 Riegl 公司生产出了商业化的全波形激光扫描仪 RIEGL LMS-Q560，并由其合作伙伴——德国的 IGI 公司推出 LiteMapper5600 机载 LiDAR 系统；全波形的特点是数字化采集并存储返回激光脉冲的全部回波，能详细地观测到地物的垂直结构、地表坡度、粗糙度及反射率等。当前，机载 LiDAR 的主要生产商有 Optech、IGI（与 Riegl 合作）、Leica、TopoSys（后被 Trimble 收购）、AHAB。2005 年，英国的 3DLM 公司生产出了一种移动式车载激光 LiDAR 系统 StreetMapper，用于城市、道路的建设；2010 年推出了 StreetMapperGIS 含全景（panoramic）相机的车载 LiDAR 系统；2012 年 11 月研制成功的手持移动激光测图系统可在没有 GPS 信号的条件下实现快速 3D 点云扫描，这将 LiDAR 系统的应用推向了一个新的高潮。

1.3 激光技术的基本知识

1.3.1 激光的概念

电磁波谱是按波长或频率大小顺序对电磁波进行递增或递减排序而成的电磁波序列，电磁波谱成分包括无线电波、光波（红外、可见光、紫外线）、X 射线、γ 射线，电磁波谱的波长范围为：γ 射线 $< 10^{-6} \mu m$；X 射线 $10^{-6} \sim 10^{-3} \mu m$；紫外线 $10^{-3} \sim 0.38 \mu m$；可见光 $0.38 \sim 0.76 \mu m$；近红外 $0.76 \sim 3 \mu m$；中红外 $3 \sim 6 \mu m$；远红外 $6 \sim 15 \mu m$；超远红外 $15 \sim 1000 \mu m$；微波 $1mm \sim 1m$；超短波 $1 \sim 10m$；中波和短波：$10 \sim 3000m$；长波：$> 3000m$。按照各种电磁波产生的方式，可将其划分成三个组成部分。

（1）高频区（高能辐射区）。

其中包括 X 射线，γ 射线和宇宙射线。它们是利用带电粒子轰击某些物质而产生的。这些辐射的特点是他们的量子能量高，当它们与物质相互作用时，波动性弱而粒子性强。

（2）长波区（低能辐射区）。

其中包括长波、无线电波和微波等最低频率的辐射。它们由电子束管配合电容、电感的共振结构来产生和接收，也就是能量在电容和电感之间振荡而形成。它们与物质间的相互作用更多地表现为波动性。

（3）中间区（中能辐射区）。

其中包括红外辐射、可见光和紫外辐射。这部分辐射产生于原子和分子的运动，在红外区辐射主要产生于分子的转动和振动；而在可见与紫外区辐射主要产生于电子在原子场中的跃迁。这部分辐射统称为光辐射，这些辐射在与物质的相互作用中，显示出波动和粒子双重性。

不同的电磁波产生的机理和方式不同。无线电波是可以人工制造的，是振荡电路中自由电子的周期性运动产生的。红外线、可见光、紫外线是原子的外层电子受激发产生，伦琴射线（X射线）是原子的内层电子受激发产生，γ射线是原子的原子核受激发后产生的。在电磁波谱中各种电磁波由于频率或波长不同而表现出不同的特性，如波长较长的无线电波很容易表现出干涉、衍射等现象，但对波长越来越短的可见光、紫外线、伦琴射线、γ射线要观察到它们的干涉衍射现象就越来越困难。但是从电磁波谱中看到各种电磁波的范围已经衔接起来，并且发生了交错，因此它们本质上相同，服从共同的规律。

激光也是一种光，同样位于电磁波谱的序列中。什么是激光？什么是"受激辐射"？它基于伟大的科学家爱因斯坦在1916年提出的一套全新的理论。这一理论是说在组成物质的原子中，有不同数量的粒子（电子）分布在不同的能级上，在高能级上的粒子受到某种光子（外来辐射场）的激发，会从高能级跳到（跃迁）低能级上，如图1.1所示，这时将会辐射出与激发它的光相同性质的光，而且在某种状态下，能出现一个弱光激发出一个强光的现象，这种现象叫作"受激发射辐射的光放大"（LASER，Light Amplification Stimulated Emission Radiation），简称激光，台湾地区称为"莱塞"或者"镭射"。受激辐射是产生激光的必要条件，受激辐射发出的光子和外来光子的频率、位相、传播方向以及偏振状态全相同。外来辐射的能量必须恰好是原子两能级的能量差，用公式表示为：

$$hv = E_2 - E_1 \tag{1.1}$$

式中，玻尔兹曼常数 $h = 6.626 \times 10^{-34} \text{J} \cdot \text{s}$，$v$ 表示频率，E 表示能量。

激光（Laser）是利用光能、热能、电能、化学能或核能等外部能量来激励物质，使其发生受激辐射而产生的一种特殊的光。受激辐射是激光与普通光不同的最根本的特性。自发辐射是每个自发辐射的原子都可以看作是一个独立的发射单元，各列自发辐射的光波之间没有固定的相位关系，偏振态和传播方向彼此无关，是非相干光，而受激辐射是相干光。

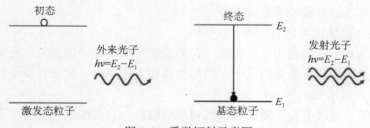

图 1.1　受激辐射示意图

1.3.2　激光的种类

激光按波段分可分为可见光、红外、紫外、X光、多波长可调谐，目前工业用红外及紫外激光。例如 CO_2 激光器 10.64μm 红外激光，氪灯泵浦 YAG 激光器 1.064μm 红外激光，氙灯泵浦 YAG 激光器 1.064μm 红外激光，半导体侧面泵浦 YAG 激光器 1.064μm 红外激光，不同类型的激光器及其波长如表 1.1 所示。

表 1.1　常见的激光器及其波长

激光种类	波长/nm
氩氟激光（紫外光）	193
氪氟激光（紫外光）	248
氙氯激光（紫外光）	308
氮激光（紫外光）	337
氩激光（蓝光）	488
氩激光（绿光）	514
氦氖激光（绿光）	543
氦氖激光（红光）	633
罗丹明 6G 染料（可调光）	570~650
红宝石（$CrAlO_3$）	694
钕–钇铝石榴石（Nd：YAG）（近红外光）	1064
二氧化碳（远红外光）	10600

　　激光器的种类很多，可分为固体、气体、液体、半导体和染料等几种类型。

　　（1）固体激光器：一般小而坚固，脉冲辐射功率较高，应用范围较广泛。如：Nd：YAG 激光器。Nd（钕）是一种稀土族元素，YAG Nd：YAG（neodymium-yttrium-aluminum garnet）代表钇铝石榴石，晶体结构与红宝石相似。这类激光器的特点是单色性差。

　　（2）半导体激光器：体积小、质量轻、寿命长、结构简单，特别适于在飞机、军舰、车辆和宇宙飞船上使用。半导体激光器可以通过外加的电场、磁场、温度、压力等改变激光的波长，能将电能直接转换为激光能。这类激光器的特点是单色性差。

　　（3）气体激光器：以气体为工作物质，单色性和相干性较好，激场、温度、压力等改变激光的波长，能将电能直接转换为激光能，所以发展迅速。光波长可达数千种，应用广泛。气体激光器结构简单、造价低廉、操作方便。在工农业、医学、精密测量、全息技术等方面应用广泛。气体激光器有电能、热能、化学能、光能、核能等多种激励方式。多数气体激光器瞬时功率不高。

　　（4）液体激光器：是以液体染料为工作物质的染料激光器，于 1966 年问世，广泛应用于各种科学研究领域。现在已发现的能产生激光的染料大约在 500 种，这些染料可以溶于酒精、苯、丙酮、水或其他溶液，还可以包含在有机塑料中以固态出现或升华为蒸汽，以气态形式出现。所以染料激光器也称为"液体激光器"。染料激光器的突出特点是波长连续可调，染料激光器种类繁多，价格低廉，效率高，输出功率可与气体和固体激光器相媲美，广泛应用于分光光谱、光化学、医疗和农业上。

（5）红外激光器：已有多种类型，应用范围广泛，它是一种新型的红外辐射源，特点是辐射强度高、单色性好、相干性好、方向性强。

（6）X射线激光器：在科研和军事上有重要价值，应用于激光反导弹武器中具有优势；生物学家用X射线激光能够研究活组织中的分子结构或详细了解细胞机能，用X射线激光拍摄分子结构的照片，所得到的生物分子像的对比度很高。

（7）化学激光器：有些化学反应产生足够多的高能原子，就可以释放出大能量，可用来产生激光作用。

（8）自由电子激光器：这类激光器比其他类型更适于产生很大功率的辐射。它的工作机制与众不同，它从加速器中获得几千万伏高能调整电子束，经周期磁场，形成不同能态的能级，产生受激辐射。优点：光谱覆盖范围广且连续可调、功率高、光束质量高。缺点：需要具有相对论速度，设备复杂昂贵

（9）准分子激光器、光纤导波激光器等。

1.3.3 激光的特性

激光主要有四大特性：高亮度、高方向性、高单色性和高相干性。

（1）激光的高亮度：固体激光器的亮度更可高达 $10^{11}\text{W/cm}^2\text{Sr}$。由于激光的发射能力强和能量的高度集中，所以亮度很高，它比普通光源高亿万倍，比太阳表面的亮度高几百亿倍。亮度是衡量一个光源质量的重要指标，若将中等强度的激光束经过会聚，可在焦点处产生几千到几万度的高温，这就使其可能可加工几乎所有的材料。

（2）激光的高方向性：激光的高方向性使其能在有效地传递较长距离的同时，还能保证聚焦得到极高的功率密度，这两点都是激光加工的重要条件。激光发射后发散角非常小，激光射出 20km，光斑直径只有 20~30cm，激光射到 38 万 km 的月球上，其光斑直径还不到 2km。

（3）激光的高单色性：光的颜色由光的不同波长决定，不同的颜色，是不同波长的光作用于人的视觉的不同而反映出来的。激光的波长基本一致，谱线宽度很窄，颜色很纯，单色性很好。由于激光的单色性极高，从而保证了光束能精确地聚焦到焦点上，得到很高的功率密度。由于这个特性，激光在通信技术中应用很广。

（4）激光的高相干性：相干性主要描述光波各个部分的相位关系。正是激光具有如上所述的奇异特性因此在工业加工中得到了广泛的应用。相干性是所有波的共性，但由于各种光波的品质不同，导致它们的相干性也有高低之分。普通光是自发辐射光，不会产生干涉现象。激光不同于普通光源，它是受激辐射光，具有极强的相干性，所以称为相干光。

目前激光已广泛应用到激光焊接、激光切割、激光打孔（包括斜孔、异孔、膏药打孔、水松纸打孔、钢板打孔、包装印刷打孔等）、激光淬火、激光热处理、激光打标、玻璃内雕、激光微调、激光光刻、激光制膜、激光薄膜加工、激光封装、激光修复电路、激光布线技术、激光清洗等。

相干性（coherence）是指为了产生显著的干涉现象，波所需具备的性质。相干性产生的条件有振动方向相同、频率相同、相位差恒定。例如：两个正弦波的相位差为常数，则这两个波的频率必定相同，称这两个波"完全相干"。两个"完全不相干"的波（如白炽灯或

太阳所发射出的光波），由于产生的干涉图样不稳定，无法被明显地观察到。在这两种极端之间，存在着"部分相干"的波。激光器区别于普通光源的最重要的一条是它良好的相干性，光源像其他光源一样其相干性分为时间相干性和空间相干性。

1.3.3.1 时间相干性

光源的时间相干性描述的是某一空间点在不同时刻光波场之间的相干性。用相干时间 t_c 定量描述，它定义为光传播方向上某点处，可以使得两个不同时刻的光波场之间有相干性的最大时间间隔。这个时间间隔实际上是光源所发出的有限长波列的持续时间，可以将光传播方向上任一点的光场振动随时间变化的规律写为：

$$E(t) = \begin{cases} E_0 e^{12xv_0 t}, & 0 < t < t_c \\ 0, & 其他 \end{cases} \tag{1.2}$$

式中，v_0 为光振动的频率。

对上式进行傅里叶变换，然后再求它的模平方，便可得到此光源的光强随频率变化的函数关系即光源频谱为：

$$I(v) = |F[E(t)]|^2 = \left| \int_0^{\tau_c} E_0 e^{i2\pi v_0 t} e^{-i2mt} dt \right|^2 \tag{1.3}$$

忽略常数比例因子后，可以算出：

$$I(v) = sinc^2[\pi(v - v_0)t_c] \tag{1.4}$$

式中，$sinc(x)$ 称辛格函数，定义为 $sinc(x) = \sin x / x$，由式（1.3）画出的频谱曲线如图 1.2 所示。

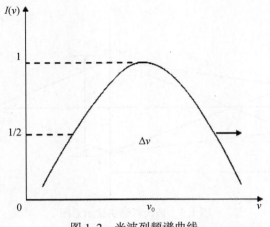

图 1.2 光波列频谱曲线

通常定义光强下降到最大值一半的两个频率间隔为光源的频谱线宽 Δv，由 sinc 函数的定义，不难求出 $\Delta v = 1/t_c$，该式说明光源的时间相干性实际上描述了光源的单色性能。单色性能越好，即频谱线宽越窄，光源的时间相干性就越好，相干时间越长。一般单色性较好的激光器，相干时间为 $10^{-2} \sim 10^{-3}$ s；热光源约为 $10^{-8} \sim 10^{-9}$ s。

1.3.3.2 空间相干性

光源的空间相干性描述的是某一时刻不同空间点处的光波场之间的相干性。按所研究的空间点位置的不同，又有纵向空间相干性与横向空间相干性之分。

（1）纵向空间相干性。

光源的纵向空间相干性可以用相干长度 L_c 来描述。它定义为可以使光传播方向上两个不同点处的光波场具有相干性的最大空间间隔。这个空间间隔实际上就是光源所发出的光波列长度，显然它与相干时间 t_c 有 $L_c = t_c \cdot c$，将 $\Delta v = 1/t_c$ 代入得 $L_c = c/\Delta v$，这说明光源的相干时间 t_c 与 L_c 的实质是一样的，它们能反映光源单色性能的好坏。

（2）横向空间相干性。

光源的横向空间相干性通常用相干面积 A_c 来描述，它定义为可以使得在垂直于光传播方向的平面上任意两个不同地点光波场具有相干性的最大面积。为了推导相干面积的计算公式，我们来考察图 1.3 所示的杨氏双缝实验，为了使观察屏中心 O 点处能看到干涉条纹，要求宽度为 $2a$ 的光源上下端点 S_1 与 S_2 分别通过二缝 P_1 与 P_2 到达 O 点的光程差之差不得大于光波长 λ，用式（1.5）表示：

$$(S_1 P_2 - S_1 P_1) - (S_2 P_2 - S_2 P_1) \leqslant \lambda \tag{1.5}$$

设光源到双缝的距离为 D，二缝间距为 $2b$，若 $D \gg a+b$，可得：

$$S_1 P_2 = S_2 P_1 = [D^2 + (b+a)^2]^{1/2} = D + (b+a)^2/(2D) \tag{1.6}$$

$$S_1 P_1 = S_2 P_2 = [D^2 + (b-a)^2]^{1/2} = D + (b-a)^2/(2D) \tag{1.7}$$

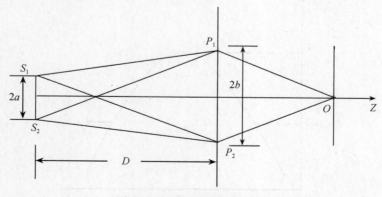

图 1.3 杨氏双缝实验示意图

将式（1.6）和式（1.7）代入式（1.5），并令 $A_c = (2b)^2$, $A_s = (2a)^2$, 可得：

$$A_c A_s \leqslant \lambda^2 D^2 \qquad (1.8)$$

A_c 可视为光源的面积。该式表明，当光源面积给定时，在与光源距离为 D 处并与光传播方向垂直的平面内，光场具有相干性的各空间点限制在面积为 $\lambda^2 D^2/A_s$ 的范围内，该面积就是相干面积。换句话说，为了使相干面积 A_c 范围内各点的光场具有相干性，要求光源面积不得超过 $\lambda^2 D^2/A_c$，因此又可称 A_s 为光源的相干面积。

（3）综合空间相干性。

为了综合描述纵向及横向的空间相干性，可以把相干长度 L_c 分别乘到光源面积 A_c 上，则 $V_s = L_c A_s$, $V_c = L_c A_c$, 由式（1.8）得 $V_c V_s \leqslant L_c^2 \lambda^2 D^2$，此式说明光源 A_s 及光谱线宽 Δv 给定后，在距离光源为 D 处，光场具有相干性的各空间点应限制在式（1.9）的 V_c 体积范围内：

$$V_c = \frac{c\lambda^2 D^2}{A_s \Delta v} \qquad (1.9)$$

体积称为相干体积，或者说，为了使处在相干体积 V_c 范围内的各点光场具有相干性，要求光源体积不能超过：

$$V_s = \frac{c\lambda^2 D^2}{A_s \Delta v} \qquad (1.10)$$

这一体积又可称为光源的相干体积，从式（1.10）看出，相干体积是光源单色性与光源线度的综合反映。

1.4　三维激光扫描技术

1.4.1　三维激光扫描技术的概念

三维激光扫描技术是一种实景复制技术，利用激光测距的原理，通过记录被测物体表面大量密集点的三维坐标、反射强度和纹理等信息，快速复建出被测目标的线、面、体及三维模型等各种图件数据的技术。地面三维激光点云常见格式主要有 *.las、*.ptc、*.pts、*.stl、*.obj、*.ply、*.VRML、*.asc、*.dat、*.txt。下面分别介绍与三维激光扫描技术相关的几个概念。

（1）激光测距：是由发射器向目标发射出一束激光，由光电元件接收目标反射的激光束，计时器测定激光束从发射到接收的时间，从而计算出发射器到目标的距离。点云（point clouds）是在同一空间参考系下，表达目标空间分布和目标表面特性的海量点集合，在逆向工程中，通过测量仪器得到的产品外观表面的点数据集合也称为点云。激光点云是通过激光扫描仪获取的大量点的集合。

（2）逆向工程（reverse engineering）：也叫反求工程，是一种产品设计技术再现过程，即对一项目标产品进行逆向分析及研究，从而演绎并得出该产品的处理流程、组织结构、功能特性及技术规格等设计要素，以制作出功能相近，但又不完全一样的产品。逆向工程源于商业及军事领域中的硬件分析。其主要目的是，在不能轻易获得必要的生产信息情况下，直接从成品的分析，推导出产品的设计原理。逆向工程被广泛地应用到新产品开发和产品改型设计、产品仿制、质量分析检测等领域，它的作用是：①缩短产品的设计、开发周期，加快产品的更新换代速度；②降低企业开发新产品的成本与风险；③加快产品的造型和系列化的设计；④适合单件、小批量的零件制造，特别是模具的制造。

（3）反射强度（Intensity）：代表激光回波返回的能量值，类似于灰度级的亮度值。根据激光测量原理得到的点云，包括三维坐标（XYZ）和激光反射强度（Intensity）。根据摄影测量原理得到的点云，包括三维坐标（XYZ）和颜色信息（RGB）。

1.4.2 激光点云的概念

激光点云是通过激光扫描仪获取的大量点的集合，激光点云包括三维坐标（XYZ）、反射强度、颜色信息（RGB），但至少要包含 XYZ 坐标信息。激光点云属性的表达方式有点云密度、点位精度、表面法向量。

（1）点云密度：单位面积内激光点的数目，与其相对应的一个名词是点云间隔，点云间隔是激光点云数据中激光点的平均间距。点云密度（ρ）与点云间隔（Δd）之间的换算关系为 $\rho = 1/d^2$。

（2）点位精度：指激光点的平面和高程精度，它与激光扫描仪等硬件自身条件、点云密度、对象表面属性、坐标转换等有关。

（3）表面法向量：因为单个激光点表示的对象属性十分有限，所以往往通过该激光点周围邻域范围内的多个激光点来表达对象的相关特征。可以认为领域内一定数量的激光点组成了一个近似平面或曲面，而平面的表达离不开表面法向量。垂直于邻域内一定数量激光点组成的平面或曲面的直线所表示的向量称为激光点的表面法向量。

1.4.3 三维激光扫描技术的特点

三维激光扫描仪可以快速、高精度、非接触式采集研究对象表面空间三维数据，独特的空间数据采集方式使其具有多方面的技术优势，以下详细叙述三维激光扫描的技术突出特点。

（1）采集速度快：如 Leica ScanStation2 扫描仪的扫描速度为 50000pts/s。

（2）点云密度高，测量精度高：如 Leica ScanStation2 扫描仪的点间距<1mm；模型表面精度 2mm，距离精度±4mm，点位精度 6mm，标靶获取精度±1.5mm。

（3）全视场扫描：目前地面激光扫描仪常见的视场角是 360°×310°或 360°×270°，在水平方向进行 360°扫描，在垂直方向也近乎全方位扫描。

（4）实时性、动态性和主动性：三维激光扫描系统为主动式扫描系统，通过探测自身发射的激光脉冲回射信号来描述目标信息，使得系统扫描测量不受时间和空间的约束，尤其是夜晚不受光线的限制。

（5）非接触性：采用非接触方式进行测量，无需反射棱镜，对扫描目标物体不需任何表面处理，直接采集物体表面的三维数据，所采集的数据完全真实可靠，可以用于解决危险目标、环境及人员难以企及的情况。

（6）全数字化、自动化程度高：三维激光扫描技术所采集的数据是直接获取的数字信号，具有全数字化特征，易于后期处理及输出。用户界面友好的后处理软件能够与其他常用软件进行数据交换及共享。

（7）易扩展：数码摄像机的使用增强了彩色信息的采集，使扫描获取的目标信息更加全面。GPS 定位系统的集成，可将点云的扫描坐标系转换到大地坐标系下，方便测绘生产。

1.4.4 三维激光扫描技术与摄影测量技术的区别

三维激光扫描技术是利用激光扫描仪采集激光点云数据，通过一定的后处理方法从激光点云数据中提取对象特征的一种方法，而摄影测量技术是基于数字影像和摄影测量的基本原理，应用计算机技术、数字影像处理、影像匹配、模式识别等多学科的理论与方法，提取所摄对象以数字方式表达的几何与物理信息的学科。两者有一定的共同点，但是区别更为明显。

（1）数据源不同。

三维激光扫描技术采用激光扫描仪直接采集激光点云，利用激光扫描仪附属的数码相机在同一时间段内采集真彩色照片；摄影测量技术利用连续拍摄的具备一定重叠度的影像来进行空间定位通过平差方式获取加密点的点云。二者生成的点云精度具有明显的区别，三维激光扫描技术获取的点云精度高、数据均匀、分布规则、对象之间分隔明显；而摄影测量技术生成的点云受定位精度的影响，点云往往起伏较大、分布杂乱、噪声多、精度差、所有点云均连接成一个整体。

（2）数据配准方式不同。

激光点云的配准通过各站间的同名点进行坐标配准，而摄影测量的点云按照内定向、相对定向和绝对定向的方法来生成整体的点云。

（3）测量精度不同。

激光点云分布规则、均匀，是按照激光测距的方式采集的，因此精度较高；而摄影测量点云是通过生成加密点的方式来生成的，其过程受影像匹配精度的影响较大，精度相对较低。

（4）3D 模型的构建方式不同。

激光点云通过过滤出地面点类的方式生成 3D 地面模型，通过面片分割或手工建模方式构建精确的建筑物 3D 模型；而摄影测量技术通过影像匹配方法或立体观测的方式绘制 3D 模型。

（5）纹理信息的获取方式不同。

三维激光扫描仪通过附带的相机采集影像纹理，然后通过影像与点云匹配的形式为点云赋值 RGB 颜色，但是该影像受拍摄角度的影响有时很难作为纹理直接使用；而摄影测量技术直接拍摄对象照片在进行影像定位时即可将影像纹理赋值给点云，不再需要额外处理。

（6）对外界环境的要求不同。

三维激光扫描仪可以在白天或者黑夜采集激光点云数据；而摄影测量技术只能在光线良好的白天拍摄照片，这样才能更容易地自动寻找像对中的同名点。

（7）遮挡、阴影现象产生的误差不同。

三维激光扫描仪受到地物遮挡后会在点云中形成空白漏洞，而摄影测量技术受到遮挡或阴影的影响会干扰影像匹配精度，造成较大的匹配误差。

1.4.5　三维激光扫描技术的应用

（1）文物保护与考古。

三维模型立体直观，在物体结构、体积等方面的研究具有平面图无法比拟的优势。尤其是对于结构不规则物体，三维激光扫描比传统测绘手段更精确快速。并且随着三维激光扫描技术的发展，三维模型已不仅仅只作为一种信息存档的手段，更是为后期各种科学研究提供了重要的资料来源、参考信息和一种全新的研究方法，在石窟寺、古建筑等各类文物考古研究中发挥着越来越多的作用。

我国石窟寺数量较多，分布广泛，之前的测绘手段已逐渐无法满足日渐深入的科学研究的需要，文物保护和考古工作者开始尝试采用三维激光扫描作为辅助进行分析研究。2004年，云冈石窟研究院引入三维激光扫描测绘技术，全面准确记录了洞窟现状。以三维激光测绘技术制作的云冈石窟立面正射影像图，准确反映出了石窟群立面的具体尺寸、洞窟布局及其相互关系、洞窟外部形态和石窟群整体形象。此外，三维模型还被用于剖面分析、病害记录和虚拟展示等方面。龙门石窟在三维数字化过程中，尝试采用三维激光扫描仪和高精度纹理贴图的方法采集造像表面几何数据。敦煌莫高窟也采用同样的方法构建洞窟的数字模型，研究人员根据所获数据的几何特征和点云强度勾勒出洞窟结构和塑像线描图，并且通过点云数据确定壁画的三维位置，依据拼接图像提取出壁画物像的线特征。2006年12月，文保工作者利用徕卡三维激光扫描系统高精度地采集乐山大佛的表面数据，在这次扫描和数据处理过程中，工作人员采用点云拼接的方式取代以往常用的标靶系统，通过尝试建立了精确的乐山大佛三维立体模型。杭州吴山广场石佛院遗像群在扫描中进行粗扫和细扫两种不同精度扫描以采集全面的物体表面信息，虽然通过相关软件建立了物体的三维模型和剖面图，但是在空洞重构和纹理粘贴的准确性上仍需加以完善和改进。2010年5月，"法相庄严——天龙山石窟造像数字复原项目"由太原市文物局批准立项。同年，对天龙山石窟造像进行了三维激光扫描建模，利用三维软件对模型进行重建拟合，改善模型的拓扑结构，所获的三维模型主要用于后期的复原研究和虚拟展示。

受环境的影响，壁画和岩画通常容易受到各种病害的侵蚀，产生不同程度的脱落、裂缝和风化等受损现象。壁画表面彩绘完整清晰的记录保存是壁画研究的基础，最初的记录性临摹需要依赖人工手绘，数字城市 3D 模型与数字工厂构建这种方法受临摹者的壁画背景知识、绘画能力等主观因素的影响较大，不同的临摹人员所绘制出的复原图水平和效果参差不齐。随着科技的发展，壁画临摹开始采用计算机拼接定位照片的方法，此种方法虽在缩短临摹时间和壁画现状信息的完整性真实性方面有了很大的提高，但其所生成的是平面图像，在壁画病害的研究方面具有一定局限性。三维激光扫描可以对目标物进行无接触的测绘，在壁画岩画研究中的应用主要趋向于现状记录和病害分析两个方面。我国在壁画岩画文物保护中引入三维激光扫描技术，利用精确的三维模型进行病害分析和虚拟保护修复等工作。铁付德在西汉梁国王陵柿园墓揭取壁画的损坏机制及其保护研究中，将三维激光扫描用于壁画病害分析研究，实现了壁画整体现状以及局部变形、开裂、脱落、起翘等形变损坏的定量测量、记录和分析。类似的，在西藏大昭寺壁画的信息留取和病害调查中，利用构建好的三维数字模型，确定壁画病害的几何信息，通过点云数据提取裂隙的特征线，分析裂隙现状和走势情况。

(a)   (b)

图1.4 佛像渲染的三角网模型（a）及赋纹理后的3D模型（b）

采用三维激光扫描对易损文物进行无接触式精确测量、建立电子档案是现在馆藏文物数字化研究的热点之一。我国首都博物馆新馆建设之初，对馆藏40余件文物进行三维激光扫描，用于动态虚拟展示。内蒙古博物院在与相关科研单位的合作下，利用不同精度的三维激光扫描仪采集了錾花鎏金龙纹银盒等吐尔基山辽墓出土文物的三维数据，建得的模型利用网络平台进行展示。面对大型遗址考古，部分遗址信息不可避免地会随着考古发掘工作的进行而逐渐改变或消失。尤其在一些墓葬考古工作中，器物的摆放位置和出土情况等信息往往蕴含着丰富的文化内涵，是研究当时礼仪、祭祀、民俗等社会生活和文化发展的重要资料。三维激光扫描可快速准确记录下这些信息，为记录和长久保存遗址资料提供了有效的方法。

（2）桥梁、隧道等结构测量。

近20年来，交通运输事业得到了巨大的发展，我国的桥梁建设进入了"建养并重"的可持续发展道路。在实际工作中发现，有相当一部分旧桥存在资料缺失或资料不全的状况，特别是跨铁路、跨河等复杂条件下的简支梁桥。如何对缺少设计资料、图纸的桥梁结构进行检测并对其当前使用表现做出评价是急需解决的实际工程问题。三维激光扫描是一项新兴的测绘技术，它借助三维激光扫描设备对待测物进行完整的空间扫描和建模，进而获得空间及表面信息。和传统的测量技术相比，三维激光扫描技术具有实时性强、数据量大、数字性强和交互性好等特点。三维激光扫描技术的应用前景巨大，在跨河、跨谷及高空桥梁结构的检测中已经进行了应用并取得了不错的效果，然而在桥梁检测，尤其是缺失设计资料旧桥的检测中的应用颇少，基于旧桥检测的基本原理及流程，通过室外简支梁挠度的三维激光扫描试验对三维激光扫描技术的实际操作过程、数据的采集和处理过程进行详细地介绍，并采用位移计和数值计算法对实际变形进行测定和计算，评价三维激光扫描仪的精度和测定效果，为桥检静力荷载试验提供模型尺寸、混凝土强度等关键设计参数。

姚明博根据拱桥的属性确定试验方法为静态观测，理论指导实践。以 10 年前建成的拱桥为研究对象，前人对该桥进行了精密水准测量，观测数据分析结果表明该桥有一定程度的沉降，其中主桥面的沉降达厘米级，但两侧沉降大致相同，为均匀沉降。10 年后，利用三维激光扫描仪，建立控制点、扫描站，定期对该桥整体进行扫描监测。由于整个模型拼接建立存在毫米级误差，为了避免这个误差对该桥变形分析的干扰，采用了各个测站进行单独分析研究，把桥分成了三部分，即南北段引桥与主桥。该桥设计时，主桥和引桥的基础不同，在主桥与引桥之间设立了变形缝，减少了主桥与引桥变形的相互影响。因此这种隔离体的研究方法是合理的。此外，通过控制变量法，选取特征处，突破传统测量的数个特征点，更加具有全局性、整体性、连续性。多方面多角度对该桥进行分析，相互印证，反映该桥沿长度方向的变形情况以及整个桥横向的不均匀沉降情况。并用传统精密测量方法对结果进行了可靠性的论证。

图 1.5　隧道三维激光点云

隧道在建设及运营过程中由于土体扰动、周边工程施工及建构筑物负载等原因，其结构可能产生纵向及横向变形，超过一定程度的变形会危害隧道安全，因此隧道结构变形监测是地铁隧道安全监测工作中非常重要的环节。三维激光扫描技术能提供视场内有效测程的一定采样密度的高精度点云数据，并构建三维模型数据场，能够全面准确地反映监测对象的细节信息，有效避免了传统变形监测手段的局部性和片面性，图 1.5 显示了隧道三维激光点云。

从各站激光扫描采集的数据中提取标靶的中心点坐标并进行配准，然后基于控制点的已知坐标将数据转换到独立坐标系中。截取其中一段点云数据进行分析，首先进行点云去噪，剔除侧壁支架、管线、道床及作业人员等噪声数据。为了分析三维激光扫描仪的测量精度，袁长征等在隧道内选取两个断面布设平面反射标靶，用三维激光扫描仪对各标靶进行扫描并提取中心点坐标，同时采用测角精度为 0.5″高精度全站仪测量各标靶的中心点坐标，三维激光扫描仪获取的坐标与全站仪测量坐标的差值最大不超过 4mm，经计算得到水平点位中误差 ±0.56mm、高程中误差 2.45mm，满足《城市轨道交通工程测量规范》中变形监测 Ⅱ 级所要求的 ±3mm 及 ±5mm，表明此款三维激光扫描仪的测量精度能够满足隧道结构变形监测的要求。三维激光扫描的点云包含了隧道结构表面的坐标信息，从多期扫描数据中提取相同位置的断面曲线进行对比，可分析隧道的变形情况。首先基于点云数据生成隧道结构的三角网模型，提取断面设置起止位置及断面间距，生成相应的断面曲线及断面中心点坐标、法线等属性信息。面曲线提取完成后，通过断面分析器可对同一位置的两期断面数据进行对比，两期断面数据的差值大多在 2mm 以内，最大不超过 4mm，且断面各位置的差值呈正态分布，表明该断面没有发生明显变形。为了对隧道的整体变形趋势进行分析，提取各个断面的中心点坐标并连接形成隧道结构的中轴线，通过两期中轴线数据的对比分析隧道的整体变形情况。基于两期扫描数据提取的隧道中轴线坐标在 3 个维度上的差值均在 6mm 以内，并且在不同断面位置无趋势性差异，表明该隧道区间结构在整体上无明显变形，结构稳定。

（3）大坝、滑坡等变形监测。

传统的变形测量方式有 GPS/全站仪加棱镜测量或近景摄影测量方式等，它们在进行变形监测时需要在变形体上布设监测点，而且点数有限，从这些点的两期测量的坐标之差获得变形，精度可以到毫米级。但从有限的点数所得到的信息也有限，不足以完全体现整个变形体的实际情况。三维激光扫描测量技术对大坝的监测，采用的是快速扫描被测对象的高精度三维点云数据，实现了近似复制测量对象的目标。对坝体及关联实体实现了包括关键变形点在内的高密度全覆盖，彻底颠覆了原来以关键点的变形数据代替整个大坝总体变形的方式，观测结果更客观真实，数据成果应用更广泛和灵活，更适合水利大坝监测的不间断性和全覆盖性、成果分析的复杂多面性等工作要求。在监测信息分析的模式方面，传统外部监测数据分析采用单点历次数据变化分析和整体断切面关联变形点历次数据的变化分析相结合的方式。三维激光扫描测量技术获取的高密度三维点云数据，可以快速地建立 DEM 数据模型，成功实现大坝实体的真三维地理空间。可以完成传统的单点和任意切线断面变形分析，同时利用 GIS 空间地理分析技术，对历次 DEM 数据进行整体变形趋势分析，从微观和宏观上都能做到数据分析的客观、真实，并能直观地反映出大坝的变形运行情况，对大坝的险情把握更为准确。在监测自动化程度方面，外部监测一般包括人工和自动两种方式作业。人工监测包括用水准和导线方式测量观测点的垂直和水平位移；自动监测包括建立多天线 GPS 大坝变形自动监测系统和激光准直变形监测系统等。各种测绘方式或者外业人工干预较多或者数据处理模型僵化。三维激光扫描测量技术对大坝进行变形观测，可以建立室外观测和室内数据处理两大自动模块，利用 GIS 地理空间分析技术和变形数学模型预设多种条件分析算法。更能实现监测系统自动与人工干预相结合，更能提高大坝运行管理的科学化水平，实现大坝监测的全面自动化和快速决策反应机制。从监测的速度与安全性上分析，与传统外部监测比较，三维激光扫描技术具有数据采集速度快的特点，地面载体扫描更不受天气气候的影响；三维激光扫描技术具有植被穿透能力，不受大坝坝体覆盖影响；三维激光扫描技术采用不接触、全天候、定期不定期自动采集数据的方式，减少或者取消了人为干预，更具安全、可靠性。通过上面分析，利用三维激光扫描测量技术进行大坝的外部监测具有明显的优势，从各个角度和层面解决了监测难、监测不全面的难题，全面提升了大坝变形监测的数据采集能力和数据分析处理能力。

三维激光扫描仪对边坡位移进行全面监测预警，在边坡的位移过程中，通过全面的监测，能够及时发现滑坡、泥石流灾害等。通过三维激光扫描技术，可以有效地对三维成像加以利用，及时得到土坡的变化形态资料。在进行三维激光扫描的过程中，外部环境会对监测频率产生非常大的影响，比如该地区的地形条件或者是气候条件等。一般情况下，对边坡的监测是一个季度一次，但是在雨季的时候可以将监测的频率提高。对于实际的测量工作来说，监测精度应当与相关的实际情况相结合，按照相关规范来进行实际的操作，从而使得错误情况出现的几率降低。基于 DEM 的形变分析方法生成两期 DEM 数据，通过 DEM 求差法可以进行滑坡土方量计算，通过剖线性文件提取滑坡区域的多条剖面线或者等高线得出滑坡或边坡的变形趋势。图 1.6 和图 1.7 分别展示了滑坡体的三维模型和剖面分析结果。

图 1.6　激光点云构建的滑坡体三维建模与剖面分析

（4）交通事故和犯罪现场勘查。

随着车辆保有量的不断攀升，交通事故发生次数急剧增加，而交通事故再现是交通事故处理的重要手段。车辆变形是事故现场最易保存的信息，目前该信息在交通事故处理中越来越受到重视，但车辆变形轮廓较为复杂，常规手段较难准确提取。三维激光扫描技术相较于传统的事故勘察手段，拥有速度快、精度高、获取信息完全、不受天气因素影响且能进行二次分析等优点；将得到的点云数据进行拼接、去噪、精简后，利用点云坐标间的欧式距离可以获取车辆基本参数以及车辆方位等信息，为后续事故再现提供基本数据。事故车辆的变形较为复杂，从已获取的事故车辆点云数据中直接提取变形信息较为困难，为此采集变形车与原型车的点云数据，将两者相同的未变形部位的点云通过改进 ICP 算法进行配准，比较变形区域，得到变形车轮廓与原型车轮廓，之后根据测量准则获取车辆变形。

当前，我国仍处在刑事犯罪高发的时期，犯罪分子的犯罪手段更加复杂、犯罪场景更加多样，而有效的犯罪现场重建将为侦查破案提供强有力的支撑。传统的犯罪现场重建工作繁

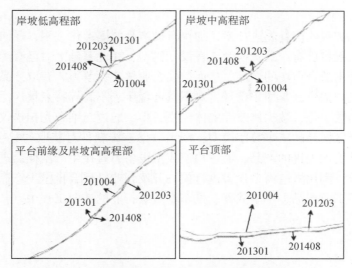

图 1.7　两期激光点云生成的滑坡体剖面分析

重、低效，并且获取的现场数据是二维平面的，而将三维激光扫描技术应用于犯罪现场重建，利用其非接触性、实时、精确等优点，不仅可以保留犯罪现场的完整性，还可以快速精确地记录犯罪现场三维信息，如图 1.8 所示。由于犯罪现场场景复杂且对场景中建筑、物证、重要痕迹等的建模要求不同，使得仅采用单一设备和建模技术难以满足要求。近年来，多种建模技术综合运用于犯罪现场三维建模已经成为发展趋势。Colard 等利用 Sketchup 软件建立房屋和家具的三维模型，根据医学影像数据实现人体骨骼的建模，最后通过在三维场景中添加弹孔和受害人、嫌疑人的人体模型，实现了弹道分析。

图 1.8　三维激光扫描技术构建的三维犯罪场景与弹道分析

（5）逆向工程领域。

为引进、消化和吸收国外先进技术，加快机械产品的国产化进程，逆向工程技术被普遍应用。通过逆向工程将已有产品转换为工程设计模型，在此基础上对已有产品进行剖析、深化和再创造，设计出适合市场的产品，从而增强企业核心竞争力。获取产品三维信息的方法有很多，三维激光扫描仪因其便于携带，对测量环境要求不高等特点被广泛应用。逆向工程的主要步骤有样品数字化、数据修改和实体建模 3 步，通过三维激光扫描仪等数字化仪器对样品进行测量，获取样品的三维数字模型，利用数据三维软件对获取的数字模型进行修改，设计出比原有样品更加先进的产品，通过快速成型设备，直接生产出样品进行验证和检测并根据需要进行完善，利用真空铸型设备进行模具开发，非常适合批量生产。目前三维激光扫描技术被广泛用于工业产品、军事武器、汽车制造等行业的逆向工程中。

第 2 章　三维激光扫描系统的基本原理

机载和地面激光扫描仪采集并记录对象可视化表面的几何和纹理信息，这些系统具备非接触测量仪器的属性，在给定视场角内以特定测量的不确定性来量化生产出对象表面的 3D 数字表达。一般情况下，全景光学 3D 测量系统可以分为机载、车载和地面激光扫描仪三类，它们大部分基于"飞行时"的光学 3D 测量系统分类，为了采集高密集距离数据，这些系统使用激光光源来扫描对象表面。还有一种被动式的三角测量系统，它使用光栅或条带投影技术利用立体像对的方式来获取对象表面纹理特征。

2.1　激光测距原理

目前有两种基本可用的 3D 表面的光学测量方法：光传播时间估计法和三角测量法。一般激光在指定的媒介中以已知速度 c 传播，统计激光从发射源照射到反射目标表面并返回回波到接收器的延迟时间，这样可很容易地计算出激光发射器与目标对象的距离，这种方法就是激光扫描仪中的"飞行时"（TOF，Time-of-Flight）原理，"飞行时"测量可通过连续波（CW，Continuous Wave）相位测量间接实现。三角测量法中，通过光照方向（入射方向）照射到对象反射表面，获得一个从光照方向到观察方向（反射光线反方向）之间的已知距离（基线长），利用三角形余弦定理实现三角测量。干涉测量方法根据测量形状的单位来决定是归为第三类方法或者是包含在飞行时方法中。

2.1.1　飞行时测量法

2.1.1.1　测量原理

"飞行时"测距法又称脉冲式测距，早期的"飞行时"测距系统采用雷达中常用的微波等无线电波来测距，随着 20 世纪 60 年代激光的出现，开始采用比无线电波分辨率更高的激光来表示对象的表面，除了实现形式、性能和用途不同外，采用电磁辐射能量测距的所有系统的原理是相同的。光波的基本属性就是它的传播速度，在已知媒介中以有限恒定的速度传播，因此，激光从光源发射经过在媒介中传播到达反射目标表面，然后又返回光源位置（双程，τ）就能测量出时间延迟，这种方式可以很方便地计算出距离 ρ 来：

$$\rho = \frac{c}{n} \frac{\tau}{2} \tag{2.1}$$

式中，光速 c 在真空中的传播速度是 $c = 299792458\text{m/s}$，如果光波在空气中传播，校正系数等于光的折射率，折射率由气温、气压和湿度共同作用，应用到 c 中，$n \approx 1.00025$；为了计算的方便，本书假设光速 $c = 3 \times 10^8 \text{m/s}$，且 $n = 1$。

当激光扫描仪扫描植被等对象特征时会引起多回波，这时需要测量多个回波。多数激光扫描仪能采集 4~5 个不同的回波，即采集首次回波、中间回波和末次回波。发射脉冲的特征由脉冲宽度 t_p 和脉冲上升时间 t_r 表示，典型脉冲宽度 $t_r = 1\text{ns}$，对应于光速传播的长度为 0.3m，如图 2.1 所示。根据式（2.1），激光扫描仪与照射点的距离 ρ 与"飞行时" τ 的关系可以表示为 $\tau = n\dfrac{2\rho}{c}$，假定 $n = 1$，在 1000m 的距离上"飞行时"为 $\tau = 6.7\text{ns}$；在距离 ρ 上，假设唯一回波 P_1 生成了 2 个以上的回波，如果回波 E_{11} 和 E_{12} 被分开（没有重叠），二者的距离也就唯一确定，即 $\tau^{12} \geqslant \tau^{11} + t_p$，又脉冲长度 $l_p = \dfrac{c}{n} \times t_p$，综合以上各式得：

$$2\frac{n}{c}\rho^{12} - 2\frac{n}{c}\rho^{11} \geqslant \frac{n}{c}l_p$$
$$\rho^{12} - \rho^{11} \geqslant l_p/2 \tag{2.2}$$

由上式看出，如果与对象高度相关的 2 个回波间距离大于脉冲长度 l_p 的一半，则可区分出两个回波。如果对象间距离大于 0.75m，脉冲宽度 $t_r = 5\text{ns}$，那么就是可以区分出的对象。

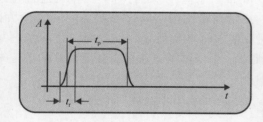
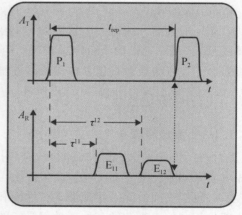

t_p：　脉冲宽度
t_r：　脉冲上升时间
t_{rep}：脉冲重复时间
τ：　飞行时

图 2.1　脉冲特征及其测量原理

"飞行时"（Time of Flight）测量是一种确定"飞行时"及其距离的探测方法，激光器向目标发射连续特定波长脉冲，脉冲到达传感器又反射回传感器，系统通过计算激光到达目标并返回的时间，就可计算激光器到目标距离。有些方法将脉冲路径的特征点当作决定因子，如：

（1）峰值探测：探测器在回波最大值（振幅）处生成触发脉冲，"飞行时"是从发射脉冲的最大值到回波最大值的时间空白生成的时间延迟，如果回波具备多于 1 个的峰值，则探测结果可能会出问题。

（2）阈值或边缘检测：当回波上升边缘超过预定义的阈值时，触发脉冲被激活，这种方法的缺点是"飞行时"强烈地依赖回波的振幅。

（3）常数比例检测：当回波达到最大振幅的预定义比例（一般是 50%），该法此时生成触发脉冲，该法的优点是相对独立于回波的振幅。

每一种探测器都有其两面性，但是常数比例检测法具有良好的折中性。带加性白噪声的单脉冲的距离不确定性可以表示为：

$$\delta_{r-p} \approx \frac{c}{2}\frac{t_r}{\sqrt{SNR}} \qquad (2.3)$$

式中，t_r 是激光脉冲边缘的上升时间，SNR（Signal-to-Noise Ratio）是能量的信噪比。假设 $SNR=100$，$t_r=1\text{ns}$，对应合适分辨率的时间间隔，那么距离不确定性约为 15mm。只要维持较高的信噪比，大多数的基于"飞行时"的商业化激光扫描仪提供的距离不确定值在 5～10mm 之间。在不相关的 3D 样本中，N 个独立的脉冲测量数据的平均值通过与 N 的开方成正比的因子来减小 δ_{r-p}，显然该法减少了 N 倍的数据率，在扫描模式下具有有限的适用性。

2.1.1.2 脉冲式扫描仪特点

"飞行时"式激光扫描仪的光能以脉冲形式集中发射，通过被测目标的反射进行距离测量，可获得较长的测程，缺点是固体激光器的能耗较大、控制复杂、造价高，而半导体激光器较为便宜，缺点是光源上不同发光位置缺乏一致性，会影响发射光束的质量。

2.1.2 相位测量法

2.1.2.1 调幅模式的相位测量法

除了使用重复短激光脉冲测距外，"飞行时"法也可通过调幅（AM，Amplitude Modulation）利用相位差、调频（Frequency Modulation，FM）开发出拍频、相位码压缩方法来实现，调幅包括二进制序列、线性递归序列和伪噪声（Pseudo-Noise，PN）以及由半导体激光生成的混沌波形激光器。连续波测距法又称相位测距法，通过调节激光束的能量和波长来避免短激光脉冲的测量。对 AM 而言，激光光束的密度被调幅，如调幅成正弦波，如图 2.2 所示。投影的（发射的）激光光束与返回的采集激光进行对比，两个波形之间的相位差（$\Delta\varphi$）生成了时间延迟（$\tau = \Delta\varphi/2\pi\times\lambda_m/c$），根据式（2.1）可得测距公式：

$$\rho = \frac{\Delta\varphi\lambda_m}{4\pi n} \qquad (2.4)$$

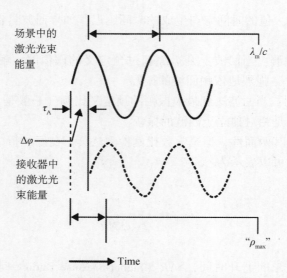

图 2.2　相位差调谐式连续波激光测距原理

测距的不确定性可近似地表示为：

$$\delta_{r-AM} \approx \frac{1}{4\pi} \frac{\lambda_m}{\sqrt{SNR}} \qquad (2.5)$$

式中，$\lambda_m = c/f_m$，即调幅波长，低频 f_m 降低了相位探测的精度，因为返回的光波不能与原始信号的指定部分相关联且纯相位测量无法分解波长倍数问题，所以很难获得绝对的距离信息，整周模糊度间隔表示为：

$$\rho_{max-AM} = \frac{c}{2} \frac{1}{f_m} = \frac{\lambda_m}{2} \qquad (2.6)$$

为了得到距离的近似整周模糊度间隔，可以使用整倍数频率波形，例如，假定双音 AM 系统（10MHz 和 150MHz），且 $SNR = 1000$，距离的不确定度大约为 5mm，整周模糊度间隔为 15m，利用式（2.5）到最高频率，式（2.6）应用到最低频率。典型的商业系统从 10kHz 到 625kHz 的数据采样率来扫描场景可以达到最大 100m 的操作距离，这对地面扫描仪来讲已经足够了，但无法满足长距离激光扫描仪的要求。

为了更加清晰地解释相位测距法，下面以实例的形式来详细解释。相位测距法可理解为将发射的红外或激光光源调制成正弦波，通过测量正弦波在待测距离上往返传播的相位移来解算距离。相位位移 φ 可分解为 N 个 2π 整数周期和不足一个整周期相位移 Δ，则 $\varphi = 2\pi N + \Delta\varphi = 2\pi(N+\Delta N)$，根据 $\varphi = \omega t = 2\pi f t_{2D}$ 得：

$$t_{2D} = \frac{2\pi N + \Delta\phi}{2\pi f} \qquad (2.7)$$

根据"飞行时"原理，可推导得出所测距离 D 为：

$$D = \frac{1}{2}ct_{2D} = \frac{c}{2f}\left(N + \frac{\Delta\phi}{2\pi}\right) = \frac{\lambda}{2}(N + \Delta N) \qquad (2.8)$$

式中，$\lambda/2$ 代表一个测尺长 u，u 的含义可以描述为：用长度为 u 的"测尺"去量测距离，量了 N 个整尺段加上不足一个 u 的长度就是所测距离 $D = u(N + \Delta N)$，由于测距仪中的相位计只能测相位值尾数 $\Delta\varphi$ 或 ΔN，不能测其整数值，因此存在多值解。为了求单值解，采用两把光尺测定同一距离，这时 ΔN 可认为是短测尺（频率高的调制波，又称精测尺），用以保证测距精度；N 可认为是长测尺（频率低的调制波，又称粗测尺），用来保证测程，一般仪器的测相精度为 1‰，测距频率与测尺的关系如表 2.1 所示。

表 2.1　测距频率与测尺的关系

测尺频率 f	15MHz	1.5MHz	150kHz	15kHz	1.5kHz
测尺长度 u	10m	100m	1km	10km	100km
精度	1cm	10cm	1m	10m	100m

假设仪器各频率顺次为倍数关系，若采用粗测尺和精测尺配合测定同一距离，则对精测尺而言有式 $D = u_1(N_1 + \Delta N_1)$，对粗测尺而言有式 $D = u_2(N_2 + \Delta N_2)$，令粗测尺 $D < u_2$，则 $N_2 = 0$，粗测尺 $D = u_2\Delta N_2$，粗测尺公式与精测尺公式联立得 $N_1 + \Delta N_1 = u_2\Delta N_2/u_1 = k\Delta N_2$（$k$ 表示放大系数），那么 $N_1 = k\Delta N_2$ 的整数部分，$\Delta N_1 = k\Delta N_2$ 的小数部分，但是小数部分取更准确的精测尺部分 ΔN_1，最终的距离计算公式为：

$$D = u_1(N_1 + \Delta N_1) = u_1[\text{int}(k\Delta N_2) + \Delta N_1] \qquad (2.9)$$

例题：一台相位式测距仪安装测程分别为 1000m 和 10m 的 2 个测尺，欲测大约 587m 距离，粗测和精测结果 587.1m 和 6.486m，测得距离多少？

解：$k = u_2/u_1 = 1000m/10m = 100$；因测尺只测小数部分，所以 $D = u_2\Delta N_2$，得 $\Delta N_2 = D/u_2 = 587m/1000m = 0.5871$，同理 $\Delta N_1 = D/u_1 = 6.486m/10m = 0.6486$。因粗测尺远大于所测距离，所以粗测尺测的是距离的整数部分 $k\Delta N_2 = 100 * 0.5871 = 58$，反之，精测尺测的是距离的小数部分 $\Delta N_1 = 0.6486$，则最终距离 $D = u_1(N_1 + \Delta N_1) = 10m * (58 + 0.6486) = 586.486m$。

2.1.2.2　相干或直接检测调频模式的相位测量

第二种常见的连续波测距系统是基于相干或直接检测调频模式，它直接使用激光二极管或声光调制器线性调制激光光束的频率，线性调制通常形成三角形或锯齿波，锯齿持续时间 T_m（$1/f_m$）可以持续几个毫秒。这种方法主要是由相干检测代替光学探测和来自光混频的拍频解码双程传播时间延迟为 $4\rho f_m \Delta f/c$ 来实现（对静态目标对象而言），Δf 是调谐范围或频移。图 2.3 解释了这种原理。一般距离的不确定度可近似表示为：

$$\delta_{r-FM} \approx \frac{\sqrt{3}}{s\pi} \frac{c}{\Delta f} \frac{1}{\sqrt{SNR}} \tag{2.10}$$

依赖于锯齿波持续时间的模糊度距离表示为：

$$\rho_{max-FM} = \frac{c}{4} T_m \tag{2.11}$$

使用相干检测，假设调谐范围为 100GHz，锯齿时间为 1ms，$\sqrt{SNR}=400$ 和低的数据采样率，系统能在位于 10m 远的良好表面（生成最佳 SNR）处实现 $2\mu m$ 的理论测量不确定度。此外，由于相干检测，动态范围一般为 109。实际上，典型的商业激光扫描系统能达到如下的测量不确定度：40pts/s 的数据采样率大约 $30\mu m$，250pts/s 的数据采样率是 $300\mu m$。在直接检测（外差法）中，混频取代电子回路。对基于"飞行时"的和调整 FM 的三维激光扫描仪来讲，激光源的稳定线性频率调制非常关键。一般来讲，调幅式激光扫描系统有很高的数据采样率（1M pts/s），但操作距离很短（小于 100m），"飞行时"激光扫描系统有着更长的操作距离但较低的数据采样率（一般地面系统小于 50000pts/s，机载系统小于 200000pts/s）。

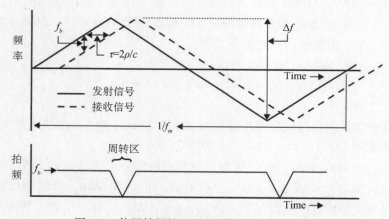

图 2.3　使用拍频的 FM 式连续波激光测距原理

2.1.2.3　相位式扫描仪特点
相位式激光扫描仪的优点是计算直观简单、精度高、功率小和便携。测距性能主要取决于激光调制的频率和方法,以及相位检测精度;激光调制频率越高,相位检测精度越高,对应测距精度便越高。其缺点之一是直接采用的高低频率跨度大,要求接收放大电路同时处理高频和低频信号,对放大电路的稳定性和均衡性要求较高,不利于放大电路的设计;缺点之二是测程短。

2.1.3 光学三角法

光学三角法原理制造的扫描仪分为"照相式"扫描仪和"激光式"扫描仪两种。第一代的光学三角扫描仪的特点是逐点扫描,速度慢,通常用于物体表面的误差检测。代表系统有固定式三坐标测量机、便携式关节臂测量机(图2.4)、点激光测量仪;第二代的特点是逐线扫描,速度仍然较慢,代表系统有台式三维激光扫描仪、手持式三维激光扫描仪(图2.5);第三代的特点是面扫描,通过一组光栅的位移,再通过传感器来获取物体表面的数据信息。面扫描一般采用投影仪(如高压汞灯的灯泡光源 UHP)发出的白光来扫描,速度非常快,如"拍照式"(光栅)/结构光三维扫描仪(图2.6)、三维摄影测量系统。

图 2.4 便携式关节臂测量机

图 2.5 手持式三维激光扫描仪

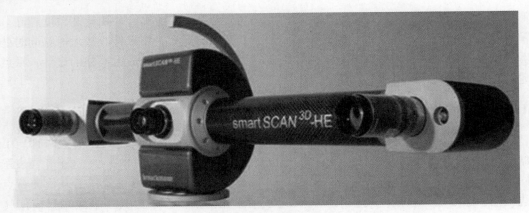

图 2.6　光栅三维扫描仪

　　"激光式"扫描仪属于较早的产品，由扫描仪发出一束激光光带，光带照射到被测物体上并在被测物体上移动时，就可以采集出物体的实际形状，"激光式"扫描仪一般要配备关节臂。"照相式"扫描仪是针对工业产品涉及领域的新一代扫描仪，与传统的激光扫描仪和三坐标测量系统比较，其测量速度提高了数十倍。由于有效地控制了整合误差，整体测量精度也大大提高。其采用可见光将特定的光栅条纹投影到测量工作表面，借助两个高分辨率CCD 数码相机对光栅干涉条纹进行拍照，利用光学拍照定位技术和光栅测量原理，可在极短时间内获得复杂工作表面的完整点云。其独特的流动式设计和不同视角点云的自动拼合技术使扫描不需要借助于机床的驱动，扫描范围可达 12m，而扫描大型工件则变得高效、轻松和容易，其高质量的完美扫描点云可用于汽车制造业中的产品开发、逆向工程、快速成型、质量控制，甚至可实现直接加工。

　　光学三角法测距的基本原理是由仪器的激光器发射一束激光投射到待测物体表面，待测物体表面的漫反射经成像物镜成像在光电探测器上。光源、物点和像点形成了一定的三角关系，其中光源和传感器上像点的位置是已知的，由此可以计算得出物点的所在位置。激光三角法光路按入射光线与被测工件表面法线的关系分为直射式和斜射式。

2.1.3.1　直射式光学三角法

　　直射式三角测量法是半导体激光器发射光束经透射镜会聚到待测物体上，经物体表面反射（散射）后通过接收透镜成像在光电探（感）测器（CCD）或（PSD）敏感面上。待测物体移动或表面变形使得入射光点沿入射光轴移动，从而导致成像面上的光点发生位移 x'，求出被测面的位移量（或变形量）x，如图 2.7 所示。首先 α 和 β 角分别满足如下关系式：$\sin\alpha = n/a$，$\cos\alpha = \sqrt{(a^2 - n^2)}/a$，$\cos\beta = n/x$，而 $\cos\beta = \cos\left[180° - \theta - (90° - \alpha)\right] = \sin\theta\cos\alpha - \cos\theta\sin\alpha$，由相似三角形的关系可得：$x'/n = b/\sqrt{(a^2 - n^2)}$，CCD 表面移动位移与物体实际移动距离之间的关系，综合以上各式解得位移量（或变形量）x 为：

$$x = \frac{ax'}{b\sin\theta - x'\cos\theta} \tag{2.12}$$

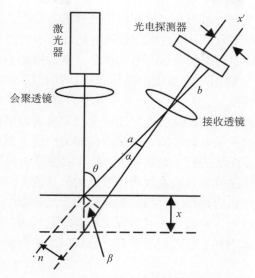

图 2.7 直射式三角测量法原理

2.1.3.2 斜射式光学三角法

斜射式三角测量法是半导体激光器发射光轴与待测物体表面法线成一定角度入射到被测物体表面上，被测面上的后向反射光或散射光通过接收透镜成像在光电探（感）测器敏感面上。当被测物体发生移动或表面变形时，可根据成像面上光点的位移 x'，求出被测面的位移量 x，如图 2.8 所示。根据式（2.12）很容易求得位移量 x 的计算公式：

$$x = \frac{ax'\cos\theta_2}{b\sin(\theta_1 + \theta_2) - x'\cos(\theta_1 + \theta_2)} \qquad (2.13)$$

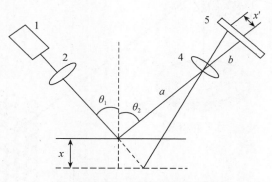

图 2.8 斜射式三角测量法原理

2.1.3.3 光学三角扫描仪特点

激光三角法具有非接触、不易损伤表面、材料适应性广、结构简单、测量距离大、抗干扰、测量点小、测量准确度高、可用于实时在线快速测量等特点。一次测量一个面，扫描速度极快，数秒内可得到 100 多万点；工件或测量头可随意调节成便于测量的姿势；测量点分布非常规则，对大型物体能进行分块测量、自动拼合，点云精度很高，适合于小型对象的精确建模。相对于"飞行时"和相位式激光扫描仪来讲，其扫描速度慢，扫描范围窄，扫描距离短，不适合大型场景建模。

斜射式可接收来自被测物体的正反射光，比较适合测量表面接近镜面的物体。直射式接收散射光，适合于测量散射性能好的表面，如果表面较为平滑，则可能由于耦合到光电探测器的散射光强过弱，使测量无法进行，也就是说可能存在测量盲区。斜射式入射光光点照射在物体不同的点上，因此无法直接知道被测物体某点的位移情况，而直射式可以。当然，斜射式也可以通过标定的方法得出位移。直射式光斑较小，光强集中，不会因被测面不垂直而扩大光斑，而且一般体积较小。斜射式传感器分辨率高于直射式，但它的测量范围较小，体积较大。斜射式传感器的体积和直射式相当，并且分辨率高于直射式，因此较为常用。

2.2 三维激光扫描系统的组成

三维激光扫描系统由三维激光扫描仪、控制器、电源、数码相机、后处理软件及其附属设备组成。三维激光扫描仪由激光测距仪、水平角编码器、垂直角编码器、水平及垂直方向伺服马达、倾斜补偿器和数据存储器组成，如图 2.9 所示。其中激光测距仪是最为主要的部

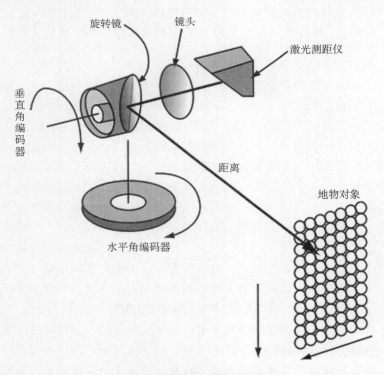

图 2.9　激光测距仪的构成

件，是用来发射激光、接收激光和测距的装置；编码器是将转轴的角位移或直线位移的模拟量转变成数字量输出的一种轴角（位）的数字转换器，水平角编码器和垂直角编码器类似于电子经纬仪的水平度盘和垂直度盘，用于测量水平角和垂直角；伺服马达是用来控制水平和垂直扫描镜转动的装置；倾斜补偿器是在一定范围内对轻微的偏差进行修正，使仪器保持水平或垂直的测量状态的装置；数据存储器是存储激光点云数据的存储介质。

三维激光扫描仪每次架站都会建立一个扫描仪自身坐标系，其原点为扫描镜中心，x 轴指向扫描仪的初始方向（如：供电口），y 轴过原点垂直于 x 轴，根据右手定则，z 轴朝向竖直方向。假设三维激光扫描仪到被测对象的斜距为 D，水平角为 φ，竖直角为 θ，如图 2.10所示，则所测对象激光点的三维坐标 (x, y, z) 可计算为：

$$\begin{cases} x = D\cos\theta\cos\phi \\ y = D\cos\theta\sin\phi \\ z = D\sin\theta \end{cases} \tag{2.14}$$

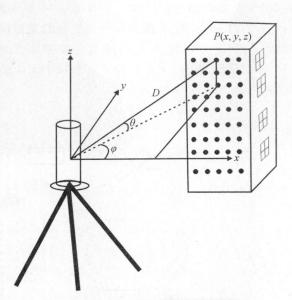

图 2.10　激光扫描点测量原理图

激光扫描仪的扫描装置可分为振荡镜式、旋转多边形镜、章动镜和光纤式 4 种，扫描方向可以是单向的也可以是双向的，机载 LiDAR 典型的扫描装置如图 2.11 所示，振荡镜（oscillating mirror）式扫描仪经常生成一种"Z"形扫描线（双向扫描）或者是平行线或弧线的带有两轴振荡镜的双向弯曲型扫描，旋转多边形镜（rotating polygon）和多面镜（multifaceted mirror）扫描仪产生平行线（单向扫描），章动镜（nutating/palmer mirror）生成椭圆形的扫描线，纤维（fiber）扫描仪生成平行扫描线。激光扫描类型、飞机的飞行方向和速度以及地形情况决定了其在地面上呈现的类型。沿着一条扫描线的扫描点经常以相等的角度步长分布，即它们的间隔在地面上并不连续。由于扫描装置的加速或减速影响，航带边缘的点会呈现出其他的特征,有时还会被从原始数据集中剔除。章动扫描仪生成的扫描类型相对特别,这种激光测距系统的光束打到偏转镜上,这样设计旋转轴的目的是扫描仪的传动轴能与激光光束形成 45°的角,而且偏转镜因此也会倾斜 7°。当激光扫描仪的传动轴旋转的时候,这个小角度会促使镜面做章动运动,如此在地面上就会形成一个近似椭圆的扫描类型。这个椭圆随着飞机的移动而发生变化,在地面上多数的测量点都为双倍扫描,即一次前视扫描和一次后视扫描。在同一地面点上的其他信息可以很好地用于检校激光扫描仪和 IMU 之间的夹角,尤其是 pitch 角。光纤式扫描仪(TopSys 品牌)的优势在于其发射和接收的光学器件是相同的,相同的纤维扫描线组被安置在接收和发射镜的焦平面上,借助于 2 个旋转镜,在发射和接收路径处的每条纤维都会按照顺序被同步扫描。这些镜子转输激光要么从中心纤维到装置在其周围的圆形纤维组中的一条纤维,要么以另一种方式从纤维组转输到中心纤维。以这种方式,源自光纤维的激光信号连接到了接收路径的对应纤维中。由于光纤维的孔径较小,所以只要求有小的活动装置部件,这样高的扫描速度才可能达到,这对传统的镜面扫描仪是很难做到的。截止到目前,128 条光纤组已经实现,未来 256 条光纤也会实现。

激光扫描仪按照测程分为长距离激光扫描仪(>400m)、中距离激光扫描仪(>10m&<400m)、短距离激光扫描仪(<10m);按承载平台分为机载激光扫描仪、移动式激光扫描仪、地面三维激光扫描仪、手持式三维激光扫描仪;按测距原理分为脉冲式(Leica HDS3000)、相位差式(Leica HDS4500)、光学三角式(柯尼卡美能达 VIVID9i);按波长分类为绿光激光扫描仪和近红外激光扫描仪。

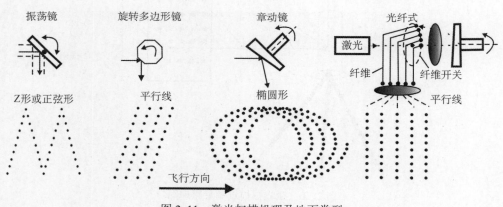

图 2.11　激光扫描机理及地面类型

2.3　常用激光点云格式

2.3.1　LAS 格式

2.3.1.1　LAS 1.4 格式

美国摄影测量与遥感协会(American Society for Photogrammetry and Remote Sensing,

ASPRS）推出 LAS 点云格式：2003 年 5 月 Version1.0；2005 年 3 月 Version1.1；2008 年 9 月 Version1.2；2010 年 10 月 Version1.3；2013 年 7 月 Version1.4-R13。各版本的新增功能如下：

◆ LAS1.2 版本与 LAS1.0、LAS1.1 相比，允许使用 GPS 周时和绝对 GPS 时，避免了 GPS 周时横跨周六 0：00 引起的 GPS 时间重置的问题。另外，支持点的辅助影像 RGB 色。

◆ LAS1.3 版本开始支持存储回波波形数据，存储对波形数据进行空间转换的参数，增加了全局编码标记来指示回波是否为人工生成。

◆ LAS1.4 版本全面兼容 LAS1.1~LAS1.3，从原来的 32 位结构扩展到支持 64 位的文件结构，回波数增加到 15 个，点类扩展到 256 类，扩展扫描角字段为 2 字节来支持精细角度分辨率，设置传感器通道位段以支持移动制图系统，坐标参考系统可以用已知文本（Well known Text，WKT）定义，保持类定义的同时允许重叠位表示重叠区的脉冲，为每个点增设可选的"多余字节可变长记录"来描述多余字节。

LAS 文件是包含 LiDAR（或其他方式）采集点云的数据记录，为了生成 X、Y 和 Z 坐标数据，集成 GPS、IMU 和激光脉冲测距数据的软件通常由 LiDAR 系统的硬件生产商提供，其中包含了 LAS 格式，这种公开的格式允许使用不同的 LiDAR 硬软件工具以通用格式来输出点云数据。下面介绍了 LAS 格式规范的第 4 个版本的内容。

LAS 二进制格式包括了公共头区域、可选的可变长记录区域（Variable Length Records，VLRs）、点数据记录区域以及可选的扩展可变长记录区域（Extended Variable Length Records，EVLRs），全部数据按字节顺序排列。公共头区域包括通用数据，如点数和点数据范围。可变长记录区域包含投影信息、元数据、波形包信息和用户应用数据等变量类型，限制数据量为 65535 字节。扩展可变长记录区域具有比 VLRs 更大的数据空间并能附加到 LAS 文件末尾，如不需要重新写入整个文件即可添加投影信息到 LAS 文件。

LAS 文件的点记录类型 4、5、9 或 10 都可包含波形数据包的一个区域，并将其存储在可扩展变长记录区域中（EVLR）。不像其他的 EVLRs，波形数据包与存储于公共头区域（"波形数据包记录开始"）的存储头文件有偏差。

坐标参考系统（Coordinate Reference System，CRS）：LAS1.4 格式对新点类型（6~10）使用了已知文本（Well Known Text，WKT）替换 GeoTIFF 作为要求的坐标参考系统。GeoTIFF 被保留在点类型 0~5 中。WKT 位被添加到头文件区域的全局编码标记中，一旦被设置，CRS 便被定位到 WKT 的（扩展）变长记录（EVLR，VLR）中。CRS 的表述见表 2.2 所示。

表 2.2　坐标参考系统表述

点类型	WKT 位为假	WKT 位为真
0~5	GeoTIFF	WKT
6~10	错误	WKT

LAS 格式定义的数据类型符合 1999 ANSI C 语言规范（ANSI/ISO/IEC 9899：1999（"C99"），主要的数据类型有：char（1 字节）、无符号 char（1 字节）、short（2 字节）、无符号 short（2 字节）、long（4 字节）、无符号 long（4 字节）、longlong（8 字节）、无符号

long long（8 字节）、float（4 字节）、double（8 字节）、string（1 字节的字符、ASCII、结尾符）。

2.3.1.2　公共头区域

公共头区域如表 2.3 所示。

表 2.3　公共头区域

项　目	格　式	大小（字节）	要　求
文件签名（"LASF"）	Char［4］	4	*
文件源 ID	Unsigned short	2	*
全局编码	Unsigned short	2	*
项目 ID-GUID 数据 1	Unsigned long	4	
项目 ID-GUID 数据 2	Unsigned short	2	
项目 ID-GUID 数据 3	Unsigned short	2	
项目 ID-GUID 数据 4	Unsigned char［8］	8	
主版本	Unsigned char	1	*
副版本	Unsigned char	1	*
系统识别符	Char［32］	32	*
生成软件	Char［32］	32	*
文件创建的年日	Unsigned short	2	*
文件创建年	Unsigned short	2	*
头大小	Unsigned short	2	*
点数据偏差	Unsigned long	4	*
可变长记录数	Unsigned long	4	*
点数据记录格式	Unsigned char	1	*
点数据记录长度	Unsigned short	2	*
点记录遗留数	Unsigned long	4	*
回波点遗留数	Unsigned long［5］	20	*
X 比例因子	Double	8	*
Y 比例因子	Double	8	*
Z 比例因子	Double	8	*
X 偏差	Double	8	*
Y 偏差	Double	8	*
Z 偏差	Double	8	*

续表

项　目	格　式	大小（字节）	要　求
最大 X	Double	8	*
最小 X	Double	8	*
最大 Y	Double	8	*
最小 Y	Double	8	*
最大 Z	Double	8	*
最小 Z	Double	8	*
波形数据包记录起始	Unsigned long long	8	*
第 1 个可变长记录起始	Unsigned long long	8	*
扩展变长记录数	Unsigned long	4	*
点记录数	Unsigned long long	8	*
回波点数	Unsigned long long [15]	120	*

文件签名（File Signature）：LAS 规范强制规定文件签名必须包含 4 个字符"LASF"，用户软件检查这 4 个字符作为初始确定文件类型的快速预览。

文件源 ID（File Source ID）：此字段设置成 1~65535 的值范围，若文件来自于原始飞行航线，则这经常是航线号。0 值被理解为未分配 ID 号，这时处理软件会分配一个任意号。注意：该机制允许 LiDAR 项目包含 65535 个单独源，源可以是原始航线号或者是合并和萃取操作的结果。

全局编码（Global Encoding）：这是一个用来表示某种全局文件属性的位区。在 LAS1.2 版本中，只有低位被定义，低位字段的定义见表 2.4。

表 2.4　全局编码：低位字段编码

位	字段名	描　述
0	GPS 时间类型	在点记录中的 GPS 时间，若位未被设置，点记录字段中 GPS 时间就是 GPS 周时（包括 V1.0~1.2）。若位被设置，则 GPS 时间即为标准 GPS 时（卫星 GPS 时）减去 1×10^9（改正的标准 GPS 时），这个偏差移动时间回到近 0 处来提高浮点精度
1	波形数据包内部	若位被设置，则能确定波形数据包在文件中的位置（注意：这个位有 2 个位就会互相排斥）。现在不提倡这种方式
2	波形数据包外部	若位被设置，则能在辅助文件外确定波形数据包的位置，辅助文件与文件有同样的基址名，而不是扩展名 *.wdp（注意：这个位有 1 个位就会互相排斥）

位	字段名	描　述
3	人工生成的回波号	若位被设置，在点数据记录中的点回波号即被人为地生成。如：联合首次回波文件和最后回波文件的合成文件被创建时，此时首次回波和第2回波会被分别标记为1和2
4	WKT	若被设置，CRS就是WKT；反之，CRS就是GeoTIFF。若保持原有的兼容性，则CRS一定是GeoTIFF
5：15	保留字段	一定设置为0

项目 ID（GUID 数据）：完全包含全局唯一识别符（Globally Unique Identifier，GUID）被保留为项目识别符（项目 ID），这个字段是可选的。项目 ID 的分配时间取决于处理软件，对有单独项目的所有文件是一样的。通过分配一个项目 ID 并使用以上定义的文件源 ID，一个项目的每个文件以及一个文件里的每个点都可以唯一标识。

版本号（Version Number）：包含一个主字段和一个副字段，主副字段组成一个表示当前规范格式号的编码。如：规范号 1.4 包括主字段的 1 和副字段的 4。注意：LAS 工作组并没有为主副版本号分配特别的含义。

系统识别符（System Identifier）：LAS1.0 规范假设 LAS 文件是由硬件传感器唯一生成，后续的版本识别这个文件经常是因为提取、合并或修改存在的数据文件，因此，系统号变为表 2.5 所示的值。

生成软件（Generating Software）：用于描述生成软件的 ASCII 数据，在 LAS 文件创建时（如：TerraScan V-10.8，REALM V-4.2），这个字段提供了识别软件包和版本的机制。若字符数据少于 32 个，则剩余的数据肯定为空。

表 2.5　系统识别符

系统识别符	功　能
生成机构	系统 ID
硬件系统	字符识别硬件（如：ALTM1210、ALS50、LMS-Q680i）
多个文件合并	合并
修改单个文件	修改
提取多个文件	提取
重投影、重调尺度、变形	转换
其他操作	"OTHER"或字符达到 32 个能识别这个操作

文件创建的年日（File Creation Day of Year）：文件创建时，"日"为无符号 short，并被计算为格林威治标准时间（Grennwich Mean Time，GMT）日，1 月 1 日被认为是第 1 天。

文件创建年（File Creation Year）：文件创建时，"年"用 4 个数字表示。

头大小（Header Size）：公共头区域大小用字节衡量，在LAS1.4中大小为375字节。在新版LAS规范中，通过在末尾增加数据来扩展头文件，头文件大小字段会随着新头大小而更新，公共头区域不能被用户扩展。

点数据偏差（Offset to point data）：从文件开始到第1个点记录数据字段的第1个字段的实际字节数，若任何软件从可变长记录中添加或移除数据，这个数据偏差一定会被更新。

可变长记录数（Number of Variable Length Records）：此字段包含存储在前一个点数据记录文件内的VLRs号，这个号随着VLRs的变化而更新。

点数据记录格式（Point Data Record Format）：点数据记录表示文件中点数据记录的类型，LAS1.4在本规范的点数据记录格式部分定义了0~10的类型。

点数据记录长度（Point Data Record Length）：点数据记录的大小为字节，在一个单LAS文件中所有点数据记录一定是同一类型和长度。若指定的大小高于隐含的点格式类型大小（如：类型1是32字节而非28字节），多余字节即为用户指定的"额外字节"。这个格式和这种"额外字节"的含义见额外字节VLR（见表4.24和表4.25）中的描述。

点记录的遗留数（Legacy Number of point records）：若文件保持兼容性并且点数不大于UINT32_ MAX，此字段包含文件中点记录的总数，否则一定为0。

回波点的遗留数（Legacy Number of point by return）：若文件保持兼容性并且点数不大于UNIT32_ MAX，此字段包含了一组每个回波总点记录数。第1个值是首次回波记录的总数，第2个值包含了第2回波的总数，以此类推延伸到5个回波。此文件不具有兼容性时，数组的每个成员一定设置为0。

X、Y和Z比例因子（X, Y, and Z scale factors）：比例因子字段包含双精度浮点数值，用于缩放点记录中对应X、Y、Z的长整形值。对应X、Y和Z的比例因子一定要乘以X、Y和Z点记录值来得到实际的X、Y或Z坐标。如：若X、Y和Z坐标有2个小数位，则每个比例因子会包含数字0.01。

X、Y和Z偏差（X, Y, and Z offset）：偏差字段用于设置点记录的整个偏差值，一般这些数字为0，对于某些情况，点数据的分辨率不足以大于给定的投影系统，但是还需要假定会用到这些数字。因此，为缩放点记录中给定的X，用点记录X乘以X比例因子，然后加上X偏差，以下为三者计算坐标的公式：

$$\begin{cases} X_{\text{coordinate}} = (X_{\text{record}} * X_{\text{scale}}) + X_{\text{offset}} \\ Y_{\text{coordinate}} = (Y_{\text{record}} * Y_{\text{scale}}) + Y_{\text{offset}} \\ Z_{\text{coordinate}} = (Z_{\text{record}} * Z_{\text{scale}}) + Z_{\text{offset}} \end{cases} \tag{2.15}$$

最大和最小X、Y、Z（Max and Min X, Y, Z）：最大和最小数据字段是实际LAS点文件非比例化的扩展，在LAS数据的坐标系统中被指定。

波形数据包记录开始（Start of Waveform Data Packet Record）：此值以字节形式提供了从LAS文件开始到波形数据包记录的第1个字节的偏差，注意这是波形数据包头文件的第1个字节。若无波形记录包含在文件中，这个值一定为0。LAS1.4格式允许多扩展变长记录（EVLR），并且波形数据包记录不一定是文件的第1个EVLR。

第 1 个扩展可变长记录的开始（Start of First Extended Variable Length Record）：此值以字节方式提供了 LAS 文件开始到第 1 个 EVLR 的第 1 个字节。

扩展变长记录数（Number of Extended Variable Length Records）：此字段包含 EVLRs 的当前数目，EVLRs（若存在，波形数据包记录）存储在点数据记录后的文件中。若 EVLRs 变化，这个数量也会随之更新；若没有 EVLRs，此值为 0。

点记录数（Number of point records）：此字段包含文件中的点记录总数，注意：无论何种遗留模式，此字段一定合理地增加。

回波点数（Number of points by return）：这些字段包含了每个回波的一组总点数记录。第 1 个值是首次回波的总记录数，第 2 回波包含第 2 回波的总数，以此类推直到第 15 回波为止。注意：无论何种遗留模式，这些字段一定要合理地增长。

2.3.1.3 可变长记录（VLRs）

只要总大小不在无符号长整形（在公共头区域的"点数据偏差"）难到达的点记录数据开始处，公共头区域可紧随着任意数目的可变长记录（VLRs）。VLRs 的数目在公共头区域"可变长记录数目"字段被指定，因为每个可变长记录的大小被包含在可变长记录头文件中，所以可变长记录一定要按顺序存取，每个可变长记录头长度为 54 字节，可变长记录头见表 2.6 所示。

表 2.6　可变长记录头

项　　目	格　　式	大小（字节）	要　　求
保留项	unsigned short	2	
用户 ID	char［16］	16	*
记录 ID	unsigned short	2	*
头后记录长度	unsigned short	2	*
描述	char［32］	32	

保留项（Reserved）：此值一定设置为 0。

用户 ID（User ID）：用户 ID 字段是 ASCII 字符数据用来识别创建可变长记录的用户，带不同用户 IDs 的不同源会有很多可变长记录，如果字符数据小于 16 个，剩余数据一定为空。用户 ID 一定用 LAS 规范管理体注册，管理用户 IDs 确保没有两个个体使用同样的用户 ID。

记录 ID（Record ID）：记录 ID 取决于用户 ID，每个用户 ID 可有 0~65535 个记录。LAS 规范管理自身的记录 IDs（用户 IDs 由规范掌握），否则，记录 IDs 会由指定用户 ID 的所有者管理。因此，每个用户 ID 被允许以任意方式分配 0~65535 个记录 IDs。公开指定记录 ID 的含义留给了指定用户 ID 的所有者，应该忽略未知用户 ID/记录 ID 的组合。

头后记录长度（Record Length after Header）：记录长度是头标准部分结尾后的记录字节数，因此，整个记录长度是 54 个字节（VLR 的头大小）加上记录的可变长部分的字节数。

描述（Description）：可选的，数据的结尾文本描述，任何保留的字符一定不为空。

2.3.1.4 点数据记录

LAS 文件 I/O 软件一定要使用在公共头区域内的"点数据偏差"来定位第 1 个点数据记录的开始位置，注意到所有点数据记录一定要有同种类型，即点数据记录格式。不做要求的点数据项目一定设置为 0，如：0.0 对应浮点型，空值对应 ASCII，0 对应整型。

（1）点数据记录格式 0。

点数据记录格式 6~10 在点数据记录方面已经提高了几个方面的核心信息，尤其是支持256 个类别以及特定"重叠"位的定义。LAS1.4 支持所有点记录格式（0~10），推荐的格式为 6~10。数据点记录格式 0 包含了 20 个核心字节并由点数据记录格式 0~5 所共享，如表 2.7 所示。

表 2.7　点数据记录格式 0

项　　目	格　　式	大　　小	要　　求
X	Long	4 字节	*
Y	Long	4 字节	*
Z	Long	4 字节	*
反射强度	Unsigned short	2 字节	
回波号	3 位（位 0~2）	3 位	*
指定脉冲的回波数	3 位（位 3~5）	3 位	*
扫描方向标记	1 位（位 6）	1 位	*
航线边缘	1 位（位 7）	1 位	*
分类	Unsigned char	1 字节	*
扫描角范围（−90°~90°）——左侧	Char	1 字节	*
用户数据	Unsigned char	1 字节	
点源 ID	Unsigned short	2 字节	*

X、Y 和 Z（X，Y and Z）：三者以长整形存储，联合比例值和偏差值来确定在公共头区域部分的每个点的坐标值。

反射强度（Intensity）：反射强度值是表示回波脉冲级别的整数进位制，该值是可选的，可由系统指定，但若存在，就要包含进去。通过乘以 65536/（传感器的反射强度动态范围），包含的反射强度值总要归一化到 16 位无符号长整形值。如：若传感器的动态范围是10 位，缩放值需要确保不同传感器的数据能被正确合并。注意：下列 4 个字段——回波号、回波数、扫描方向标记和航线边缘是单字节的位字段。

回波号（Return Number）：是指定输出脉冲的回波号。指定输出激光脉冲有很多回波，必须按返回顺序标记。首次回波的回波号为 1，第 2 回波的回波号为 2，以此类推到 5 个回波。

指定脉冲的回波数（Number of Returns）：指定脉冲的总回波数。如：激光数据点可能是在 5 个回波总数的回波号 2。

扫描方向标记（Scan Direction Flag）：表示输出脉冲传播期间扫描镜的位置。位值 1 表示正的扫描方向，位值 0 表示负的扫描方向，其中正扫描方向是从航向左侧到右侧的移动扫描，负扫描方向是相反的。

航线边缘（Edge of Flight Line）：当该点位于扫描末端时，航线边缘数据位仅有值 1，在它改变方向前，是指定扫描线上的最后点。

分类（Classification）：此字段代表点的类属性。从未分过类的点字节必须设置为 0。类别格式是一个位编码字段，低 5 位用作分类，高 3 位用于标记。位的定义见表 2.8，分类值见表 2.9。注意：5、6 和 7 位被看作标记位，可用联合的方式设置或清除。如：位 5 和位 6 的一个点设置为 1，并且设置为 2 的低 5 位是一个被人工采集并标记为模型关键点的地面点。

表 2.8　用在点记录类型 0~5 中的分类位字段编码

位	字段名	描　　述
0~4	分类	标准 ASPRS 分类 0~31 定义在遗留点格式的分类表中
5	合成的	若设置该项，则由如摄影测量立体模型中数字化或波形遍历技术而非 LiDAR 采集技术来创建该点
6	关键点	若设置该项，该点被当作模型关键点，因此，一般不要用抽稀算法保留
7	保留项	若设置该项，该点不要被包括在处理当中（即为删除）

表 2.9　ASPRS 标准 LiDAR 点类（点数据记录格式 0~5）

分类值（位 0:4）	含　　义
0	创建的，从未被分类的
1	未被分类的
2	地面
3	低植被
4	中植被
5	高植被
6	建筑物
7	低点（噪声）
8	模型关键点（海量点）
9	水体

分类值（位0：4）	含 义
10	ASPRS 定义的保留字段
11	ASPRS 定义的保留字段
12	重叠点
13～31	ASPRS 定义的保留字段

注意位字段-LAS 存储格式是按由小到大顺序排列，多字节数据字段被存储在从低地址处的少数次要字节到高地址处的多数重要字节内存中。位字段总数被解读为位 0 加 1 等于 1，位 1 加 1 等于 2，位 2 加 1 等于 4，等等。

扫描角范围（Scan Angle Rank）：是在已分配的-90°～90°有效范围内署名的 1 字节数。扫描角范围是激光点从包括飞机翻滚在内的激光系统输出位置的角度（绝对值被保留到最接近整数）。在 90°～-90°范围内的扫描角精度为 1°。扫描角是天底处的扫描角为 0°，航向飞机的左侧的角度值为 90°的角度。

用户数据（User Data）：此字段由用户决定。

点源 ID：该值表示该点起始的文件。该字段有效值为 1～65535，包括用于下面讨论的特殊案例中的 0。数字值对应于该点起始的文件源 ID。0 值为方便系统制订者而被保留。0 值的点源 ID 表示该点源于此文件，也说明处理软件应该设置点源 ID 等于在处理期间包含某个时间的点文件的文件源 ID。

（2）点数据记录格式 1～5。

点数据记录格式 1：在点数据记录格式 0 基础上增加了 GPS 时间（double，8 字节）。GPS 时间是采集点处的双精度浮点时间标记值。若全局编码低位被清除，即为 GPS 周时，若全局编码低位被设置，则为调整的标准 GPS 时间（见公共头区域描述中的全局编码）。

点数据记录格式 2：在点数据记录格式 0 基础上增加了 3 个彩色通道。当使用相机等辅助设备彩色化 LiDAR 点时使用这些字段，Red（unsigned short，2 字节）、Green（unsigned short，2 字节）和 Blue（unsigned short，2 字节）。

点数据记录格式 3：在点数据记录格式 2 基础上增加了 GPS 时间（double，8 字节）。

点数据记录格式 4：在点数据记录格式 1 基础上增加了波形包。

波形包描述符号索引（Wave Packet Descriptor Index）：该值加 99 等于波形包描述符号的记录 ID，表示用户定义的记录，用于描述与 LiDAR 点相关的波形包，支持高达 255 个不同的用于描述波形包的用户定义记录。0 值表示没有波形数据与 LiDAR 点记录相关。

波形包数据的字节偏差（Byte offset Waveform Packet Data）：波形包数据以扩展可变长记录或辅助 WPD 形式保存在 LAS 文件中。字节偏差表示在相对于波形包数据头开始处波形数据可变长记录（或外部文件）中 LiDAR 点波形包的开始位置。波形数据包记录开始+波形包数据字节偏差作为波形包保存在 LAS 文件中，波形包数据字节偏差作为数据存储在辅助文件中。

以字节计的波形包大小（Waveform packet size in bytes）：与回波有关。注意因为包压缩的缘故，即使有同样的波形包描述符号索引，每个波形也有不同的大小。此外，因为没有按顺序存储的要求，波形包可仅通过波形包数据字节偏差值被定位。

回波点位置（Return Point location）：从第1个数字化值到被探测到有关回波脉冲的波形包位置处的皮秒（10^{-12}）偏差。

$X(t)$、$Y(t)$和$Z(t)$：这些参数定义一个参数线性方程用于沿着相关波形外推的点。沿着波的位置表示为：

$$X = X_0 + X(t)；Y = Y_0 + Y(t)；Z = Z_0 + Z(t)$$

式中，X、Y和Z是采集点的空间位置；X_0、Y_0和Z_0是"定位点"的位置；相对于"定位点"（在定位点$t=0$），t为单位为皮秒的时间；X、Y和Z是LAS数据的坐标系统单位，若坐标系统是地理坐标系，水平单位是小数度而垂直单位为米。

点数据记录格式5：在点数据记录格式3基础上增加了波形包。

（3）点数据记录格式6。

点数据记录格式6包含30个字节，由点数据记录格式6~10所共享。点数据记录格式0~5的20个核心字节的差别在于：为支持高达15个回波，需要更多的回波数位；为支持高达256个类，需要更多的点类位，需要更精确的扫描角（16位而非8位）以及强制的GPS时间（表2.10）。注意：下列5个字段——回波号、回波数、分类标记、扫描方向标记和航线边缘为位字段，编码为2个字节。

回波号（Return Number）：是指定输出脉冲的回波号。指定的输出激光脉冲可以有很多脉冲，必须按回波顺序标记。首次回波有回波号1，第2回波有回波号2，以此类推到15个回波。回波号一定介于1和的回波号之间。

指定脉冲的回波数（Number of Return（give pulse））：回波数是指定脉冲的回波的总数。如：激光数据点可能是总数达15个回波中的回波号2。

分类标记（Classification Flags）：分类标记用于表示与点有关的特殊字符，位定义见表2.11。

注意：这些位被当作标记，并可以用任何组合方式设置或清除。如：带位0和1的点被设置为0，设置为2的类字段是地面点，已经被人工采集并被标记为模型关键点。

扫描仪通道（Scanner Channel）：用于表示多通道系统的扫描仪头的通道，通道0表示单扫描仪系统，达到4个通道支持0~3。

扫描方向标记（Scan Direction Flag）：表示输出脉冲时扫描镜的传播方向。位值1是正的扫描方向，位值0是负的扫描方向，其中正扫描方向从航向的左侧到右侧的扫描移动，负扫描方向相反。

表 2.10 点数据记录格式 0

项 目	格 式	大 小	要 求
X	Long	4 字节	*
Y	Long	4 字节	*
Z	Long	4 字节	*
反射强度	Unsigned short	2 字节	
指定脉冲的回波数	4 位（位 4~7）	4 位	*
回波号	4 位（位 4~7）	4 位	*
分类标记	4 位（位 0~3）	4 位	
扫描仪通道	2 位（位 4~5）	2 位	*
扫描方向标记	1 位（位 6）	1 位	*
航线边缘	1 位（位 7）	1 位	*
分类	Unsigned char	1 字节	*
用户数据	Unsigned char	1 字节	
扫描角	Short	2 字节	*
点源 ID	Unsigned short	2 字节	*
GPS 时间	Double	8 字节	*

表 2.11 用在点记录类型 6~10 中的分类位字段编码

位	字段名	描 述
0	合成的	若设置该项，则由如摄影测量立体模型中数字化或波形遍历技术而非 LiDAR 采集技术来创建该点
1	关键点	若设置该项，该点被当作模型关键点，因此，一般不要用抽稀算法保留
2	保留项	若设置该项，该点不要被包括在处理当中（即为删除）
3	重叠	若设置该项，该点位于 2 个以上的航带的重叠区域。此位的设置不是强制性的，除非由特别交付的规范所强制，但允许保留重叠点类

航线边缘（Edge of Flight Line）：仅当该点位于扫描末端时，航线边缘数据位的值为 1。在末端点改变方向或镜面变化前，该点位于指定扫描线上。注意该字段对 360° 的扫描仪（如移动式 LiDAR 扫描仪）视场角是没有意义的，不该被设置。

分类（Classification）：分类依据表 2.12 的标准设置。

扫描角（Scan Angle）：扫描角是一个有符号的短整型数，表示与数据坐标垂直方向相关的发射激光脉冲的旋转位置。在数据坐标系统的下方是 0.0 位置，每项增量表示 0.006°。正如从传感器后方观察，面向航向（正航迹），逆时针旋转为正。正向最大值是 30.000,

180°在数据坐标系统的上方，负向最大值是-30.000，也是直接朝上的。

（4）点数据记录格式7~10。

点数据记录格式7：在点数据记录格式6基础上增加了3个RGB通道，当使用相机等辅助设备彩色化LiDAR点时使用这些字段。

点数据记录格式8：在点数据记录格式6基础上增加了近红外通道。

点数据记录格式9：在点数据记录格式6基础上增加了波形包。

点数据记录格式10：在点数据记录格式7基础上增加了波形包。

表2.12　ASPRS标准LiDAR点类（点数据记录格式6~10）

分类值	含　义	分类值	含　义
0	创建的，从未被分类的	11	道路面
1	未被分类的	12	保留字段
2	地面	13	屏蔽线
3	低植被	14	相线
4	中植被	15	电力塔
5	高植被	16	绝缘线
6	建筑物	17	桥面板
7	低点（噪声）	18	高噪声
8	保留字段	19~63	保留字段
9	水体	64~255	用户定义类
10	铁轨		

2.3.1.5　扩展的可变长记录

点记录数据后紧随任意数目的EVLRs。实质上，EVLRs类似于VLR，能承载头后记录长度字段为8字节的载荷而不是2字节。第1个EVLR起点位于由在公共头区域第1个扩展可变长度记录起始位置的文件偏差处。因为每个可变长度记录的大小被包含在扩展可变长度记录头，扩展可变长度记录一定要按顺序存取，每个扩展变长记录头长度为60字节（表2.13）。

表2.13　扩展可变长记录头

项　　目	格　　式	大小（字节）	要　　求
保留项	unsigned short	2	
用户ID	char［16］	16	*
记录ID	unsigned short	2	*

项　目	格　式	大小（字节）	要　求
头后记录长度	unsigned long long	8	*
描述	char［32］	32	

2.3.2　PLY 格式

2.3.2.1　PLY 简介

PLY 文件格式是 Stanford 大学开发的一套三维 mesh 模型数据格式，图形学领域内很多著名的模型数据，比如 Stanford 的三维扫描数据库（其中包括很多文章中会见到的 Happy Buddha，Dragon，Bunny 兔子），Geogia Tech 的大型几何模型库，北卡（UNC）的电厂模型等，最初的模型都是基于这个格式的。

PLY 多边形文件格式的开发目标是建立一套针对多边形模型的，结构简单但是能够满足大多数图形应用需要的模型格式，而且它允许以 ASCII 码格式或二进制形式存储文件。PLY 的开发者希望，这样一套既简单又灵活的文件格式，能够帮助开发人员避免重复开发文件格式的问题。然而由于各种各样的原因，在工业领域内，新的文件格式仍然在不断地出现，但是在图形学的研究领域中，PLY 还是种常用且重要的文件格式。

PLY 作为一种多边形模型数据格式，不同于三维引擎中常用的场景图文件格式和脚本文件，每个 PLY 文件只用于描述一个多边形模型对象（object），该模型对象可以通过诸如顶点、面等数据进行描述，每一类这样的数据被称作一种元素（element）。相比于现代的三维引擎中所用到的各种复杂格式，PLY 实在是种简单的不能再简单的文件格式，但是如果仔细研究就会发现，就像设计者所说的，这对于绝大多数的图形应用来说已经是足够用了。

2.3.2.2　PLY 结构

PLY 的文件结构简单：文件头加上元素数据列表。其中文件头中以行为单位描述文件类型、格式与版本、元素类型、元素的属性等，然后就根据在文件头中所列出元素类型的顺序及其属性，依次记录各个元素的属性数据。

典型的 PLY 文件结构：

头部

顶点列表

面片列表

（其他元素列表）

头部是一系列以回车结尾的文本行，用来描述文件的剩余部分。头部包含一个对每个元素类型的描述，包括元素名（如"边"），元素数量以及与元素关联的不同属性的列表。头部还说明这个文件是二进制的或者是 ASCII 的。头部后面的是一个每个元素类型的元素列表，按照在头部中描述的顺序出现。

下面是一个立方体的完整 ASCII 描述。大括号中的注释不是文件的一部分，它们是这个例子的注解。文件中的注释一般在"comment"开始的关键词定义行里。

[plain] view plain copy print?

ply

format ascii 1.0 {ascii/二进制，格式版本数}

comment made by anonymous {注释关键词说明，像其他行一样}

comment this file is a cube

element vertex 8 {定义"vertex"（顶点）元素，在文件中有 8 个}

property float32 x {顶点包含浮点坐标"x"}

property float32 y {y 坐标同样是一个顶点属性}

property float32 z {z 也是坐标}

element face 6 {在文件里有 6 个"face"（面片）}

property list uint8 int32 vertex_ index {"vertex_ indices"（顶点索引）是一列整数}

end_ header {划定头部结尾}

0 0 0   {顶点列表的开始}

0 0 1

0 1 1

0 1 0

1 0 0

1 0 1

1 1 1

1 1 0

4 0 1 2 3   {面片列表开始}

4 7 6 5 4

4 0 4 5 1

4 1 5 6 2

4 2 6 7 3

4 3 7 4 0

  这个例子说明头部的基本组成。头部的每个部分都是一个以关键词开头，以回车结尾的 ASCII 串。"ply"是文件的头四个字符。跟在文件头部开头之后的，是关键词"format"和一个特定的 ASCII 或者二进制的格式，接下来是一个版本号。再下面是多边形文件中每个元素的描述，在每个元素里还有多属性的说明。一般元素以下面的格式描述：

element <元素名> <在文件中的个数>

property <数据类型> <属性名-1>

property <数据类型> <属性名-2>

property <数据类型> <属性名-3>

  属性罗列在"element"（元素）行后面定义，既包含属性的数据类型，也包含属性在每个元素中出现的次序。一个属性可以有三种数据类型：标量、字符串和列表。属性可能具有的标量数据类型列表如下：

名　称	类　型	字节数
int8	字符	1
uint8	非负字符	1
int16	短整型	2
uint16	非负短整型	2
int32	整型	4
uint32	非负整型	4
float32	单精度浮点数	4
float64	双精度浮点数	8

这些字节计数很重要，而且在实现过程中不能修改以使这些文件可移植。使用列表数据类型的属性定义有一种特殊的格式：property list<数值类型><数值类型><属性名>，这种格式，一个非负字符表示在属性里包含多少索引，接下来是一个列表包含许多整数。在这个边长列表里的每个整数都是一个顶点的索引。另外一个立方体定义：

［plain］view plain copy print？

ply

format ascii 1.0

comment author：anonymous

comment object：another cube

element vertex 8

property float32 x

property float32 y

property float32 z

property red uint8 ｛顶点颜色开始｝

property green uint8

property blue uint8

element face 7

property list uint8 int32 vertex_ index ｛每个面片的顶点个数｝

element edge 5 ｛物体里有5条边｝

property int32 vertex1 ｛边的第一个顶点的索引｝

property int32 vertex2 ｛第二个顶点的索引｝

property uint8 red ｛边颜色开始｝

property uint8 green

property uint8 blue

end_ header

0 0 0 255 0 0 ｛顶点列表开始｝

```
0   0   1   255   0     0
0   1   1   255   0     0
0   1   0   255   0     0
1   0   0   0     0     255
1   0   1   0     0     255
1   1   1   0     0     255
1   1   0   0     0     255
3   0   1   2    ｛面片列表开始，从一个三角形开始｝
3   0   2   3    ｛另一个三角形｝
4   7   6   5   4    ｛现在是一些四边形｝
4   0   4   5   1
4   1   5   6   2
4   2   6   7   3
4   3   7   4   0
0   1   255   255   255   ｛边列表开始，从白边开始｝
1   2   255   255   255
2   3   255   255   255
3   0   255   255   255
2   0   0   0   0   ｛以一个黑线结束｝
```

这个文件为每个顶点指定一个红、绿、蓝值。为了说明变长 vertex_ index（顶点索引）的能力，物体的头两个面片是两个三角形而不是一个四边形。这意味着物体的面片数是 7。这个物体还包括一个边列表。每条边包括两个指向说明边的顶点的指针。每条边也有一种颜色。上面定义的五条边指定了颜色，使文件里的两个三角形高亮。前四条边白色，它们包围两个三角形。最后一条边是黑的，它是分割三角形的边。

2.3.2.3 用户定义元素

上面的例子显示了顶点、面片和边三种元素的用法。PLY 格式同样允许用户定义它们自己的元素。定义新元素的格式与顶点、面片和边相同。这是头部定义材料属性的部分：

［plain］view plain copy print?

```
element    material   6
property   ambient_ red    uint8    ｛   环绕颜色   ｝
property   ambient_ green   uint8
property   ambient_ blue    uint8
property   ambient_ coeff   float32
property   diffuse_ red    uint8    ｛   扩散（diffuse）颜色   ｝
property   diffuse_ green   uint8
property   diffuse_ blue    uint8
property   diffuse_ coeff   float32
property   specular_ red    uint8    ｛   镜面（specular）颜色   ｝
```

property   specular_ green   uint8

property   specular_ blue   uint8

property   specular_ coeff   float32

property   specular_ power   float32   ｝ Phong   指数   ｝

这些行应该在头部顶点、面片和边的说明后直接出现。如果我们希望每个顶点有一个材质说明，我们可以将这行加在顶点属性末尾：property material_ index int32。这个整数是文件内包含的材质列表的索引。这可能诱使一个新应用的作者编制一些新的元素保存在 PLY 文件中。

2.3.3　STL 格式

STL（Stereo lithographic）文件格式是美国 3D SYSTEMS 公司提出的三维实体造型系统的一个接口标准，其接口格式规范。采用三角形面片离散地近似表示三维模型，目前已被工业界认为是快速成形（rapid prototyping）领域的标准描述文件格式。在逆向工程、有限元分析、医学成像系统、文物保护等方面有广泛的应用。STL 文件的最大特点也是其主要问题是，它是由一系列的三角形面片无序排列组合在一起的，没有反映三角形面片之间的拓扑关系。

2.3.3.1　STL 文件格式的结构

STL 文件是一种用许多空间小三角形面片逼近三维实体表面的数据模型，STL 模型的数据通过给出组成三角形法向量的 3 个分量（用于确定三角面片的正反方向）及三角形的 3 个顶点坐标来实现，一个完整的 STL 文件记载了组成实体模型的所有三角形面片的法向量数据和顶点坐标数据信息。目前的 STL 文件格式包括二进制文件（BINARY）和文本文件（ASCII）两种。

2.3.3.2　STL 的二进制格式

二进制 STL 文件用固定的字节数来给出三角面片的几何信息。文件起始的 80 个字节是文件头，用于存贮零件名；紧接着用 4 个字节的整数来描述模型的三角面片个数，后面逐个给出每个三角面片的几何信息。每个三角面片占用固定的 50 个字节，依次是 3 个 4 字节浮点数（角面片的法矢量），3 个 4 字节浮点数（1 个顶点的坐标），3 个 4 字节浮点数（2 个顶点的坐标），3 个 4 字节浮点数（3 个顶点的坐标），最后 2 个字节用来描述三角面片的属性信息。一个完整二进制 STL 文件的大小为三角形面片数乘以 50 再加上 84 个字节，总共 134 个字节。

UINT8 ［80］   －   Header

UINT32   －   Number of triangles

for each triangle

  REAL32 ［3］   －   Normal vector

  REAL32 ［3］   －   Vertex 1

  REAL32 ［3］   －   Vertex 2

  REAL32 ［3］   －   Vertex 3

UINT16　　　　　　－　　　Attribute byte count
end

2.3.3.3　STL 的 ASCII 文件格式

ASCII 码格式的 STL 文件逐行给出三角面片的几何信息，每一行以 1 个或 2 个关键字开头。在 STL 文件中的三角面片的信息单元 facet 是一个带矢量方向的三角面片，STL 三维模型就是由一系列这样的三角面片构成。整个 STL 文件的首行给出了文件路径及文件名。在一个 STL 文件中，每一个 facet 由 7 行数据组成，facetnormal 是三角面片指向实体外部的法矢量坐标，outer loop 说明随后的 3 行数据分别是三角面片的 3 个顶点坐标，3 顶点沿指向实体外部的法矢量方向逆时针排列。ASCII 格式的 STL 文件结构如下：

solid filename stl　　//文件路径及文件名
facet normal x y z　　//三角面片法向量的 3 个分量值
vertex x y z　　　　　//三角面片第一个顶点的坐标
vertex x y z　　　　　//三角面片第二个顶点的坐标
vertex x y z　　　　　//三角面片第三个顶点的坐标
endloop
endfacet　　　　　　//第一个三角面片定义完毕
……
……
……

endsolid filename stl

通过对 STL 两种文件格式的分析可知，二进制格式文件较小（通常是 ASCII 码格式的 1/5），节省文件存储空间，而 ASCII 码格式的文件可读性更强，更容易进行进一步的数据处理。三角片法矢量的计算，注意点为 v_1，v_2，v_3 逆时针排列。读取 STL 文件时，只需要读取 STL 文件中表示向量和三角形顶点的相应数据，不需要读文件中的其他信息。依次按逆时针方向读入各个三角形面片的 3 顶点坐标值。由于三角面片外法矢量可以通过右手螺旋法则由 3 顶点坐标值计算出来，因此可不对其进行存储，以节省存储空间。如果后续处理需用到法矢量，可利用以下的外法矢量计算公式：

$$\begin{cases} n_x = (v_{1y} - v_{3y})(v_{2z} - v_{3z}) - (v_{1z} - v_{3z})(v_{2y} - v_{3y}) \\ n_y = (v_{1z} - v_{3z})(v_{2x} - v_{3x}) - (v_{2z} - v_{3z})(v_{1x} - v_{3x}) \\ n_z = (v_{1x} - v_{3x})(v_{2y} - v_{3y}) - (v_{2x} - v_{3x})(v_{1y} - v_{3y}) \end{cases} \tag{2.15}$$

2.3.4　OBJ 格式

2.3.4.1　OBJ 文件特点

OBJ 是一种 3D 模型文件，因此不包含动画、材质特性、贴图路径、动力学、粒子等信息。OBJ 文件主要支持多边形（Polygons）模型。虽然 OBJ 文件也支持曲线（curves）、表面

（surfaces）、点组材质（point group materials），但 Maya 导出的 OBJ 文件并不包括这些信息。OBJ 文件支持三个点以上的面。很多其他的模型文件格式只支持三个点的面。OBJ 文件支持法线和贴图坐标。OBJ 格式既可以存储离散点，又可记录线、多边形和自由曲面数据。明显的形体信息和拓扑关系易于数据的显示和建模；缺点是点的属性信息不完整，格式编译和解码复杂，限制了它的应用范围。

2.3.4.2　OBJ 文件基本结构

OBJ 文件不需要任何一种文件头（File Header），尽管经常使用几行文件信息的注释作为文件的开头。OBJ 文件由一行行文本组成，注释行以一个#为开头，空格和空行可以随意加到文件中以增加文件的可读性。有字的行都由一两个标记字母也就是关键字（keyword）开头，关键字可以说明这一行是什么样的数据。多行可以逻辑地连接在一起表示一行，方法是在每一行最后添加一个连接符（＼）。注意连接符（＼）后面不能出现空格或 tab 格，否则将导致文件出错。下列关键字可以在 OBJ 文件使用，关键字根据数据类型排列，每个关键字有一段简短描述：

顶点数据（Vertex data）：

 v 几何体顶点（Geometric vertices）

 vt 贴图坐标点（Texture vertices）

 vn 顶点法线（Vertex normals）

 vp 参数空格顶点（Parameter space vertices）

自由形态曲线（Free-form curve）／表面属性（surface attributes）：

 deg 度（Degree）

 bmat 基础矩阵（Basis matrix）

 step 步尺寸（Step size）

 cstype 曲线或表面类型（Curve or surface type）

元素（Elements）：

 p 点（Point）

 l 线（Line）

 f 面（Face）

 curv 曲线（Curve）

 curv2 2D 曲线（2D curve）

 surf 表面（Surface）

自由形态曲线（Free-form curve）／表面主体陈述（surface body statements）：

 parm 参数值（Parameter values）

 trim 外部修剪循环（Outer trimming loop）

 hole 内部整修循环（Inner trimming loop）

 scrv 特殊曲线（Special curve）

 sp 特殊的点（Special point）

 end 结束陈述（End statement）

自由形态表面之间的连接（Connectivity between free-form surfaces）：

con 连接（Connect）

成组（Grouping）：

  g 组名称（Group name）

  s 光滑组（Smoothing group）

  mg 合并组（Merging group）

  o 对象名称（Object name）

显示（Display）/渲染属性（render attributes）：

  bevel 导角插值（Bevel interpolation）

  c_ interp 颜色插值（Color interpolation）

  d_ interp 溶解插值（Dissolve interpolation）

  lod 细节层次（Level of detail）

  usemtl 材质名称（Material name）

  mtllib 材质库（Material library）

  shadow_ obj 投射阴影（Shadow casting）

  trace_ obj 光线跟踪（Ray tracing）

  ctech 曲线近似技术（Curve approximation technique）

  stech 表面近似技术（Surface approximation technique）

一个简单的 OBJ 格式的文件样例：

```
#Tue Dec 09 16：39：39 2003
#Object name：scene-cut01
#
g
v −67.743 136.312 −1155.112
v −67.142 136.304 −1155.044
……
v 174.903 −131.029 −1062.779
g scene-cut01
f 30 31 1
f 1 31 32 2
f 2 32 33 3
f 3 33 34 4
f 4 34 35 5
f 5 35 36 6
f 6 36 37 7
f 7 37 38 8
……
```

2.3.5 其他点云格式

2.3.5.1 PTX 格式

PTX 格式属于 ASCII（TXT、XYZ、PTS、PTX）格式文件的一种，优点是结构简单、读写容易、可被多数仪器和软件支持。缺点是 ASCII 数据占据空间大，存储处理困难；只存储（X，Y，Z，I）信息，信息不完整，不利于数据的应用和信息提取。＊.PTX 文件格式举例：

```
408              //扫描行号
408              //扫描列号
0 0 0             //点的平移向量
1 0 0             //点的旋转矩阵
0 1 0             //点的旋转矩阵
0 0 1             //点的旋转矩阵
1 0 0 0           //全局变换矩阵
0 1 0 0           //全局变换矩阵
0 0 1 0           //全局变换矩阵
0 0 0 1           //全局变换矩阵
0 0 0 0           //无效点
……
0 0 0 0           //无效点
-1.551732 -1.598675 -3.957804 0.401099 //X Y Y I
……
-1.550537 -1.579291 -3.955089 0.463233 //X Y Y I
```

2.3.5.2 PTC 格式

PTC 是一种二进制格式，文件保存了三维坐标信息，还存储高分辨率数据对应图像的信息，比 ASCII 格式更紧凑。在 AutoCAD 软件中导入、显示与绘制的速度都比 ASCII 格式快。缺点是数据导出时先收集所有扫描点，然后写入文件，对内存要求高。

第3章　主流三维激光扫描仪

3.1　激光扫描仪的相关概念

　　激光扫描仪的"维数"与激光扫描仪测量激光点的装置有关，一维激光扫描仪可认为是带点云数据存储功能的免棱镜式的激光测距仪，二维激光扫描仪是在一维激光扫描仪内的马达带动水平方向一个棱镜的转动来采集激光点云的激光扫描仪，三维激光扫描仪是在一维激光扫描仪内通过马达带动水平方向和垂直方向两个棱镜的转动来采集激光点云的激光扫描仪，二维激光扫描仪常应用与机载或移动式 LiDAR，三维激光扫描仪就是本书提及的地面三维激光扫描仪。

　　脉冲重复率/脉冲发射率（Pulse Repetition Rate/Frequency，PRR/PRF）是指激光器每秒所发射的激光脉冲的个数，单位为 kHz，注意这里的脉冲发射率是指发射出的脉冲个数，因为受扫描仪硬件、环境、对象属性的影响，能够返回的脉冲个数要远小于发射的脉冲数，每秒能够接收的脉冲个数指的是有效测量率。在扫描时，选择设备的最高激光发射频率和最小的递增角度，使得扫描的激光点云密度达到最大值。一般来讲，激光脉冲的发射频率越高，激光扫描的角度递增越小，扫描所需要的时间越长。有些厂家，常常给出激光扫描速度如 5000 点/秒，即与此概念同义。

　　最大扫描距离（Max. Measurement Range）是指激光光波能测量到的最远对象的距离，激光照射到表面反射率越高的物体，所反射回来的光信号强度越强，因此，激光扫描仪的射程也越远。激光扫描仪的最大扫描距离与脉冲发射率、传播媒介、对象表面属性、外界环境有关，天气的能见度越高、空气越干燥、大气颗粒物越少，对象表面反射率越高，激光扫描仪所测距离就越远，最大扫描距离简单的表达公式为：

$$\rho_{\max} = c/(2nP_{\mathrm{r}}) \tag{3.1}$$

式中，c 为光速，n 为空气的介电常数，P_{r} 是指脉冲发射率。

　　900nm 波长对不同材料的典型反射率如表 3.1 所示，对于普通的三维激光扫描仪而言，大多数的地面、建筑物的反射率为 40%~50%，大多数的树木的反射率为 30%~70%，煤和沥青路面在 15%~25%间，水体对 1064nm 波段的激光几乎具有全吸收效果，实际应用中会对激光扫描设备的最大射程大打折扣。

表 3.1　900nm 波长对不同材料的典型反射率（Wehr & Lohr，1999）

材　料	反射率（%）	材　料	反射率（%）
规格木材（如清洁、干燥的松木）	94	碳酸盐砂（潮湿）	41
雪	80~90	海滩沙、沙漠沙	50
白砖石	85	粗木板（干净）	25
石灰岩、黏土	75	水泥地（光滑）	24
落叶乔木	60	铺碎石的沥青路	17
针叶树	30	火山岩	8
碳酸盐砂（干燥）	57	黑氯丁橡胶（合成橡胶）	5

光束离散度（Beam Divergence）是衡量从光学孔径处光束发散程度的角度量，单位为 mrad，它主要用来衡量激光光束的发散程度，光束离散度越小，激光光斑尺寸越小，测距精度就越高，如 Riegl VZ-400 扫描仪的光束离散度为 0.35mrad，它在 600m 处的光斑直径大小为 21cm。利用光束离散度 θ（单位为 mrad）来计算距离 l（单位为 m）处激光光斑直径 D（单位为 m）的公式为：

$$D = 2l\tan\left(\frac{0.001 \cdot 108° \cdot \theta}{2\pi}\right) = 2l\tan(0.0286 \cdot \theta) \tag{3.2}$$

如图 3.1 所示，当激光的脉冲照射到树木时，"飞行时"接收器仅在回波某一上升时刻提供一个终止信号，激光脉冲会在中间部分形成多个振幅，接收器会生成对应的回波，而激光光束会继续穿透树叶，到达房顶形成末次回波，这些回波属于离散回波，并不能保存回波的形状信息。

离散回波探测的直接扩展形式就是以很高的临时分辨率通过操作数字化仪数字化成完整的回波波形，波形数字化实现了激光脉冲回波的全部反射强度剖面，除了完整的剖面信息，波形数字化给出了更多用户在测距中潜在的控制。利用高采样率的模数转换器（ADCs，Analog-Digital Converts）对目标反射的回波经探测器接收后输出的微弱信号电流进行高速采样，得到一系列的数字波形，经自相关去噪、峰值检测、强度积分等处理后，可极大提高信号的信噪比，通过目标的时延信息确定目标距离，利用回波功率确定目标后向散射特征、目标的回波强度等信息。存储完采样数据后，从数据记录器中为离线全波形分析提供数据，这种重建、叠加多回波数字信号来确定单个目标和振幅的波形处理技术称为回波数字化（Echo Digitization）。回波数字化与多回波的区别是回波数字化会采样并存储回波的形状信息，而多回波技术不能保留目标的属性信息。回波波形（Echo Waveform）可看作回波强度信息在接收时间轴上的函数，是对激光光斑内各个点的反射信号按时间先后顺序记录的激光后向散射能量。全波形（Full Waveform，FW）不仅采用数字化方式记录不同物体的若干次离散回波信号，而且以很小的采样间隔采样（1GHz）并记录发射信号和回波信号。

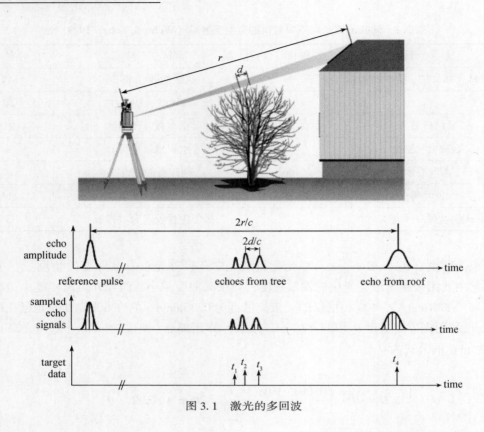

图 3.1　激光的多回波

3.2　激光扫描仪的安全标准

激光的波长及能量是眼睛安全度的主要考量因素，目前的激光安全标准主要遵循欧盟制定的 DIN EN 60825-1 激光产品的安全——第 1 部分：设备分类与要求以及美国联邦激光产品性能标准，DIN EN 60825-1 激光产品的安全标准的规定如下：

◆ 等级 1：设计上基本是安全的。

◆ 等级 1M：在 302.5~4000nm 的波长低输出能量，包括在光束内观察状态，一定条件下是安全的，但在光束内通过光学手段观察可能会存在危险。

◆ 等级 2：可视光下的低输出（400~700nm 波长），激光能量<1mW，包括在光束内观察状态，通常会引起眼部不适，需要采取眼睛保护措施。

◆ 等级 2M：可视光下的低输出（400~700nm 波长），通常会引起眼部不适，需要采取眼睛保护措施。光束内通过光学手段观察可能会存在危险。

◆ 等级 3R：可视光为等级 2 的 5 倍以下（400~700nm 的波长），可视光以外为等级 1 的 5 倍以下（302.5nm 以上的波长）的输出。直接在光束内观察可能导致危险。

◆ 等级 3B：直接进行观察会发生危险，但不连续扩散反射引起的焦点的脉冲激光放射的观察是无危险的，在一定条件下，安全观察的输出为 0.5W 以下。

◆ 等级 4：高输出。有可能发生危险的扩散反射，可能会伤害皮肤，而且有发生火灾的危险。

美国联邦激光产品性能标准的规定如下：

◆ Ⅰ类激光（Class Ⅰ）：不能发射已知危害级别的激光辐射（典型的 CW 型激光在可见波长处的功率为 0.4μw）。这类激光器一般不需要辐射防护。

◆ Ⅱ类激光（Class Ⅱ）：低功率的可见激光，发射高于 ClassI 的激光功率，但辐射功率不超过 1mW，人眼对强光的反应可以避免伤害，仅需有限的防护措施。

◆ ⅢA 类激光（Class ⅢA）：中等功率激光（CW 型功率为 1~5mW）。仅对人眼直视有害，仅需有限的防护措施。

◆ ⅢB 类激光（Class ⅢB）：中等功率激光（CW 型功率 5~500mW，脉冲型 $10J/cm^2$）。这类激光既不会产生火灾也不会生成有伤害性的漫反射。推荐使用指定的防护措施。

◆ Ⅳ类激光（Class Ⅳ）：高功率激光（CW 型功率 500mW，脉冲型 $10J/cm^2$）。在任何情况下（直接或漫反射）观察都是有害的，易造成火灾和皮肤灼伤。需要特殊的防护设备。

3.3 主流的三维激光扫描仪

3.3.1 Riegl 激光扫描仪

3.3.1.1 Riegl 公司简介

Riegl 公司位于奥地利西北 85km 的 Lower Austria 州 Waldviertel 市 Horn 镇，公司拥有 170 多名技术熟练的工程师、技术人员，集研究、开发、生产、市场销售、培训和管理于一体，拥有 32000 多平方米的地面产品测试场地。J. Riegl 博士在 1968 年开发了高性能的雪崩式脉冲发生器，1968—1978 年间在维也纳理工大学进行研发设计工作，在 1978 年成立了 Riegl 公司，1996 年 Riegl 公司制造了用于带状制图的机载激光扫描仪，1997 年生产了旋转多边形镜 3D 激光扫描仪 ASIS，视场角为 60°×60°，1998 年生产了其第一台商业用 3D 激光扫描仪 LMS-Z210，2004 年生产了世界上第一台商用数字化和全波形机载激光扫描仪 LMS-Q560，2009 年推出世界上第一台 MTA（Multiple-Time-Around）高脉冲重复率 400kHz 的机载激光扫描仪 LMS-Q680，2012 年推出 RieglVZ-6000 地面激光扫描仪，扫描距离超过 6000m，适合于冰川和雪地制图。RieglVZ-400 扫描仪的参数如表 3.2 所示：

表 3.2 Riegl VZ-400 参数

参数 ＼ 指标	长距模式	高速模式
PRR/kHz	100	300
有效测量率/（pts/s）	42000	122000

续表

指标 参数	长距模式	高速模式
最大扫描距离/m $\rho \geq 0.9$ $\rho \geq 0.2$	600 280	350 160
每个脉冲最大目标数	无限	
精确度/mm	5	
精密度/mm	3	
光束发散度/mrad	0.35	
波长	近红外	
扫描范围	$-40°/+60°$	

3.3.1.2 Riscan Pro 软件

Riscan Pro 软件用于 RieglVZ 线性地面激光扫描仪（Terrastrial Laser Scanner，TLS）数据处理，该软件提供了完整精确且精炼的 TLS 点云数据的解决方案。外业扫描时可以执行实施数据覆盖检查，数据可以实时显示传输到电脑软件中，将多传感器数据转变成无缝、彩色点云。数据采集时可定义视场角、扫描分辨率、脉冲率、相片重叠度，实时采集点云和影像、实时数据传输、实时 2D 预览、实时数据转换、自动目标选择。该软件支持通过振幅、反射率、标准差、距离、真彩色、回波、高度等属性来浏览数据。内业处理功能包括 MSA 区域网平差、影像平差、相机安置角解算，通过八叉树、平面、表面过滤点云，对格网进行平滑、缩减和纹理化，土方量计算、模型比较、多边形创建、断裂线绘制、等高线生成、剖面生成、球形拟合、平面拟合，支持 *.stl、*.pts、*.ptx、*.obj、*.las1.1-1.4 等格式输出。

3.3.2 Leica 激光扫描仪

3.3.2.1 Leica 公司简介

Leica 公司最早可追溯到近 200 年前的 1819 年的 Kern 公司，100 年后的 1921 年，在 Heerbrugg 一个小空纺织厂内，Heinrich Wild 公司开发出世界上第一台真正的便携式光学经纬仪 T2，奠定了现代测绘的基础。几年后 Wild（Heerbrugg）公司引入了世界上第一台航空相机 C2 以及世界上第一台航空模拟绘图仪 B2。1993 年生产出全球第一台手持激光测距仪 DISTO，采用了革命性的激光技术，能够方便、快捷及精确地测量距离、面积和体积，节省时间、降低成本、提高生产力，适用于很多不同的大众测量行业及领域，包括房产建筑、评估、验收、室内外装潢、交通、消防，等等。1998 年，美国的 Cyra 和法国的 MENSI 率先将激光技术引领到三维测量领域。其中，Cyra 公司的 Cyrax 2400 激光扫描仪每秒扫描 100 个点，侧重于中、远距离的有效测量，可以很简单地获得 6mm 和 4mm 的测量精度，主要是针对建筑模型的监测应用，在地面设施、发电站、海上船舶等设施上也都有很好的应用；而MENSI 公司则是注重短距离高精度的 3D 测量应用，最好的可以达到 0.25mm 的精度，为工业设计和设备的加工，质量监测领域提供了更加新颖的测量手法。1999 年，Cyra 公司推出Cyrax2500 激光扫描仪，可在 1 秒钟内采集 1000 个点。2001 年，Leica 收购 Cyra 公司推出开发的 HDS（High Definition Surveying）系列，其中 HDS3000 是一款经典产品，配套软件为cyclone 软件，还推出了 ScanStation 系列，将激光扫描和全站仪一体化。Leica HDS3000 精度指标如表 3.3 所示。

表 3.3　Leica HDS3000 精度指标

指　　标	参　　数	指　　标	参　　数
仪器类型	脉冲式	波长	绿光
视场角	360°×270°	安全等级	3R 级
点位 50m 精度/mm	±6	模型表面精度/mm	±2
距离 50m 精度/mm	±4	测距范围	90% 反射率 300m 18% 反射率 134m
角度精度/″	±12	脉冲发射率/（pts/s）	4000
靶标 50m 处精度/mm	±1.5	光束离散度/mrad	4.6

3.3.2.2　Leica Cyclone 点云处理软件

Leica Cyclone 软件利用 Leica 激光扫描仪外业数据采集操作，如导线测量、后视定向，建立测量控制网并配准数据，包括了向导式的自动程序、工业 QA/QC 数据集以及测量平差分析工具，其他模块配备生成地图和 3D 模型的报告、动画视频和能免费发布到网页上的压缩的 3D 数据，这些模块支持土木工程、3D 建模、地形测量、BIM 模型工业化流程。Leica Cyclone 有单独的针对不同需求的灵活的产品配置软件模块，主要模块有：

（1）Leica Cyclone REGISTER 模块用于在普通坐标系下的激光点云配准和大地定向，精确配准和大地定向是高质量项目的必要条件，Cyclone REGISTER 具有严格完整的产品软件流程。Cyclone REGISTER 为项目发布提供了详细的统计报告，包括配准精度、误差统计、目标直方图和云约束。自动化、友好的向导和强大的算法为激光点云提供了卓越的处理性能。主要的特点是：扫描数据的自动配准，包括提高速度和精度的智能配准功能。具备用户友好界面的可视化配准工具，所有类型和大小扫描站点的点云对点云配准功能。先进的点云对点云和基于目标的配准流程，包括全自动目标搜索、拟合并支持导入测量控制数据。完整的室内管理和导线数据编辑功能。直接导入 Leica HDS 和 Leica Pegasus 项目数据，包括移动航迹和影像。直接导入 DotProduct ∗.dp 文件。批量导入并支持 iSAR、Spheron 影像到点云的自动配准，支持 Nodal Ninja 外置相机的校准流程。完整 HDR Tone 地图编辑器完成先进的影像到点云的纹理制图。支持 3D 鼠标操作的平滑、3D 导航飞行模式。支持第三方点云数据。

（2）Leica Cyclone BASIC 为激光扫描处理工具，它能采集分析激光点云数据并为项目提供决策信息。在室内，该模块能够浏览漫游、测量、标记激光点云和 3D 模型，支持多种数据格式的导入输出模式。主要特点是能操作并控制"飞行时"和"相位式"Leica 激光扫描仪进行外业数据定向、导线测量、后方交会、自动配准的已知点设置；支持 3D 鼠标操作平滑飞行模式、3D 飞行导航；具备激光点云和表面模型间的测量功能；使用红线工具标注扫描影像。

（3）Leica Cyclone SURVEY 使用多种测量工具来分析激光点云数据并转换数据进行发布，该模块是 Leica Cyclone MODEL 的缩减版，拥有点云可视化和导航工具，应用方向有工程制图、建筑和资产管理。该模块自动处理耗时的任务，基于 Leica 对象/数据库为多位用户提供同时操作同一数据的能力，能反映数据质量和精度。主要特点有从特征码模板中生成断裂线；智能捕捉和点云格网化工具；虚拟测量数据收集器仿真；等高线、横断面和轮廓提取；TIN 和规则格网创建；土方量、面积、间隙计算；综合的数据输入和输出功能；直接导入 Leica HDS 和 Leica Pegasus 项目数据，包括移动航迹和影像；直接导入 DotProduct ＊.dp 文件；为 iSTAR、Spheron 和外置相机 Nodal Ninja 提供批量导入和自动影像到点云的配准；利用完整的 HDR Tone Map Editor 进行高级影像到纹理的制图。

（4）Leica Cyclone MODEL 模块具有分析激光点云和转换点云来发布的功能，具备可视化、点云导航和最完整的工业工具集，应用于工程制图、建筑、资产管理、文物遗产、法医学等领域。该模块自动处理耗时的任务，基于 Leica 对象/数据库为多位用户提供同时操作同一数据的能力，能反映数据质量和精度。主要特点有从特征码模板中生成断裂线；智能捕捉和点云格网化工具；虚拟测量数据收集器仿真；等高线、横断面和轮廓提取；TIN 和规则格网创建；土方量、面积、间隙计算；脚本编写；直接导入 Leica HDS 和 Leica Pegasus 项目数据，包括移动航迹和影像；直接导入 DotProduct ＊.dp 文件；为 iSTAR、Spheron 和外置相机 Nodal Ninja 提供批量导入和自动影像到点云的配准；利用完整的 HDR Tone Map Editor 进行高级影像到纹理的制图；多种、快速、便捷的可视化模式；支持 3D 鼠标操作平滑飞行模式、3D 飞行导航。在工厂和建筑物方面的工具有：最佳模型拟合，标准的模型拟合目录、冲突检测、自动发现拟合圆柱体。

（5）Leica Cyclone IMPORTER 支持通用格式 ＊.ASCII、＊.PTS、＊PTX、＊.PTG 格式的导入，Leica 公司与第三方扫描仪制造商达成直接导入原始数据的协议，支持第三方激光扫描仪（Faro、Riegl、Optech、Z＋F、DotProduct）格式的导入，最小化导入的大数据集文件。

（6）Leica Cyclone SERVER 是单机版的服务器软件，利用 C/S 对象数据库和 CloudWorx 点云处理模块，使得多人同时存取激光点云数据、嵌入影像和几何表面模型，避免了繁重的数据拷贝和同步问题，释放磁盘空间，为网络环境下的工程数据提供更可靠的接口，大幅简化室内操作流程。主要特征有共享/非共享模式、单/多处理器计算机，如 3D 工厂设计软件中常见的网络分布应用；支持 Leica Cyclone 和 CloudWorx；高达 10 个并发用户；实现专用或分布式服务器。

（7）Leica Cyclone TruView 软件是一款用于网页浏览、测量和标记点云的免费软件，由 Leica Cyclone PUBLISHER 和 TruView 存取数据集。Leica Cyclone TruView 不需要点云处理的

经验就能显示全景点云，支持设置文档和应用的超链接，主要特点有通过网页浏览点云；支持全标记功能和资产信息的超链接；包括 Cyclone 3D 模型；从扫描仪设置或用户位置发布 TruView 位置；直接发布 TruView Global ∗.tvg 格式，方便拖放到 TruView Global Servers；发布高分 4K 图像和真彩色点云。

（8）Leica Cyclone II TOPO 是一款简化点云 2D 和 3D 地形制图的软件，主要特点是自动搜索点云中的地面点、寻找边界、填充孔并生成 TIN 格网；2D 设计和多视角模式；智能捕捉点云功能；绘制横断面功能。

3.3.2.3 Leica CloudWorx 点云建模软件

Leica CloudWorx CAD 插件使用原有的 CAD 工具和命令以及由 CloudWorx 提供的点云处理功能，增加了浏览和处理切片点云的工具，如：加速 2D 绘图、3D 对象及表面建模、提升测量流程、完善建成的模型、简化模型、绘制管道模型、测量建模 2D 和 3D 表面。它支持的平台有 AutoCAD、MicroStation、Revit、SmartPlant 3D、SmartPlant Review、Navisworks 和 PDMS。Leica CloudWorx for MicroStation 利用 MicroStation 界面和工具创建精确的 2D 和 3D 对象，检查设计问题，执行建筑物质量评估，能在全景模式快速浏览点云的细节，其主要特点有快速追踪、自动拟合 2D 线、多边形等切片功能、自动拟合工厂管道、精确的碰撞检测、全特征的 3D 或 2D 发布、点云的 UCS 坐标系的自动定位、自动拟合法兰等钢制接头。

3.3.3 Faro 激光扫描仪

3.3.3.1 Faro 公司简介

Faro 公司起源于 Simon Raab 和 Greg Fraser 在加拿大 Montreal 的 McGill 大学攻读生物医学工程博士学位期间两人的友谊，1981 年两人在加拿大 Montreal 成立了 Res-Tech 公司，两年后改名为 Faro 公司，开始开发手术诊断技术，1984 年引入关节臂测量技术，1990 年 Faro 总部搬迁到美国佛罗里达州玛丽湖，公司在埃克斯顿拥有技术中心及约 8400m^2 的生产基地，2005 年收购了 iQvolution 和 iQsun 及其相位差激光扫描技术，业务扩展到建筑、法医和测量领域。Faro Focus3D X330 扫描仪的参数如表 3.4 所示。

表 3.4 Faro Focus3D X330 扫描仪参数

参　　数	指　　标
脉冲发射率/（pts/s）	976
测距误差/mm	±2
25m 处测量噪声/mm	0.9 反射率 0.15 0.1 反射率 0.25
扫描距离/m	0.6~330
光束发散度/mrad	0.19
安全等级	1 级

续表

参　　数	指　　标
波长/nm	1550
扫描范围	360°×300°

3.3.3.2　SCENE 软件

SCENE 3D 激光扫描软件专为处理 Faro 3D 激光扫描仪所收集的三维点云数据而设计，通过使用自动物体识别以及扫描图像配准和定位功能，SCENE 能够轻松且高效地处理和管理扫描后的数据。另外，SCENE 能快速地生成高质量的彩色扫描图像，同时还提供了自动化的无靶标或基于靶标的扫描定位工具。从简单的测量到三维可视化，再到三维网格化和导出至各种点云及 CAD 格式，这款配准软件使用起来非常简单。现在，所增加的验证步骤允许用户确认扫描配准结果是否正确，提高了用户对其数据质量的自信度。最新版本的SCENE 6.2 软件为不规则形状的自动建模提供了强大的大比例网格化工具。网格能够被计算、查看和导出至各种标准格式。扫描项目一旦完成，只需点击一下按钮，就能将扫描数据发布到网络服务器上，借助 SCENE WebShare Cloud，使用标准的互联网浏览器就能访问和查看激光扫描数据，这款新版软件还允许查看多层概览图。

3.3.4　Trimble 激光扫描仪

3.3.4.1　Trimble 公司简介

1978 年，Charlie Trimble 先生和来自 Hewlett-Packard 公司的另外两位合作伙伴，在硅谷古老的 Los Altos 戏院创建了 Trimble 公司，公司依靠 LORAN 公司技术开发自己的产品，致力于在海洋导航市场上开发自己的产品，而 LORAN 公司则是一家在美国海岸水域提供基于地面的导航、定位、计时系统的公司。与此同时，全球定位系统作为一种军民两用技术正在美国崭露头角。Trimble 公司从 Hewlett-Packard 公司手中购买了新兴的 GPS 技术，将 GPS 应用扩展到高度依赖于定位技术的传统测绘和导航市场。1992 年，Trimble 成功开发革命性的实时动态测量（RTK）技术，实现了移动期间 GPS 数据的瞬时更新。2003 年 6 月，Trimble 并购了加拿大安大略省 Applanix 公司，这是一家业内领先的惯性导航系统（INS）和 GPS 技术系统集成开发商。2003 年 12 月，Trimble 成功并购了法国的 MENSI 公司，这是一家业内领先的地面三维扫描技术开发商。2007 年 2 月，Trimble 并购了德国斯图加特的 INPHO 公司，INPHO 是摄影测量和数字表面建模的代表。Trimble TX8 扫描仪参数如表 3.5 所示。

表 3.5　Trimble TX8 扫描仪参数

参　　数	指　　标
测距原理	相位与脉冲结合
脉冲发射率/（pts/s）	1000000
测程/m	0.6~340

参 数	指 标
测程噪声/mm	2
安全等级	1级
波长/nm	1500
光束离散度/mrad	0.34
扫描范围	360°×317°

3.3.4.2 Realworks 软件

Trimble RealWorks 软件可以配准、可视化、测量和处理由天宝三维扫描仪采集到的激光点云数据，可从各种三维激光扫描仪导入丰富的数据并将其转换为三维成果，提供了极为有效的管理、处理和分析庞大数据的能力，支持广泛的工作流程，可以高效地编辑、处理和配准天宝三维激光扫描仪采集的数据。数据输入和基本管理：执行标准数据管理任务，输入和输出那些重要的和主流的各种数据格式。主要特征有执行标准数据管理任务，输入和输出那些重要的和主流的各种数据格式；在配准和生产的操作模式下，可通过特定的工作流程来引导用户；自动检测和提取球状目标或者黑白平面目标，然后自动配准点云，如果自动化算法不能达到预期的精度，用户还可以选择特定的位置利用目标分析工具快速分析、提取和编辑目标；自动识别分类如建筑物、地面、电线杆、标牌等对象，分类后的点云被划分成单独的点云对象；具备大量的二维和三维工具，可以产生断面图、三角网模型、等高线、体积、线划图、正射影像；检测竣工数据，产生并可视化检查结果，探测任何变化获得的差异和形变的二维、三维可视化成果，使变形分析更加容易；可以非常快速地为渲染、计算和其他有限元使用创建三维模型产生部分或者完整的模型，特别适用于所建几何图形可以提高或者完全影响中间和最终产品的应用，可以利用基本的立体几何模型建立多种多样的模型来表达复杂的竣工环境；利用发布器可以发布项目并在网络浏览器中用 2.5D 显示、量测和标记注释，可以发布图像、视频多媒体、链接文件和网页。

3.3.5 Z+F 激光扫描仪

3.3.5.1 Z+F 公司简介

Hans Zoller 与 Hans Fröhlich 自从学生时代就是好友，两人在 1963 年在 Wangen im Allgäu以前的煤矿中成立了 Z+F 公司，1977 年 Hans Zoller 不幸离世，Hans Fröhlich 继续领导公司，1994 年发明了世界上第一套铁轨激光扫描测量系统，1996 年开发出公司第一台能记录 3D对象的可视化三维激光扫描仪，2009 年 Hans Fröhlich 不幸去世，Ing. Christoph Fröhlich 博士和 Cathrin Fröhlich 继续管理公司，其 Z+F IMAGER 5016 激光扫描仪的扫描参数如表 3.6所示。

三维激光扫描原理与应用

表 3.6　Z+F IMAGER 5016 扫描仪参数

参　　数	指　　标
测距原理	相位式
脉冲发射率/（pts/s）	1016000
测程/m	0.3~360
线性误差/mm	<1
安全等级	1 级
光束离散度/mrad	0.3
扫描范围	360°×320°

3.3.5.2　LFM 软件

三维激光扫描仪对工厂更新和资产管理项目有重要用途，工厂的老板通过激光点云数据可以完全了解工厂竣工的状况，确保工厂的运行效率、确定是否遵守了安全规定。激光点云数据建模过程很耗费时间，拟合结构元素和模型化单根管道会很慢且易出错，LFM Modeller 软件集成了大量的操作工具来提高建模效率，可以更容易地创建 3D CAD 模型，其丰富的 CAD 操作和编辑工具帮助用户完整实现对象建模，不仅容易设计模型，而且创建的 3D 模型精度很高，管理人员可以用来信息化工厂来确保工厂的安全、维护和培训。LFM Server 软件用于 3D CAD 系统中存取配准的激光扫描数据，可以输入各种类型的扫描仪的非格式化数据，不仅是地面激光扫描仪，而且包括手持、移动和机载扫描仪的数据，可以无限点云环境运行并输出逼真的 360°全局视图。

— 62 —

第4章 激光点云的压缩与配准

4.1 激光点云八叉树压缩算法

在对散乱数据进行精简、滤波、特征提取等处理过程中，需要获取数据点在其面型对应点处的单位法矢、微切平面及曲率值等信息，这就需要搜索数据点的 k 近邻，即在数据点集中寻找 k 个与该点欧氏距离最近的点。一般的搜索方法就是穷举法：计算某点与点集中其余点的欧氏距离，并按从小到大排序，选取排在前面的 k 个点为该点的 k 个最近邻点。对于海量点数据，这种搜索方法耗时极大，因此，为点云建立良好的空间邻域结构是提高数据点 k 近邻搜索速度的关键，分别对每个子立方体进行数据精简，若在划分后的某两个相邻子立方体中存在 8 个数据点 $p_1 \sim p_8$，保留每个子立方体中距中心点最近的点 p_3 和 p_7，如图 4.1 所示，由于相邻子立方体中心点的距离为 d_0，所以精简后点云中 p_3 和 p_7 之间的距离也近似为 d_0。八叉树点云压缩的基本流程为：首先，根据精简的指定点距 d_0 确定点云八叉树的划分层数 n，对点云进行 n 层八叉树划分，并计算数据点 $P(x, y, z)$ 的八叉树编码值，按编码值由小到大的顺序重新存储点云数据，相同编码值的点存储在同一链表中，对同一链表中的多个数据点，保留距离链表对应立方体中心点最近的数据点。

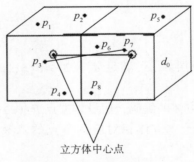

图 4.1 点云的子立方体

4.1.1 八叉树原理

八叉树结构是区域四叉树向三维空间的推广，是通过递归分割点云空间的方式实现的。首先构造点云数据的空间包围盒（外接立方体），并把它作为数据点云拓扑关系的根模型；再将外接立方体分割成大小相同的 8 个子立方体，每个子立方体均视为根节点的字节点；如此递归分割，直至最小子立方体的边长等于给定的点距，将点云空间划分为 2 的幂次方个子立方体。在八叉树划分过程中，子立方体的编码与其所在的位置有关，如图 4.2 示，规定：在 x 轴上位于 x 中分面右侧的子节点编码均比左侧相邻节点编码加 1；在 y 轴上位于 y 中分面前侧的均比后侧的相邻节点位置码增加 2；在 z 轴上位于 z 中分面上侧的均比下侧的相邻节点位置码增加 4。

对于一个正立方体包围盒空间进行递归八等分，假设剖分层数为 n，则八叉树空间模型可以用 n 层八叉树表示，八叉树空间模型中的每个立方体与八叉树中的节点一一对应，它在八叉树空间模型中的位置可由对应节点的八叉树编码 Q 表示：

$$Q = q_{n-1} \cdots q_m \cdots q_1 q_0 \tag{4.1}$$

式中，q_m 为八进制数，$m \in \{0, 1, \cdots, n-1\}$，则 q_m 表示该节点在其兄弟节点之间的序号，而 q_{m+1} 表示 q_m 节点的父节点在其同胞兄弟节点间的序号。这样，从 q_0 到 q_{n-1} 完整地表示出八叉树中每个叶节点到树根的路径。

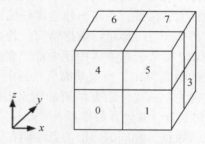

图 4.2　八叉树的空间划分模型

4.1.2　点云数据编码

点云数据编码的步骤为：

（1）确定点云八叉树剖分层数 n，满足 $d_0 \cdot 2^n \geqslant d_{\max}$，式中，$d_0$ 为精简的指定点距，$d_{\max}$ 为点云包围盒的最大边长。

确定点云数据点所在子立方体的编码，假设数据点 $P(x, y, z)$，所在子立方体的空间索引值为 (i, j, k)，Q 为与子立方体相对应的节点的八叉树编码。三者的关系可由式（4.2）~式（4.4）表示：

$$\begin{cases} i = \left[(x - x_{\min})/d_0\right] \\ j = \left[(y - y_{\min})/d_0\right] \\ k = \left[(z - z_{\min})/d_0\right] \end{cases} \tag{4.2}$$

式中，$(x_{\min}, y_{\min}, z_{\min})$ 表示与根节点对应的包围盒的最小顶点坐标值，[ ] 表示取整操作符。

将索引值 (i, j, k) 转换为二进制的表示方式：

$$\begin{cases} i = i_0 2^0 + i_1 2^1 + \cdots i_m 2^m + \cdots i_{n-1} 2^{n-1} \\ j = j_0 2^0 + j_1 2^1 + \cdots j_m 2^m + \cdots j_{n-1} 2^{2-1} \\ k = k_0 2^0 + k_1 2^1 + \cdots k_m 2^m + \cdots k_{n-1} 2^{n-1} \end{cases} \tag{4.3}$$

式中，i_m, j_m, $k_m \in \{0, 1\}$，$m \in \{0, 1, \cdots, n-1\}$。

$$q_m = i_m + j_m 2^1 + k_m 2^2 \tag{4.4}$$

则子立方体对应的八叉树编码可由式（4.1）表示。同时，如果已知子立方体对应的八叉树编码 Q，也可以反求出数据点所在子立方体的空间索引值 (i, j, k)：

$$\begin{cases} i = \sum_{m-1}^{n-1} (q_m \% 2) * 2^m \\ j = \sum_{m-1}^{n-1} ([q_m / 2] \% 2) * 2^m \\ k = \sum_{m-1}^{n-1} ([q_m / 4] \% 2) * 2^m \end{cases} \tag{4.5}$$

式中，$(q_m \% 2)$ 表示对 q_m 除以 2 所得的余数，$[q_m / 2]$ 表示对 q_m 除以 2 所得结果的整数。

在搜索数据点的 k 近邻时，可在数据点所在的子立方体及其周围相邻的子立方体中搜索。若空间某子立方体的索引值为 (i, j, k)，则其周围子立方体的索引值可由 $(i \pm \delta, j \pm \delta, k \pm \delta)$ 表示。因此，经过八叉树划分后的点云，只需要在局部进行 k 近邻搜索，明显提高了搜索速度。例如，针对涡轮叶片模具的测量数据进行精简，初始测量点云包含数据点 24500 个，指定精简距离为 2mm 的精简后点云，包含数据点 4607 个，精简后的点云在空间分布均匀，适合数据的后续处理。

4.2 激光点云重心压缩算法

LiDAR 点云的八叉树压缩算法较为复杂，这部分介绍一种相对简单的 LiDAR 点云重心压缩算法。重心压缩算法的基本原理为：根据栅格内点云数据的分布情况，使得每个栅格内只保留一个点，考虑到点云数据在空间分布上是非规则的，栅格数据的重心位置可能会偏离栅格的几何中心，为了最大限度地保留物体的几何特征，采用栅格化的中心压缩算法，将距离重心最近的点保留下来，删除其余点云数据。

4.2.1 LiDAR 点云的包围盒

原始 LiDAR 点云经过栅格化处理后一般会以矩阵的形式存储，同时获取到 LiDAR 点云

数据集中 x、y、z 坐标的最小值和最大值，从而形成一个与坐标轴平行的长方体包围盒，用来包围住全部 LiDAR 点云数据 $p_1 \in P$。对于 LiDAR 点云数据，为确定包围盒的尺寸，搜索 P 中每个点，得到 x、y、z 三个方向的最小和最大值 x_{min}、x_{max}、y_{min}、y_{max}、z_{min}、z_{max}，则包围盒的 8 个顶点坐标为：$(x_{min}, y_{min}, z_{min})$、$(x_{min}, y_{min}, z_{max})$、$(x_{min}, y_{max}, z_{min})$、$(x_{min}, y_{max}, z_{max})$、$(x_{max}, y_{min}, z_{min})$、$(x_{max}, y_{min}, z_{max})$、$(x_{max}, y_{max}, z_{min})$、$(x_{max}, y_{max}, z_{max})$，即可确定包围盒的大小。根据压缩的需求将包围盒等分为若干长方体栅格，设栅格的 3 条边长度分别为 d_x、d_y、d_z，根据包围盒的边界和设定的栅格大小，将包围盒平行于 x、y、z 轴的三条边长分别等分成 m、n、l 份，且有如下关系式：

$$m = \text{INT}\left[(x_{max} - x_{min})/d_x\right]$$
$$n = \text{INT}\left[(y_{max} - y_{min})/d_y\right]$$
$$l = \text{INT}\left[(z_{max} - z_{min})/z_y\right] \tag{4.6}$$

式中，INT 表示取整操作。对于某一对象的 LiDAR 点云，其压缩程度完全由栅格的 3 条边长决定。

根据点云包围盒 x、y、z 三个方向的最小和最大值 x_{min}、x_{max}、y_{min}、y_{max}、z_{min}、z_{max} 和栅格的 3 条边长 d_x、d_y、d_z，可求得 p_i 所在的栅格索引号：

$$a_i = \text{INT}\left[(x_i - x_{min})/d_x\right]$$
$$b_i = \text{INT}\left[(y_i - y_{min})/d_y\right]$$
$$c_i = \text{INT}\left[(z_i - z_{min})/z_y\right] \tag{4.7}$$

式中，a_i、b_i、c_i 分别为点 p_i 所在栅格的 x、y、z 轴方向的索引号，将其转换成一维形式：

$$\text{Id} = a_i + (b_i - 1)m + (c_i - 1)mn \tag{4.8}$$

4.2.2　重心压缩过程

根据索引号 Id 将包围盒中的点云数据按照升序重新排序，那么包围盒中的点云数据也是按照栅格的排列顺序连续存储，然后计算每个栅格 Id 内所包含点云个数 N，设栅格内任一点 p_i 的坐标为 (x_i, y_i, z_i)，计算栅格内全部点云的重心位置 (D_x, D_y, D_z)：

$$D_x = \sum_{j=i+1}^{N} x_j, \quad D_y = \sum_{j=i+1}^{N} y_i, \quad D_z = \sum_{j=i+1}^{N} z_j \tag{4.9}$$

计算栅格内每个点到重心的距离 d_i：

$$d_i = \sqrt{(x_i - D_x)^2 + (y_i - D_y)^2 + (z_i - D_z)^2} \tag{4.10}$$

保留栅格内距离重心最近的点，删除其余点云数据。重心压缩算法简单，易于编程实现，适合于规则平坦对象点云的压缩，对于凹凸不平的对象表面，很难选择适合数据压缩的栅格尺寸，因此，该法应用较少。

4.3　激光点云 ICP 配准算法

为了得到被测目标的完整数据模型，将从各个视角扫描得到的激光点云合并到一个统一的坐标系下，形成完整目标的数据点云的过程称为激光点云的配准，点云配准后就可以方便地对整体点云进行可视化等操作。三维点云数据拼接技术一直是逆向工程、计算机视觉、模式识别、曲面质量检测及摄影测量学等领域的研究热点与难点。以逆向工程为例，三维数字化技术是逆向工程中的首要环节，在实际测量过程中，由于受被测物体几何形状及测量方式的限制，测量设备需要从不同视角对物体进行多次定位测量，然后对各个不同视角测得的点云数据进行多视拼接，统一到一个全局坐标系下，即点云拼接问题。三维点云拼接技术在不同场合亦被称为重定位、配准或拼合技术，其实质是把不同的坐标系下测得的数据点云进行坐标变换，问题的关键是坐标变换参数 R（旋转矩阵）和 T（平移矢量）的求取。目前国内外的拼接技术一般分两步：粗拼接和精确拼接。粗拼接大致将不同坐标系下点云对准到同一坐标系下。一般粗拼接很难满足精度要求，需在粗拼接的基础上使用迭代算法进行精确拼接，使点云之间的拼接误差达到最小。目前国内外最常用的精确拼接方法为迭代最近点（Iterative Closest Point，ICP）算法。ICP 及其各种改进算法已成为精确拼接领域的主流算法，并不断有新的改进算法出现以适用于不同场合的要求。ICP 算法 1992 年由 Besl 和 McKay 提出，其原意是迭代最近点匹配算法，后来被广泛理解为迭代对应点匹配算法。ICP 法实质上是基于最小二乘法的最优匹配方法，它重复进行"确定对应关系点集并计算最优刚体变换"的过程，直到某个表示正确匹配的收敛准则得到了满足，ICP 算法的点云数据配准过程如图 4.3 所示。

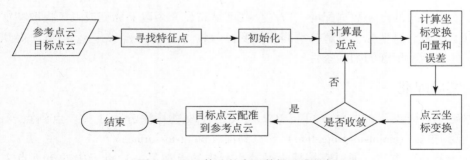

图 4.3　ICP 算法的点云数据配准过程

4.3.1 对原始点云采样

在确立初始对应点集前可对待拼接的 2 片点云或其中 1 片点云进行采样，以提高拼接速度，减少噪声点。特别是对海量数据点云，采样是拼接前的必需步骤。目前常用的采样方法有均匀采样、随机采样和法矢采样等。其中均匀采样与随机采样简便易行，但由于未考虑待拼接物体的形貌等因素，采样时可能会丢失物体的关键特征，故限制了其应用场合。法矢采样以待拼物体表面点的法矢分布为基础，使每个法矢方向上都有差不多个数的点，此方法可尽可能地保留点云的细微特征。

4.3.2 粗略配准

粗略配准是获得精确配准的初始条件，能够降低迭代次数，减少收敛时间，加速配准过程。粗略配准可以使两测站的点云数据尽可能地靠近，从而缩小数据集合之间的差异，提高配准精度。可以将坐标变换公式描述为如下形式：

$$\begin{bmatrix} X \\ Y \\ Z \end{bmatrix} = \lambda R_x(\alpha) R_y(\beta) R_z(\gamma) \begin{bmatrix} x \\ y \\ z \end{bmatrix} + \begin{bmatrix} x_0 \\ y_0 \\ z_0 \end{bmatrix} \tag{4.11}$$

式中，λ 为两坐标系之间的比例缩放系数，若在相同条件下，用同一台扫描仪多测站采集数据时 $\lambda = 1$。x_0、y_0、z_0 分别是坐标轴 X、Y、Z 三个方向上的平移量；假设围绕三个坐标轴的旋转角分别为 α、β、γ，则旋转矩阵 $R(\alpha, \beta, \gamma)$ 可表示为 $R_x(\alpha) R_y(\beta) R_z(\gamma)$：

$$R_x(\alpha) R_y(\beta) R_z(\gamma) = \begin{bmatrix} \cos\alpha & -\sin\alpha & 0 \\ \sin\alpha & \cos\alpha & 0 \\ 1 & 1 & 0 \end{bmatrix} \cdot \begin{bmatrix} \cos\beta & 0 & \sin\beta \\ 0 & 1 & 0 \\ -\sin\beta & 0 & \cos\beta \end{bmatrix} \cdot \begin{bmatrix} 1 & 0 & 0 \\ 0 & \cos\gamma & -\sin\gamma \\ 0 & \sin\gamma & \cos\gamma \end{bmatrix} \tag{4.12}$$

为了实现两站的点云数据配准，应在公共区域布设 3 个以上标靶或人工提取特征点。通过 3 对以上同名点对坐标，可解算空间相似变换参数 $(\alpha, \beta, \gamma, x_0, y_0, z_0)$，得到粗略配准结果，作为精确配准的初始条件。

4.3.3 精确配准

根据确立对应点集的方法，可将 ICP 及其各种改进算法分为 3 类：点到点（point-to-point）、点到投影（point-to-projection）和点到面（point-to-surface）。

（1）点到点的方法：通过直接搜索一片点云中的点在另一片点云中的最近点来确定对应点集，如图 4.4（a）与 q。这种以最近点为标准的方法虽然计算简便直观，但其所确立的对应点集中存在大量错误对应点对，算法迭代易陷入局部极值。

（2）点到投影的方法：如图 4.4（b），对于点云 P 上一点 p，其对应点 q 为 p 过点云 Q 的视点方向 O_Q 在点云 Q 上的投影。由于省去了搜索对应点的步骤，此方法可极大地缩短计算时间，但其缺点是无法达到较高的拼接精度。

（3）点到面的方法：点到面算法在三类方法中精度最高，这种方法将点点距离用点面距离代替，迭代次数少，且不易陷入局部极值。应用最为广泛的点到面算法为点到切平面算法。如图4.4（c），对于点云 P 上一点 p，首先得到其法矢与点云 Q 的交点 q，定义 p 的对应点为其在点 q 处的切平面上的投影 q'。由于需要计算点在对应切平面上的投影，故计算速度较慢。

(a)点到点
Ponit-to-point

(b)点到投影
Ponit-to-projection

(c)点到面
Ponit-to-surface

图4.4　3种ICP改进算法

精确配准是在粗略配准结果的基础上对点云数据进行迭代，使目标函数值最小，最终达到配准的精确和优化。这里采用的是最邻近迭代算法的点到点的方法。基准点在扫描仪坐标系下的坐标点集 $P = \{P_i, i = 0, 1, 2, \cdots, k\}$ 及 $U = \{U_i, i = 0, 1, 2, \cdots, n\}$。其中，$U$ 与 P 元素间不必存在一一对应关系，元素数目亦不必相同，设 $k \geq n$。配准过程就是求取两个坐标系间的旋转和平移变换矩阵，使得来自 U 与 P 的同源点间距离最小。其过程如下：

（1）计算最近点，即对于集合 U 中的每一个点，在集合 P 中用欧式距离阈值法找出距该点最近的对应点，设集合 P 中由这些对应点组成的新点集为 $Q_1 = \{q_i, i = 0, 1, 2, \cdots, n\}$。

（2）采用四元数法，计算点集 U 与 Q_1 之间的配准，得到配准变换矩阵 R、T，其中 R 是 3×3 的旋转矩阵，T 是 3×1 的平移矩阵。

（3）计算坐标变换，即对于集合 U，用配准变换矩阵 R、T 进行坐标变换，得到新的点集 U_1，即 $U_1 = R * U + T$。

（4）计算 U_1 与 Q_1 之间的距离差，$d_k = 1/N * \sum \| U_1 - Q_1 \|^2$，计算 U_1 与 P 的最近点集 Q_2 并变换到 U_2，计算 $d_{k+1} = 1/N * \sum \| U_2 - Q_2 \|^2$，若 $d_{k+1} - d_k < \varepsilon$，则结束，否则，以点集 U_1 替换 U，重复上述步骤。

四元数表示的刚体运动，四元数是包涵四个元素的向量，它可以看成是一个 3×1 的向量部分和一个标量部分组成。四元数通常用 q' 表示为：$q' = [q_1 q_2 q_3 q_4]^T = [q q_4]^T$，这里的 R 表示的是 3×3 矩阵。其中，$K(q)$ 为反对称阵：$K(q) = \begin{bmatrix} 0 & -q_3 & q_2 \\ q_3 & 0 & -q_1 \\ -q_2 & q_1 & 0 \end{bmatrix}$

而若假设刚体的初始位置为 a 点，经过旋转后的位置为 A 点，且坐标已知。则根据刚体运动学的定义有 $A = Ra + T$，其中 a、A 代表旋转之前和之后的三维坐标，R 代表旋转矩阵，T 代表平移向量。由于四元数法在刚体的运动学中具有很好的性能，故将其应用到 ICP 算法的求解初始旋转矩阵 R 当中，其步骤如下：

（1）分别计算物体点集合 $\{p_i\}$ 和模型点集合 $\{r_i\}$ 的质心：$\mu_i = \dfrac{1}{N}\sum\limits_{i=1}^{N} p_i$，

$v_i' = \dfrac{1}{N}\sum\limits_{i=1}^{N} r_i$。

（2）将点集合 $\{p_i\}$ 和 $\{r_i\}$ 作相对于质心的平移：$m_i = p_i - \mu_i$，$n_i = r_i - v_i$。

（3）根据移动后的点集合 $\{m_i\}$ 和 $\{n_i\}$ 计算相关矩阵 K：$K = \dfrac{1}{N}\sum\limits_{i=1}^{N} m_i \, (n_i)^{\mathrm{T}}$。

（4）由矩阵 K 中各元素 k_{ij}（i，$j = 1$，2，3，$4 \cdots$）构造出四维对称矩阵 K'：

$$K' = \begin{bmatrix} k_{11} + k_{12} + k_{13}, & k_{32} - k_{23}, & k_{13} - k_{31}, & k_{21} - k_{12} \\ k_{32} - k_{23}, & k_{11} - k_{22} - k_{33}, & k_{12} + k_{21}, & k_{13} + k_{31} \\ k_{13} - k_{31}, & k_{12} + k_{21}, & -k_{11} + k_{22} - k_{33}, & k_{23} + k_{32} \\ k_{21} - k_{12}, & k_{31} + k_{13}, & k_{32} + k_{23}, & -k_{11} - k_{22} + k_{33} \end{bmatrix}$$

（5）计算 K' 的最大特征根所对应的单位特征向量（最佳旋转向量）$q^* = [q_0, q_1, q_2, q_3]^{\mathrm{T}}$。

（6）通过 q'' 与 R 的关系计算出旋转矩阵 R：

$$R = \begin{bmatrix} q_0^2 + q_1^2 - q_2^2 - q_3^2, & 2(q_1 q_2 - q_0 q_3), & 2(q_1 q_3 + q_0 q_2) \\ 2(q_1 q_2 + q_0 q_3), & q_0^2 - q_1^2 + q_2^2 - q_3^2, & 2(q_2 q_3 + q_0 q_1) \\ 2(q_1 q_3 - q_0 q_2), & 2(q_2 q_3 + q_0 q_1), & q_0^2 - q_1^2 - q_2^2 + q_3^2 \end{bmatrix}$$

（7）求平移向量：$T = \mu_i' - R\mu_i$。

ICP 算法的缺陷为：按 ICP 算法要求，待配准的两片点云应该具有包含关系，而实际情况很难具备此项条件。传统 ICP 算法的第一步是要求一个迭代初始值，如果初始值选取不合适，会对配准结果产生重要影响。严重时将会使算法陷入局部最优，使迭代不能得到正确的配准结果。由于每一次迭代都要进行对应点对的查找，最坏情况下，时间复杂度 $O(n^2)$，对于大规模的点云的配准（几十万到几百万数据点），计算用时常常是令人无法忍受的。ICP 算法的改进措施有：采用减少迭代次数或使用非迭代的方法来实现加速迭代，作用是减少运算量，提高计算速度。先粗配准后精配准，减少点匹配的数量。采用 KDtree 构建拓扑结构，提高查找速度，加速最近点的搜索。

4.4　激光点云与影像的配准算法

地面三维激光扫描仪采集的数据成果主要包括激光点云和拍摄照片，激光点云一般是目标直接的三维坐标，其空间分布呈现为离散模式。地面激光扫描仪是按照一定的视场角进行

555

扫描的，受其他地物的遮挡等因素的影响并不能保证地物特征点能得到完整的点云数据。虽然地面激光扫描仪采集的激光点云数据具有回波强度信息，因存在着严重的反射强度噪声问题，所以利用反射强度生成的激光点云的灰度影像在视觉上不能准确反映出地物表面特征，直观性较差。另外，激光点云数据的海量性给数据的存储、处理带来了巨大的挑战。激光点云的这些特点导致了单纯利用激光点云难以判读、分类、量测地物，制约着激光点云的进一步应用。如果在采集激光点云数据的同时能获取对应的影像数据，将影像与激光点云数据融合，那么就能提供真实彩色（RGB 色）的激光点云，极大提高了激光点云的可视化效果，这不仅有利于地物的识别和判读以及影像量测，而且便于基于彩色点云制作正射影图，甚至能帮助后续三维建模进行纹理映射工作。因此，在通过地面激光扫描仪获取三维数据的过程中，将影像与激光点云数据融合来获取每一个激光点的真实颜色纹理是三维激光扫描技术中的一个重要需求。

市面上主流的激光扫描仪都可以通过仪器自带的相机同步获取影像数据，直接提供彩色点云数据，但是一般地面激光扫描仪自带相机拍摄的影像因在分辨率、对焦和曝光质量方面的缺陷而难以满足实际的应用需求，尤其是数字博物馆等室内场景的三维虚拟系统对影像质量的要求更高。目前，在实际应用中主要采用外置普通非量测单反相机拍摄影像，再与激光点云数据进行配准赋色的方式即可满足需求。一般情况下，用来与点云配准的影像数据类型有两种：一种是普通的单张照片，一种是全景影像。采用全景影像与点云数据进行融合是基于以下原因考虑的：①针对某一站点的激光扫描点数据，一般都会拍摄多张普通照片，由于配准需要有控制点进行计算，要求每张照片都要有足够多的特征点作为控制点，这个要求一般情况下很难满足，特别是天顶和地面位置更难保证有特征点。另外由于照片数量众多，配准工作会大量耗费时间，效率较低。②全景照片的覆盖范围广，每一扫描站大多数情况下只需一张全景影像。并且全景目前是作为数字城市、街景地图、数字博物馆等领域的常见数据成果，一般是由多张普通照片拼接而成的。因此，直接将全景影像与点云数据配准是最优的选择。下面分别介绍使用特征点进行激光点云和多幅影像、激光点云和全景影像的匹配融合算法。

4.4.1 激光点云与多幅影像的融合方法

激光点云与影像融合的实质是为激光点云赋色，如果激光点云能得到准确的 RGB 颜色，那么非常有利于激光点云的分类，如植被的分类。共线方程存在于摄影测量的各个方面，影像和点云模型配准的基本关系式就是共线方程。当求得了共线方程中的系数，也就是影像的内、外方位元素后，就可以实现彩色影像数据与点云数据之间的映射。设摄影中心在地面摄影测量坐标系中的坐标分别是 X_S、Y_S、Z_S（即相片的 3 个直线元素），像平面坐标为 x、y，地空坐标系坐标为 X、Y；相片的内方位元素为像平面坐标系下像主点坐标 (x_0, y_0)，焦距为 f；姿态角（即相片的 3 个角元素）以 Y 轴为主轴的 φ-ω-κ 系统对应的 9 个方向余弦分别为 a_1、b_1、c_1、a_2、b_2、c_2、a_3、b_3、c_3，则共线方程的公式如下：

$$x - x_0 = -f \frac{a_1(X - X_S) + b_1(Y - Y_S) + c_1(Z - Z_S)}{a_3(X - X_S) + b_3(Y - Y_S) + c_3(Z - Z_S)}$$

$$y - y_0 = -f \frac{a_2(X - X_S) + b_2(Y - Y_S) + c_2(Z - Z_S)}{a_3(X - X_S) + b_3(Y - Y_S) + c_3(Z - Z_S)} \qquad (4.13)$$

在这里待求解 (x, y) 为激光点坐标 (X, Y, Z) 在像平面坐标系下的对应的像素坐标，如果相机的内方位元素 $(x_0、y_0、f)$ 经过相机检校已知的条件下，则未知数变为6个外方位元素，只需通过在激光点云和对应影像部分选择同名点对即可，至少需要3对同名点对；如果相机的内方位元素 $(x_0、y_0、f)$ 未知，则需要将它们作为未知参数参与运算，未知数变为9个，至少需要5对同名点对来求解。

相片上的特征点能较为容易地选择，而激光点云因其离散性即使用来生成2D图像也未必能准确识别，为此，在进行激光扫描作业时建议通过安置反射装置的方式来获得反射强度较高的激光点云，然后再选取这些反射标志的中心作为同名特征点。一般对地物扫描是通过多站扫描的模式来进行的，可以在每站点上选择一定数量的同名特征点对，越多的同名点对求解的影像到点云的转换参数就越精确。在每站激光扫描作业时，相机与扫描仪的位置都是相对固定的，因此可以在每站数据上选择多对同名特征点对作为已知输入量。在确定了影像与激光扫描数据的相对方位关系后，就可以通过双线性内插法提取相片上对应位置的RGB色赋予激光点云颜色。

4.4.2 激光点云与全景影像的融合方法

全景照片的覆盖范围广，每一扫描站在大多数情况下只需一张全景影像，并且目前全景照片是数字城市、街景地图、数字博物馆等领域常见的数据产品，一般是由多张普通照片拼接而成的。因此，直接将全景影像与点云数据配准会更加突出激光点云的美观和逼真效果。

计算机中的图像以矩形的形状存储，由于球面本身无法展为一个矩形，因此存储球面全景的影像必须采用特殊的坐标系，假设单位球上的任意一个点可以由两个角度 (θ, φ) 来表示，如图4.5所示。这两个参数的几何意义是旋转角，即首先绕 Z 轴顺时针旋转 θ 角，再绕 X 轴逆时针旋转 φ 角，θ 的取值范围为 $[-\pi, \pi]$，φ 的取值范围为 $[-\pi/2, \pi/2]$。因此，对于主距为 f（单位为像素）的全景影像，其在计算机中的存储格式为 $2\pi f \times \pi f$ 的影像，其影像坐标系如图4.6所示。由于在计算机中可以对数字图像随意地进行缩放，因此球面全景影像的存储形式通常是 $2d \times d$ 的图片。图片上的任一点，若其坐标为 (u, v)，则其对应极坐标系下的坐标为：

$$\begin{cases} \theta = (u - \mathrm{d}x)\pi/d \\ \varphi = (\mathrm{d}y/2.0 - v)\pi/d \end{cases} \qquad (4.14)$$

式中，d_x 为影像横向180°对应的像素大小，d_y 为影像纵向180°对应的像素大小，影像的横向和纵向每一个像素对应的角度不一定相等。

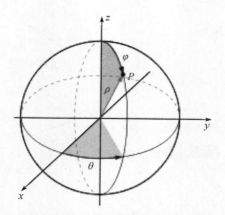

图 4.5　存储全景影像的球面坐标系

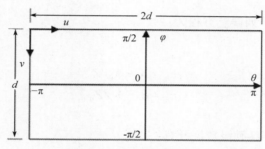

图 4.6　影像坐标系

　　全景影像的像素坐标与物方点坐标关系如图 4.7 所示，物方点、像点、全景球心三点共线，由单张球面全景影像上的像点，可得出如下共线方程公式：

$$\begin{bmatrix} x - X_c \\ y - Y_c \\ z - Z_c \end{bmatrix} = k\begin{bmatrix} X - X_c \\ Y - Y_c \\ Z - Z_c \end{bmatrix} = R\begin{bmatrix} x_0 \\ y_0 \\ z_0 \end{bmatrix} = R\begin{bmatrix} \cos\varphi\sin\theta \\ \cos\varphi\cos\theta \\ \sin\varphi \end{bmatrix} \quad (4.15)$$

式中，R 为含 3 个角元素的旋转矩阵，$R = \begin{bmatrix} a_1 & b_1 & c_1 \\ a_2 & b_2 & c_2 \\ a_3 & b_3 & c_3 \end{bmatrix}$。

　　将上式展开得：

$$\begin{cases} x_0 = k[a_1(X - X_c) + b_1(Y - Y_c) + c_1(Z - Z_c)] = kX_0 \\ y_0 = k[a_2(X - X_c) + b_2(Y - Y_c) + c_2(Z - Z_c)] = kY_0 \\ z_0 = k[a_3(X - X_c) + b_3(Y - Y_c) + c_3(Z - Z_c)] = kZ_0 \end{cases}$$

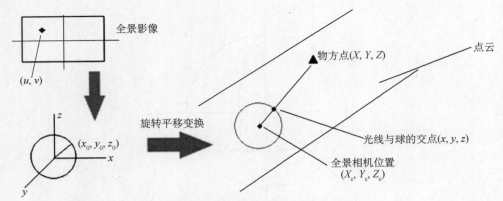

图 4.7　全景影像与球面的映射关系

令 $\begin{cases} \alpha = x_0/z_0 = X_0/Z_0 \\ \beta = y_0/z_0 = Y_0/Z_0 \end{cases}$，则可列误差方程为：

$$\begin{cases} v_\alpha = \alpha - X_0/Z_0 \\ v_\beta = \beta - Y_0/Z_0 \end{cases} \tag{4.16}$$

对上式线性化并按照泰勒级数展开有：

$$v_\alpha = \alpha - (\alpha) + \frac{\partial \alpha}{\partial X_c}\Delta x + \frac{\partial \alpha}{\partial Y_c}\Delta y + \frac{\partial \alpha}{\partial Z_c}\Delta z + \frac{\partial \alpha}{\partial \varphi}\Delta \varphi + \frac{\partial \alpha}{\partial \omega}\Delta \omega + \frac{\partial \alpha}{\partial \kappa}\Delta \kappa$$

$$v_\beta = \beta - (\beta) + \frac{\partial \beta}{\partial X_c}\Delta x + \frac{\partial \beta}{\partial Y_c}\Delta y + \frac{\partial \beta}{\partial Z_c}\Delta z + \frac{\partial \beta}{\partial \varphi}\Delta \varphi + \frac{\partial \beta}{\partial \omega}\Delta \omega + \frac{\partial \beta}{\partial \kappa}\Delta \kappa$$

则误差方程变为：$V = AH - L$

式中，$V = [v_\alpha\ v_\beta]^T$，$A = \begin{bmatrix} \dfrac{\partial \alpha}{\partial X_c} & \dfrac{\partial \alpha}{\partial Y_c} & \dfrac{\partial \alpha}{\partial Z_c} & \dfrac{\partial \alpha}{\partial \varphi} & \dfrac{\partial \alpha}{\partial \omega} & \dfrac{\partial \alpha}{\partial \kappa} \\ \dfrac{\partial \beta}{\partial X_c} & \dfrac{\partial \beta}{\partial Y_c} & \dfrac{\partial \beta}{\partial Z_c} & \dfrac{\partial \beta}{\partial \varphi} & \dfrac{\partial \beta}{\partial \omega} & \dfrac{\partial \beta}{\partial \kappa} \end{bmatrix}$，$H = [\Delta x\ \Delta y\ \Delta z\ \Delta \varphi\ \Delta \omega\ \Delta \kappa]^T$，$L = -$

$[\alpha - (\alpha)\ \beta - (\beta)]^T$。

　　一个控制点可以列 2 个方程，解 6 个未知数至少需要 3 个已知点。使用多对控制点解算了 6 个参数之后，三维点云与二维全景影像坐标之间就建立起映射关系。采用中海达–海达数云研发的 LS300 地面激光扫描仪采集了一个扫描站的包钢点云数据，并用普通的单反相机采集影像数据，利用全景拼接软件生成全景影像。单站点云个数为 2065 万，全景影像分辨率为 12000×6000，选取了 6 个控制点配准激光点云和全景影像，配准后的彩色点云显示效果如图 4.8 所示，可以看到配准后生成的彩色点云明显比反射强度的灰度点云更加直观、判读性更强，这为后续的三维建模和虚拟场景建立提供了有力的数据支撑。

图 4.8　全景影像（a）为反射强度点云（b）赋色后的彩色点云（c）

第5章 激光点云三维建模方法

三维模型是物体的多边形表示，通常用计算机或者其他视频设备进行显示。显示的物体可以是现实世界的实体，也可以是虚构的物体。任何物理自然界存在的东西都可以用三维模型表示。三维模型经常用专业的三维建模软件生成，但是也可以用其他方法生成。作为点和其他信息集合的数据，三维模型可以手工生成，也可以按照一定的算法生成。尽管通常按照虚拟的方式存在于计算机或者计算机文件中，但是在纸上描述的类似模型也可以认为是三维模型。三维模型广泛用任何使用三维图形的地方。实际上，它们的应用早于个人电脑上三维图形的流行。许多计算机游戏使用预先渲染的三维模型图像用于实时计算机渲染。现在，三维模型已经用于各种不同的领域。三维模型本身是不可见的，可以根据简单的线框在不同细节层次渲染或者用不同方法进行明暗描绘。但是，许多三维模型使用纹理进行覆盖，将纹理排列放到三维模型上的过程称作纹理映射。纹理就是一个图像，但是它可以让模型更加细致并且看起来更加真实。例如，一个人的三维模型如果带有皮肤与服装的纹理，那么看起来就比简单的单色模型或者是线框模型更加真实。除了纹理之外，其他一些效果也可以用于三维模型以增加真实感。例如，可以调整曲面法线以实现它们的照亮效果，一些曲面可以使用凹凸纹理映射方法以及其他一些立体渲染的技巧。三维模型经常做成动画，例如，在故事片电影以及计算机与视频游戏中大量地应用三维模型。它们可以在三维建模工具中使用或者单独使用。为了容易生成动画，通常在模型中加入一些额外的数据，例如，一些人类或者动物的三维模型中有完整的骨骼系统，这样它们运动时看起来会更加真实，并且可以通过关节与骨骼控制运动。

三维模型的基本表现形式包括三维线框模型、三维表面模型和三维实体模型。通常说来，三维表面模型是用三角形或四边形格网来描述的表面，表面经过渲染后能隐藏边界，达到真实质感的实体效果。三维实体模型与真实物体类似，不仅有表面物性，且有体积、重心、质量、转动惯量与实体物理属性，是三维设计中最常用和典型的模型。三维线框模型是利用对象形体的棱边和顶点来表示几何形状的一种模型。使用三维线框模型可以看到三维模型的底层结构设计。传统的二维观察或者绘制可以通过合适的物体旋转以及选择经过切面的线消隐实现。由于线框渲染方法相对来说比较简单并且计算速度很快，所以这种方法经常用于高帧速的场合，如非常复杂的三维模型或者模拟外部现象的实时系统。当需要更加精细的效果时可以在完成线框绘制之后自动渲染表面纹理。但是，线框造型也有其局限性。一方面，线框造型的数据模型规定了各条边的两个顶点以及各个顶点的坐标，这对于有构成的物体来说，轮廓线与棱线一致，能够比较清楚地反映物体的真实形状，但是对于曲面体，仅能表示物体的棱边就不够准确。例如表示圆柱的形状，就必须添加母线。另一方面，线框模型所构造的实体模型，只有离散的边，而没有边与边的关系，即没有构成面的信息，由于信息表达不完整，在许多情况下，会对物体形状的判断产生多义性。由于造型后产生的物体所有的边都显示在图形中，而大多数的三维线框模型系统尚不具备自动消隐的功能，因此无法判断哪些是不可见边，哪些又是可见边。对同一种基于线框模型的三维实体重构问题的分析与研究，难以准确地确定实体的真实形状，这不仅不能完整、准确、唯一地表达几何实体，也给物体的几何特性、物理特性的计算带来困难。

5.1 激光点云手工三维建模方法

三维模型的手工建模方法有多边形建模、面片建模、NURBS建模、构造实体几何法（Constructive Solid Geometry，CSG）。

5.1.1 多边形建模方法

这是最为传统和经典的一种建模方式，它是通过绘制目标物的边界线构成闭合多边形，用推拉或挤压的方式来表示物体的立体形状的建模方法。建筑模型是最常见的多边形模型。多边形建模方法的优点是方法简单，制作的模型占用系统资源最少，运行速度最快，在较少的面数下也可制作较复杂的模型，其不足是多边形对象中的细节表现需要很多的面。随着面数的增加，存储量增加，软件性能也会下降。多边形三维建模过程如图5.1所示。

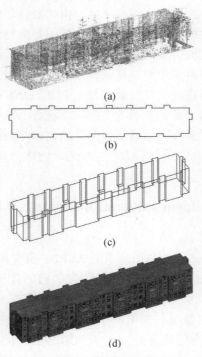

(a)

(b)

(c)

(d)

图 5.1　多边形建模过程

（a）激光点云；（b）绘制多边形轮廓；（c）挤压轮廓；（d）贴纹理与材质

5.1.2 面片建模方法

它是 3dsMax 软件基于 Beizer（贝塞尔）样条建模的方法，通过定义和调整面片（patch）单元的参数来改变面片的曲率，制作出光滑或褶皱的物体表面的建模方法，Beizer 曲线的路径由给定点 P_0，P_1，$\cdots P_n$ 给出，它的一般化公式为：

$$B(t) = \sum_{i=0}^{n} \binom{n}{i} P_i (1-t)^{n-i} t^i = P_0 (1-t)^n + \binom{n}{1} P_1 (1-t)^{n-1} + \cdots + P_n t^n, \; t \in [0, 1]$$

$$(5.1)$$

面片模型由面片、边及节点组成。一个面片由较小的面片组成，面片不是由面构成，而是根据样条线边界形成。面片的内部由边界位置及其方向确定。面片由侧边组成，面片各个角的节点具有 Beizer 正切句柄，它控制着节点部分面片的整体曲率。面片建模是在多边形的基础上发展而来的，但它是一种独立的模型类型，面片建模解决了多边形表面不易进行弹性编辑的难题，可以使用类似编辑 Beizer 曲线的方法来编辑曲面。面片与样条曲线的原理相同，同属 Beizer 方式，并可通过调整表面的控制句柄来改变面片的曲率。面片与样条曲线的不同之处在于：面片是三维的，因此控制句柄有 X、Y、Z 三个方向。

面片的类型主要有四边形和三角形面片两种，分别适合光滑表面对象和褶皱对象。面片建模的优点是编辑较少的顶点，使面内部的区域变得光滑，用较少的细节表示出更光滑、与轮廓相符的形状，适合创建生物模型和地表模型。其不足为物体表面由面片组成，对包含大量地物的大范围场景使用此方法会降低其存储和表现的性能。面片建模的两种方法包括雕塑法和蒙皮法。雕塑法是利用编辑面片修改器调整面片的次对象，通过拉扯节点，调整节点的控制柄，将一块四边形面片塑造成模型。蒙皮法（POLYLINE+SURFACE）是类似民间的糊灯笼、扎风筝的手工制作方法，即绘制模型的基本线框，然后进入次对象层级中编辑次对象，最后添加一个曲面修改器而成三维模型。面片的创建可由系统提供的四边形面片或三边形面片直接创建，或将创建好的几何模型转换为面片物体，但得到的面片物体结构过于复杂，易出错。

5.1.3 NURBS（Non-Uniform Rational B-Spline，非均匀有理 B 样条曲线）建模方法

NURBS 建模方法是 3dsMax 软件利用一系列 NURBS 曲线和控制点组成的 NURBS 曲面来表达物体表面形状的建模方法。NURBS 是一种非常优秀的建模方式，在高级三维软件中都支持这种建模方式。NURBS 能够比传统的网格建模方式更好地控制物体表面的曲线度，从而能够创建出更逼真、生动的造型。NURBS 曲线和 NURBS 曲面在传统制图领域是不存在的，是为了计算机 3D 建模而专门建立的，在 3D 建模的内部空间用曲线和曲面来表现轮廓和外形，是用数学表达式构建的复合体。NURBS 的概念可以分解来解释：Non-Uniform（非统一）是指一个控制顶点的影响力的范围能够改变，当创建一个不规则曲面时很有用。Rational（有理）是指每个 NURBS 物体都可以用数学表达式来定义。B-Spline（B 样条）是

指用路线来构建一条曲线，在一个或更多的点之间以内插值替换。NURBS 曲线与曲面如图 5.2 所示。

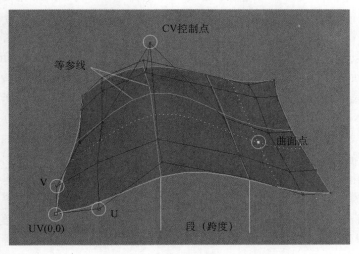

图 5.2　NURBS 曲线与曲面

　　NURBS（No-Uniform Rational B-Spline，非均匀有理 B 样条曲线）是建立在数学原理的公式基础上的一种建模方法，No-Uniform 表示各节点间距是非均匀的，Rational 表示允许对控制点加权，B-Spline 表示 B 样条作为基函数。一条 NURBS 曲线唯一地由节点矢量、控制点、权值确定，曲线的方程为：

$$C(u) = \frac{\sum\limits_{i=0}^{n} W_i P_i N_{i,p}(u)}{\sum\limits_{t=0}^{n} W_t N_{i,p}(u)}, \ u \in [U_{\min}, \ U_{\max}] \tag{5.2}$$

式中，P_i 为控制点，W_i 为权，$N_{i,p}(u)$ 是 P 的 B 样条基函数，由 dcBoor-Cox 递推公式定义：

$$N_{i,o}(u) = \begin{cases} 1, \ u \in [U_i, \ U_{i+1}] \\ 0, \ u \ \overline{\in} [U_i, \ U_{i+1}] \end{cases} \tag{5.3}$$

$$N_{i,p}(u) = \frac{u - U_i}{U_{i+p} - U_i} N_{i,p-1}(u) + \frac{U_{i+p+1} - u}{U_{i+p+1} - U_{i+1}} N_{i+1,p-1}(u) \tag{5.4}$$

式中，$U_i \in \{U_0, \ U_1, \ \cdots, \ U_m\}$ 称为节点，节点数 m，控制点数 n 和次数 p 满足 $m = n + p + 1$。

　　NUBRS 曲面基于控制节点调节表面曲度，自动计算出表面精度，相对面片建模，

NURBS 可使用更少的控制点来表现相同的曲线，但由于曲面的表现是由曲面的算法来决定的，而 NURBS 曲线函数相对高级，因此对 PC 的要求也最高。NURBS 与曲线一样是样条曲线。但 NURBS 是一种非一致性有理基本曲线，可以说是一种特殊的样条曲线，其控制更为方便，创建的物体更为平滑。若配合放样、挤压和车削操作，可以创建各种形状的曲面物体。NURBS 建模特别适合描述复杂的有机曲面对象，适用于创建复杂的生物表面和呈流线型的工业产品的外观，如汽车、动物等等，而不适合创建规则的机械或建筑模型。

NURBS 建模的思路是先创建若干个 NURBS 曲线，然后将这些曲线连接起来形成所需要的曲面物体。或是利用 NURBS 创建工具对一些简单的 NURBS 曲面进行修改而得到较为复杂的曲面物体。NURBS 曲面有两种类型：点曲面和可控制点曲面。两者分别是以点控制或可控制点来控制线段的曲度。最大区别是："点"是附着在物体上，调整曲线上的点的位置使曲线形状得到调整；而"可控制点"则没有附着在曲线上，而是曲线周围，类似磁铁一样控制曲线的变化，该方式精度较高。该法的优点是具有多边形方法的建模及编辑的灵活性，又像面片建模一样不依赖于复杂的网格来细化表面。建模时你可以使用曲线来定义表面。这些表面在视图中看起来细节较少，但在渲染时却有更高层次的复杂度。许多动画设计者使用 NURBS 来建立人物角色，这主要是因为 NURBS 方法可以提供光滑的更接近轮廓的表面，并使网格保持相对较低的细节。NURBS 建模方法的不足是简单模型建模后的 NURBS 面数最多，不能创建直角。

创建 NURBS 曲线有两种方法：一种是先创建样条曲线再转为 NURBS 曲线；另一种是直接创建 NURBS 曲线。在 NURBS 建模中，应用最多的有 U 轴放样技术和 CV 曲线车削技术。U 轴放样与样条曲线的曲线放样相似，先绘制物体的若干横截面的 NURBS 曲线，再用 U 轴放样工具给曲线包上表皮而成模型；CV 曲线车削与样条曲线的车削相似，先绘制物体的 CV 曲线，再车削而形成模型。

5.1.4　构造实体几何法（Constructive solid geometry，CSG）

它是实体建模中应用的一项技术。CSG 是三维计算机图形学与 CAD 中经常使用的一个程序化建模技术。在构造实体几何中，建模人员可以使用逻辑运算符将不同物体组合成复杂的曲面或者物体。通常 CSG 都是表示看起来非常复杂的模型或者曲面，但是它们通常都是由非常简单的物体组合形成的。在有些场合中，构造实体几何只在多边形网格上进行处理，因此可能并不是程序化的或者参数化的。最简单的实体表示叫作体元，通常是形状简单的物体，如立方体、圆柱体、棱柱、棱锥、球体、圆锥等。根据每个软件包的不同这些体元也有所不同，在一些软件包中可以使用弯曲的物体进行 CSG 处理，在另外一些软件包中则不支持这些功能。构造物体就是将体元根据集合论的布尔逻辑组合在一起，这些运算包括：并集、交集以及补集。

构造实体几何法的优点是方法简洁，生成速度快，处理方便，无冗余信息，而且能够详细地记录构成实体的原始特征参数，甚至在必要时可修改体素参数或附加体素进行重新拼合。数据结构比较简单，数据量较小，修改比较容易。该法的不足是由于信息简单，这种数据结构无法存储物体最终的详细信息，例如边界、顶点的信息等。由于 CSG 表示受体元的种类和对体元操作的类别的限制，使得它表示形体的覆盖域有较大的局限性，而且对形体的局部操作（例如倒角，等等）不易实现，显示 CSG 表示的结果形体时需要的时间也比较长。

5.2 激光点云自动三维建模方法

5.2.1 Delaunay 三角网法

对于不规则分布的 LiDAR 点云，可以形象化地描述为平面的一个无序点集 P，点集中每个点 p 对应于它的高程值，将该点集转换成 TIN，最常用的方法是 Delaunay 三角剖分方法。生成 TIN 的关键是 Delaunay 三角网的生成算法，下面对 Delaunay 三角网和它的偶图 Voronoi 图做简要的描述。

Voronoi 图，又叫泰森多边形或 Dirichlet 图，它是由一组由连接两邻点直线的垂直平分线组成的连续多边形。N 个在平面上有区别的点，按照最邻近原则划分平面；每个点与它的最近邻区域相关联。Delaunay 三角形是由与相邻 Voronoi 多边形共享一条边的相关点连接而成的三角形。Delaunay 三角形的外接圆圆心是与三角形相关的 Voronoi 多边形的一个顶点。Voronoi 三角形是 Delaunay 图的偶图。

对于给定的初始点集 P，有多种三角网剖分方式，其中 Delaunay 三角网具有以下特征：

（1）Delaunay 三角网是唯一的；

（2）三角网的外边界构成了点集 P 的凸多边形"外壳"；

（3）没有任何点在三角形的外接圆内部，反之，如果一个三角网满足此条件，那么它就是 Delaunay 三角网；

（4）如果将三角网中的每个三角形的最小角进行升序排列，则 Delaunay 三角网的排列得到的数值最大，从这个意义上讲，Delaunay 三角网是"最接近于规则化"的三角网。

Delaunay 三角形网的特征又可以表达为以下特性：

（1）在 Delaunay 三角形网中任一三角形的外接圆范围内不会有其他点存在并与其通视，即空圆特性；

（2）在构网时，总是选择最邻近的点形成三角形并且不与约束线段相交；

（3）形成的三角形网总是具有最优的形状特征，任意两个相邻三角形形成的凸四边形的对角线如果可以互换的话，那么两个三角形 6 个内角中最小的角度不会变大；

（4）不论从区域何处开始构网，最终都将得到一致的结果，即构网具有唯一性。

Delaunay 三角形产生的基本准则：任何一个 Delaunay 三角形的外接圆的内部不能包含其他任何点（Delaunay 1934）。Lawson（1972）提出了最大化最小角原则，每两个相邻的三角形构成凸四边形的对角线，在相互交换后，六个内角的最小角不再增大。Lawson（1977）提出了一个局部优化过程（LOP，local Optimization Procedure）方法。

Delaunay 三角形网构建方法有分割归并算法、逐点插入算法、三角网增长法。基于散点建立数字地面模型，常采用在 D 维的欧几里得空间 E_d 中构造 Delaunay 三角形网的通用算法——逐点插入算法（图 5.3），具体算法过程如下：

（1）遍历所有散点，求出点集的包容盒，得到作为点集凸壳的初始三角形并放入三角形链表；

（2）将点集中的散点依次插入，在三角形链表中找出其外接圆包含插入点的三角形（称为该点的影响三角形），删除影响三角形的公共边，将插入点同影响三角形的全部顶点连接起来，从而完成一个点在 Delaunay 三角形链表中的插入；

（3）根据优化准则对局部新形成的三角形进行优化（如互换对角线等），将形成的三角形放入 Delaunay 三角形链表；

（4）循环执行上述第（2）步，直到所有散点插入完毕。

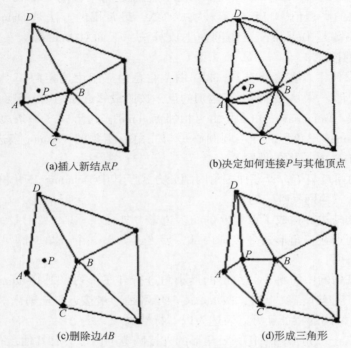

(a)插入新结点P (b)决定如何连接P与其他顶点

(c)删除边AB (d)形成三角形

图 5.3　构造 Delaunay 三角形网的通用算法——逐点插入算法

上述基于散点的构网算法理论严密、唯一性好，网格满足空圆特性，较为理想。由其逐点插入的构网过程可知，在完成构网后，增加新点时，无需对所有的点进行重新构网，只需对新点的影响三角形范围进行局部联网，且局部联网的方法简单易行。同样，点的删除、移动也可快速动态地进行。但在实际应用当中，这种构网算法不易引入地面的地性线和特征线，当点集较大时构网速度也较慢，如果点集范围是非凸区域或者存在内环，则会产生非法三角形。通过点云三角网生成的三维模型如图 5.4 所示。

为了克服基于散点构网算法的上述缺点，特别是为了提高算法效率，可以对网格中三角形的空圆特性稍加放松，亦即采用基于边的构网方法，其算法简述如下：

（1）根据已有的地性线和特征线，形成控制边链表；

（2）以控制边链表中一线段为基边，从点集中找出同该基边两端点距离和最小的点，以该点为顶点，以该基边为边，向外扩展一个三角形（仅满足空椭圆特性）并放入三角形链表；

（3）按照上述第（2）步，对控制边链表所有的线段进行循环，分别向外扩展；

（4）依次将新形成的三角形的边作为基边，形成新的控制边链表，按照上述第（2）步，对控制边链表所有的线段进行循环，再次向外扩展，直到所有三角形不能再向外扩展为止。

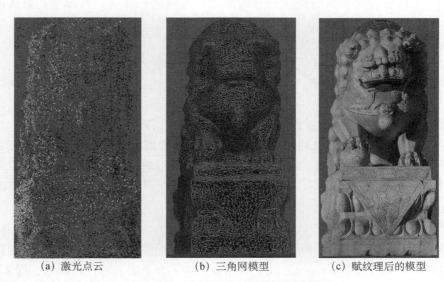

  （a）激光点云   （b）三角网模型   （c）赋纹理后的模型

图 5.4   三角网生成三维模型的实例

5.2.2   面片拟合法

5.2.2.1 K-均值聚类算法

对于三维激光点云数据的自动建模，常见建模流程是先进行激光点云的分割，分割为不同的面片，然后再对这些分割面片进行拟合，形成不同的三维模型部件。点云分割是将全部点云分割成与一个自然曲面一一对应的多个子区域，每个子区域仅包含采集自特定自然曲面上的扫描点。点云拟合是将被分割后具有某种特征的点云用数学几何形状的方式构造出点云所代表对象的几何形体。

下面介绍一种简单的激光点云分割算法：K-均值聚类算法（k-means algorithm）。在聚类分析中，K-均值聚类算法是无监督分类中的一种基本方法，其也称为 C-均值算法，其基本思想是：通过迭代的方法，逐次更新各聚类中心的值，直至得到最好的聚类结果。假设要把样本集分为 c 个类别，算法如下：

（1）适当选择 c 个类的初始中心；

（2）在第 k 次迭代中，对任意一个样本，求其到 c 个中心的距离，将该样本归到距离最短的中心所在的类；

（3）利用均值法更新该类的中心值 $Z_j = \dfrac{1}{n_j}\sum_{x \in C_j} x$，$n_j$ 为同一类的数据个数，x 为样本，C_j 表示第 j 个分类。

（4）对于所有的 c 个聚类中心，如果利用（2）（3）的迭代法更新后，一直到迭代了最大的步数或目标函数 $J(c, Z) = \sum_{i=1}^{m} \sum_{x \in C_i} \| x^{(i)} - Z_{c(i)} \|^2$ 前后值相差小于一个阈值，则迭代结束，否则继续迭代。

另一种常见的较为简单的激光点云分割算法是区域增长算法，区域增长算法的基本原理是：

（1）确定待分割区域的种子点；

（2）将种子点邻域内与种子点性质相似的点合并到种子点所在的区域；

（3）将新加入的点作为种子点，继续搜索与种子点性质相似的点，直到不再有满足条件的点为止；

（4）重复步骤（2）（3），直到使用所有种子点进行了遍历为止。

区域生长算法在实践中的关键问题是种子的选取和相似区域判定准则的确定。种子可以人工选择，也可以通过一些方法自动选取；激光点云分割的判定准则一般用距离、法向量、角度、反射强度值小于某个阈值 T 来表示，不同的判定准则可能会产生不同的分割结果。

5.2.2.2 平面拟合算法

现实世界中的激光点云所代表的对象具有各种几何特征（平面、曲面、球体、圆柱、椭圆，等等），其中最常见的几何体是平面，下面以平面为例介绍激光点云平面拟合的方法。假设空间的平面方程为 $ax+by+cz=d$，式中 a、b、c 为平面的单位法向量，即 $a^2+b^2+c^2=1$，d 为坐标原点到平面的距离，$d \geq 0$，要确定平面特征，关键是确定 a、b、c、d 这 4 个参数。假设得到某平面的 n 个激光扫描点云 $\{(x_i, y_i, z_i), i=1, 2, \cdots, n\}$，则对任意一个激光点 (x_i, y_i, z_i) 到该平面的距离为：$d_i = |ax_i+by_i+cz_i-d|$，如果要获得最佳拟合平面，则应在条件 $a^2+b^2+c^2=1$ 下满足 $\sum_i d_i^2 = \sum_i (ax_i+by_i+cz_i-d)^2$ 为最小。利用拉格朗日函数极值乘数法组成函数：

$$f = \sum_i d_i^2 - \lambda(a^2 + b^2 + c^2 - 1) \tag{5.5}$$

将式（5.5）对 d 求导，并令导数为零得：$\dfrac{\partial f}{\partial d} = -2 \sum_i (ax_i + by_i + cz_i - d) = 0$，则可得：

$$d = a \sum_i x_i/n + b \sum_i y_i/n + c \sum_i z_i/n \tag{5.6}$$

将式（5.6）代入到点到平面的距离公式，则点到平面的距离公式可改写为：

$$d_i = |a(x_i - \bar{x}) + b(y_i - \bar{y}) + c(z_i - \bar{z})| \tag{5.7}$$

式中，$\bar{x} = \sum_i x_i/n$，$\bar{y} = \sum_i y_i/n$，$\bar{z} = \sum_i z_i/n$。

继续在式（5.5）中分别对 a、b、c 求导得：

$$\begin{cases} 2\sum_i (a\Delta x_i + b\Delta y_i + c\Delta z_i)\Delta x_i - 2\lambda a = 0 \\ 2\sum_i (a\Delta x_i + b\Delta y_i + c\Delta z_i)\Delta y_i - 2\lambda b = 0 \\ 2\sum_i (a\Delta x_i + b\Delta y_i + c\Delta z_i)\Delta z_i - 2\lambda c = 0 \end{cases} \tag{5.8}$$

式中，$\Delta x_i = x_i - \bar{x}$，$\Delta y_i = y_i - \bar{y}$，$\Delta z_i = z_i - \bar{z}$。则式（5.8）可构成特征值的方程为：

$$\begin{bmatrix} \sum_i \Delta x_i \Delta x_i & \sum_i \Delta x_i \Delta y_i & \sum_i \Delta x_i \Delta z_i \\ \sum_i \Delta x_i \Delta y_i & \sum_i \Delta y_i \Delta y_i & \sum_i \Delta y_i \Delta z_i \\ \sum_i \Delta x_i \Delta z_i & \sum_i \Delta y_i \Delta z_i & \sum_i \Delta z_i \Delta z_i \end{bmatrix} \begin{bmatrix} a \\ b \\ c \end{bmatrix} = \lambda \begin{bmatrix} a \\ b \\ c \end{bmatrix} \tag{5.9}$$

令 $A = \begin{bmatrix} \sum_i \Delta x_i \Delta x_i & \sum_i \Delta x_i \Delta y_i & \sum_i \Delta x_i \Delta z_i \\ \sum_i \Delta x_i \Delta y_i & \sum_i \Delta y_i \Delta y_i & \sum_i \Delta y_i \Delta z_i \\ \sum_i \Delta x_i \Delta z_i & \sum_i \Delta y_i \Delta z_i & \sum_i \Delta z_i \Delta z_i \end{bmatrix}$，$x = (a, b, c)$。

因为 $a^2 + b^2 + c^2 = 1$，则 $(x, x) = 1$，由式（5.9）知 $Ax = \lambda x$，则 $(Ax, x) = (\lambda x, x)$，而 $(\lambda x, x) = \lambda$，则 $(Ax, x) = \lambda$；

$$Ax = (a\sum \Delta x_i \Delta x_i + b\sum \Delta x_i \Delta y_i + c\sum \Delta x_i \Delta z_i, \ a\sum \Delta x_i \Delta y_i + b\sum \Delta y_i \Delta y_i + c\sum \Delta y_i z_i,$$
$$a\sum \Delta x_i \Delta z_i + b\sum \Delta y_i \Delta z_i + c\sum \Delta z_i \Delta z_i)$$
$$(Ax, x) = (a^2\sum \Delta x_i \Delta x_i + ab\sum \Delta x_i \Delta y_i + ac\sum \Delta x_i \Delta z_i + ab\sum \Delta x_i \Delta y_i + b^2\sum \Delta y_i \Delta y_i +$$
$$bc\sum \Delta y_i \Delta z_i + ac\sum \Delta x_i \Delta z_i + bc\sum \Delta y_i \Delta z_i + c^2\sum \Delta z_i \Delta z_i)$$
$$= \sum_i (a\Delta x_i + b\Delta y_i + c\Delta z_i)^2$$

由 $(Ax, x) = \lambda$ 得 $\lambda = \sum_i (a\Delta x_i + b\Delta y_i + c\Delta z_i)^2$，即 $\lambda = \sum_i d_i^2$，也就是 $\lambda = \sum_i d_i^2 \to \min$，即求矩阵 A 的最小特征值，其最小特征值对应的特征向量 $(a, b, c)^{\mathrm{T}}$ 就是要求的平面法向量，至此 4 个未知数全部求出，激光点云拟合平面完成。

5.2.3 建筑物立面提取方法

地面三维激光扫描技术能快速获取建筑物表面三维数据，弥补了机载激光雷达及航空摄影测量技术在这方面的不足，已经成为城市三维建模主要的数据来源之一，在数字城市建设中发挥着越来越大的作用，但利用该技术采集的数据具有海量性，这些海量的数据中除了含有建筑物立面点外，还含有如地面、植被、路灯等大量无关的点云数据，对于点云中这些大量无用数据，如果能预先对建筑物立面点云数据进行识别提取，来剔除大量的无关点，对建筑物的三维建模而言，有利于提高后续后期模型重建的精度。针对建筑物立面的分割提取，许多科研人员对其进行了大量的研究。常用的方法主要有区域增长法、聚类方法、模型匹配法。区域增长法的关键在于种子点的选取和生长准则的确定。聚类方法能够成功地识别出属于同一区域的数据，但同时也具有相应的不足，在对大量多维数据进行处理时，其计算效率不高。模型匹配法中典型算法是随机抽样一致性算法，该算法不受噪声点的影响，能在含有大量局外点的数据集中，估计出高精度的模型参数，具有鲁棒性较强的优点。

5.2.3.1 RANSAC 算法简介

随机抽样一致性算法其英文全称为 Random Sample Consensus。该算法最早由 Fischler 和 Bolles 于 1981 年提出，它是根据一组包含异常数据的样本数据集，通过迭代方式估计数学模型的参数，从而得到有效样本数据的算法。它是一种不确定的算法——它由一定的概率得出一个合理的结果；为了提高概率必须提高迭代次数。其基本思想为：在进行参数估计时，首先针对具体问题设计出一个判断准则，利用此判断准则迭代地剔除那些与所估计的参数不一致的输入数据，然后通过正确的输入数据来估计参数。它要求保证在一定的置信概率下，基本子集最小抽样数 M 与至少取得一个良性取样子集的概率 P ($P > \varepsilon$) 满足如下关系：

$$P = 1 - \left[1 - (1 - \varepsilon)^m \right]^M \tag{5.10}$$

式中，ε 为数据错误率，m 为计算模型参数需要的最小数据量。RANSAC 作为一种有效的稳健估计算法，在计算机视觉领域内的应用非常广。

根据与正常范围值的偏离程度，RANSAC 算法中的数据主要为三种：正确数据、异常数据和噪声数据。异常数据主要是由于测量或者计算中的错误所产生的，这类数据与正常范围值的偏离程度较大。噪声数据在整体上服从正态分布，与正常范围值偏离不大。RANSAC 理论上可以剔除局外点的影响，得到全局最优的参数估计。但是 RANSAC 存在两个问题，首先在每次迭代中都要区分局内点和局外点，因此需要事先确定阈值，而且固定阈值不适用于样本动态变化的应用；第二个问题是，RANSAC 的迭代次数是运行期决定，不能预知迭代的确切次数（当然迭代次数的范围是可以预测的）。除此之外，RANSAC 只能从一个特定数据集中估计一个模型，当两个或者更多个模型存在时，RANSAC 不能找到别的模型。

现实生活中存在很多规则形状的建筑物，且建筑物立面成直角转折，建筑物的轮廓线只有两个方向且相互垂直。空间上处于同一平面的点满足如下公式：

$$ax + by + cz = d \tag{5.11}$$

式中，a、b、c 为平面的单位法向量，即 $a^2 + b^2 + c^2 = 1$，d 为坐标原点到平面的距离。

从原始点云中提取出不同的点云面片，实质就是求取不同点云面片的平面参数，通过平面参数表示成基本矩阵后，分割问题就转化为基本矩阵的估计问题。

设建筑物立面上的待选点集为 $\{x_i, y_i, z_i\}$ $(i=1, 2, \cdots m)$，其中 m 为点集中总点数，则基本矩阵 F 满足公式：

$$[x_i \quad y_i \quad z_i \quad -1]F = 0 \tag{5.12}$$

式中，$F = [abcd]^{\mathrm{T}}$，基本矩阵 F 的求解至少需要 3 个激光点，从点云数据集 P 中随机选取 3 个点，根据随机选取的这 3 个点的位置来确定初始平面 S，并计算出初始参数值 a、b、c，然后根据所得到的初始参数值寻找点集合的其他内点。在获取模型参数后，还需要设置一定的判断条件来检测其余点是否为局内点，一般常用的方法是计算点 P (x_i, y_i, z_i) 到平面的欧式距离 $d_i = |ax_i + by_i + cz_i - d|$，在理想的条件下，处于同一平面内点云的欧式距离应该为零，但在实际的情况中，由于扫描点粗差、误差的影响，纯粹的物理平面并不存在，因为以 LiDAR 点云表示的墙面为一个数学模拟平面，该平面具有一定的"厚度"。这就需要给定一个限定条件，即容忍阈值 δ_0 来近似拟合平面，如图 5.5 所示。

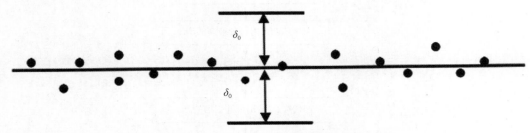

图 5.5　点云拟合平面的容忍阈值 δ_0

在数据处理中，当该点与平面的距离不超过 δ_0，则将该点纳入到局内点中，否则为局外点。阈值 δ_0 的选取决定着最后的分割效果，阈值过大和过小都是不利的，过大会增大平面的腐蚀作用，过小则会造成平面的过度分割。因此，需要寻找到一个最佳的阈值。在实际应用过程中，应结合建筑物立面外观及具体要求来选择合适的阈值。

根据以上分析，基于 RANSAC 方法的建筑物立面点云分割具体步骤如下：①首先从采集到的原始点云数据集 P 中随机选取 3 个点 P_1 (x_1, y_1, z_1)、P_2 (x_2, y_2, z_2)、P_3 (x_3, y_3, z_3)，根据 5.2.2 平面拟合算法 3 点确定平面 S，来求得 a、b、c 三个参数。②根据所选 3 个初始点确定的平面 S，统计在该平面上点的个数。设定平面厚度为 $2\delta_0$，计算 P 中任意一点 P_i 到平面 S 的距离 d_i，统计的 $d_i < $ 阈值 ε 的个数，记为平面 S 的得分。③重复①~②步骤 M 次直到选择出得分最高的平面 S^*，M 表示为：

$$M = \frac{\lg(1-P)}{\lg[1-(1-\varepsilon)^3]} \tag{5.13}$$

式中，ε 为位于平面 S^* 之外点所占比例的值（估计值），P 为经过 M 次采样之后得分最高平面被选中的概率。

5.2.3.2 改进的 RANSAC 方法

针对 RANSAC 方法中存在的全局选用同样的阈值这个问题，在平面类型较丰富的场景中容易导致过分割和欠分割并存的问题，因此在原算法的基础上设计了一种根据密度值大小来寻找最佳阈值的方法，将全局采用统一的固定阈值方法变为动态确定最佳阈值的方法，并加入了基于半径密度的约束条件，其基本流程如图 5.6 所示。

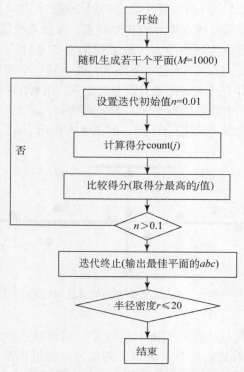

图 5.6 改进的 RANSAC 方法提取建筑物立面流程图

一定厚度内的单位体积密度值 β_0 的计算公式为：

$$\beta_0 = N/V_0 = N/(2\delta_0 * \delta_0) \tag{5.14}$$

式中，N 为一定区域内总的点云个数；V_0 为一定厚度内的点云体积；δ_0 为阈值；S_0 为平面的底面积，是一个定值，因此在比较密度大小时，可以同时略去 S_0 和定值 2，得到如下公式：

$$\beta_0 = N/\beta_0 \tag{5.15}$$

由上式可知，密度值的取值大小跟阈值有关，当 β_0 取值为最大，即点云的密度值最大时，可知此时的 δ_0 为最佳阈值。

根据以上的分析可知，当点到平面的距离小于所选的容忍值时，则视该点为局内点。在真实的场景中，会由于仪器、人工或者环境的影响产生一些明显偏离主点云的噪点，这些噪点有些离建筑物立面很近，满足一定的阈值范围，从而被错误地识别为平面点，但是这些离散点明显不是面片上的点，因此，为了保证提取的准确性，应当加入其他的判断模型参数。引入图形学中的 r 半径密度作为约束条件，即当前点在半径 r 的空间邻阈内的点的个数。主体点云面片上，落在半径 r 内的点较多，r_{num} 的值较高，而对于那些偏离面片的离散点，在 r 内的点较少，r_{num} 相对较低。通过选择合适的阈值 r_0，就可以剔除掉面片外的离散点。

基于改进后的 RANSAC 算法提取的建筑物立面如图 5.7 所示，图中显示该算法能够有效地避免在传统算法中出现的提取错误，提取的准确性明显提高，但对于立面中的窗户边框部分，存在过分割现象。主要存在以下两个原因：①窗户为玻璃材质，在数据采集中周围会产生较多的噪点，在自动化寻找最佳平面中，这些噪点未满足所取的阈值范围内，会将其视为局外点剔除。加上很多窗户为向内打开，与建筑物立面主体点云并不属于同一平面上。②由于窗户边框反射回的数据太少，点云的密度不够，在后续的密度约束条件中也会去除部分边框点。

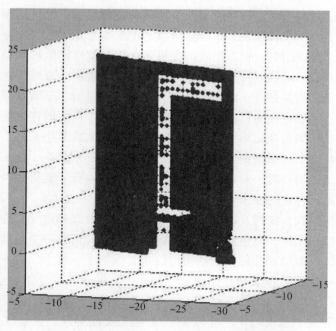

图 5.7 改进的 RANSAC 算法提取的建筑物立面

5.3 三维模型的纹理映射

纹理映射（Texture Mapping）是将纹理空间中的纹理像素映射到屏幕空间中的像素的过程，是绘制复杂场景真实感图形的最为常用技术之一，是计算机图形学中引人注目的研究方向之一。通俗地讲，就是把一幅图像贴到三维物体的表面上来增强真实感，可以和光照计算、图像混合等技术结合起来形成美观极具真实感的可视化效果。近年来，随着计算机技术的飞速发展，纹理映射技术研究也有了长足的发展，其应用领域也越来越广阔。传统的光照模型只考虑到物体表面法向的变化，并且将其表面视为一个镜面，反射率视为一个常数，只能生成颜色单一的光滑景物表面。实际景物的表面存在丰富的纹理细节，对光线的反射是一个漫反射，传统的技术方法难以模拟实现，纹理映射技术的出现为解决上述问题提供了方法。利用计算机模拟制作真实感图形是纹理映射应用的主要方向。纹理映射的实质是建立了从屏幕空间到纹理空间的映射和纹理空间到景物空间的映射两个映射关系。应用合适的纹理，可以方便地制作真实感图形，而不必花费更多的时间去考虑物体的表面纹理。纹理映射在宏观层面一般使用颜色纹理，为物体表面贴上真实的色彩花纹，模拟真实的现实色彩；在亚宏观层面，则采用更精细的几何纹理，以表现物体表面的凹凸不平、纹理细节以及光线阴暗与明亮的变化；对于复杂的、连续的曲面进行仿真，则需要过程纹理映射来模拟。

根据使用纹理函数的不同，纹理可分二维纹理和三维纹理；二维纹理是指在二维空间中定义的函数或纹理图案，在纹理映射中，二维纹理图案通常是以数据文件或图形文件形式存储在计算机外存中，在调用时，根据指定的文件名，以数据存储的形式动态存储在系统公共存储区内，通过纹理映射函数，将纹理图案贴到三维物体表面。三维纹理或实体纹理是纹理点与三维物体空间点之间具有——对应的映射关系的纹理函数。三维纹理的优点是能够很好地模拟木纹、大理石纹理之类的材质，并能保证纹理在各个界面的连续性。另外，应用三维纹理函数，从纹理空间到三维物体空间的映射关系仅为放大或缩小关系，故纹理映射关系简单、容易实现纹理映射和图形反走样。如木纹函数就可用一系列电子在三维空间中的磁力线进行模拟。但三维纹理映射时，对每一点都要进行复杂的运算才能得到对应的纹理坐标，故过于繁琐而不能满足实时性的要求。

根据纹理的表现形式，纹理又可分为颜色纹理、几何纹理和过程纹理三大类。颜色纹理是指光滑表面的花纹、图案，以色彩或敏感度体现细节。几何纹理由粗糙或不规则的细小凹凸组成，是基于物体表面微观几何形状的表面纹理，如桔子、树干、岩石。过程纹理是各种规则或不规则动态变化的自然景象，如水波、云、火、烟等从数学的观点来看，映射 M 可用下式描述：$(u, v) = F(x, y, z)$ $(u, v) \in$ TextureSpace，若 F 可逆，则 $(x, y, z) = F^{-1}(u, v)$。纹理映射算法一般有以下三个步骤：①定义纹理对象，获取纹理。②定义映射函数。在纹理空间和物体表面空间定义相应的映射函数。③选择纹理的重采样方法。通过映射函数将纹理映射到物体空间后，选择一种重采样方法，降低映射纹理的各种走样。纹理映射技术算法主要是解决建立怎样的映射函数，怎样合理合成纹理，减少映射后纹理的形变与走样，怎样剔除映射后纹理图像中的光照效果，体现真实效果。纹理映射发展了很多算法来解决这些问题，如正向映射法、逆向映射法、两步法、环境映射法等。

5.3.1 二维纹理正向映射法

正向映射法一般采用 Catmull 算法，该算法通过映射函数，将纹理像素坐标与物方曲面坐标进行一一匹配，再经投影变换到屏幕空间，确认纹理像素坐标在物方曲面的位置及大小，按双线性插值将纹理像素中心灰度值赋予物方曲面上相应的点，并取对应点处赋予的纹理颜色值作为该曲面处像素中心采样点的表面纹理属性，再用光照模型来模拟计算该曲面点处的光亮度，赋予其灰度值。正向映射算法可表示为：$(u, v) \rightarrow (x, y) = (k(u, v), l(u, v))$，正向映射的流程图可用图 5.8 表示。

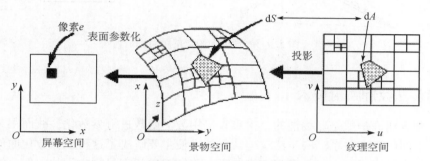

图 5.8　纹理正向映射的流程图

正向映射实现相对较为简单容易，由于正向映射能够顺序存取纹理图案，故能在计算中节约大量的存储空间，提高计算速度，对于小计算量的映射还有较强的应用性。但是缺点也非常明显，首先纹理映射值只是纹理图像的灰度值，再者在映射过程中物方空间与纹理空间并不能完全对应，而是会产生一定的变形，这就导致纹理映射到物方曲面时，部分区域没有对应的纹理像素或多余的纹理像素，从而产生空洞或多射，引起图形混淆，因而正向映射在实际应用中很少使用。

5.3.2 二维纹理逆向映射法

逆向映射法实际上是正向映射的一个逆向，该方法也称之为屏幕扫描法。逆向映射法是通过映射函数，将物方曲面坐标反算至纹理空间坐标，将物方空间与纹理空间一一对应，在利用重采样方法对纹理影像进行重采样后，计算对应物方曲面空间的坐标中心的像素值，再将计算结果赋予物方曲面即可，如图 5.9 所示。逆向映射法算法用该式表示：$(x, y) \rightarrow (u, v) = (f(x, y), g(x, y))$。逆向映射法克服了正向映射法的缺点，能有效实现图形反混淆，实现了纹理空间与物方空间的完全对应，因而不仅在纹理映射中广泛使用，在计算机图像处理中也在使用这一思想，如遥感影像纠正时，便采用了逆向映射的原理。逆向映射法要对物方空间进行基线扫描，计算变换矩阵，搜索基线上每一个像元，对于每个像元又需要随时进行重采样，为了提高计算效率，要求动态存储纹理图案，这也导致逆向映射法计算需要占用大量的存储空间。为了提高逆向映射算法的计算效率，学者们做了大量研究，也提出了很多改进算法，这些算法主要是分为两个方向：①基于纹理图像，对图像的搜索和匹配做出优化；②基于场景，重建三维场景来优先获取像素信息。这些算法都极大地提高了逆向映射算法的计算效率。

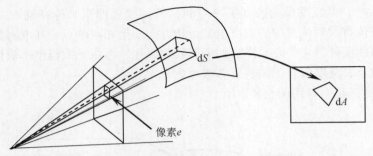

图 5.9　纹理逆向映射的示意图

5.3.3　两步法纹理映射技术

复杂的物方曲面一般是非线性的，很难直接用数学函数进行参数化，故而很难建立物方空间与纹理空间的对应关系。两步法纹理映射技术便主要解决了这种无参数化曲面的纹理映射问题，其基本思想是建立一个中间三维曲面，将纹理空间到景物空间的映射分解为纹理空间至中间三维曲面、中间三维曲面至物方空间两个简单映射的复合，从而避免了对景物表面重新参数化。两步法纹理映射的基本过程可分解为：①建立如下映射，将二维纹理空间映射至一个简单的中间三维物体表面，如球面、圆柱面，这一映射过程称之为 T 映射：$T(u, v)$ →$T'(x', y', z')$。②将上述映射到中间三维物体表面上的纹理映射到目标景物表面，可称之为 T' 映射：$T'(x', y', z')$→$O(x, y, z)$。两步法纹理映射的示意图如图 5.10 所示。

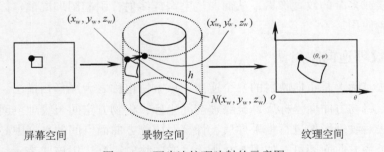

图 5.10　两步法纹理映射的示意图

两步法纹理映射可以较好地解决物方曲面无法参数化时进行映射的问题，但是由于物方曲面并不能只用一种简单的三维曲面进行模拟，所以必须采用交互式的方法，不断变换中间三维曲面，以保证与物方曲面的相似度，才可以保证最终的纹理映射效果。

5.3.4　环境映射法

环境映射技术是模拟出光滑表面对周围环境的反射技术，实际上就是将一幅包含物体周围环境场景的纹理映射到物方空间表面，这样就可在不使用光线跟踪算法等复杂算法的情况下，在一定程度上模拟出物体对周围环境的映射，而无须使用像光线跟踪算法这种复杂的计算技术将空间光照模型作为纹理映射到物体表面。环境映射法如图 5.11 所示。1976 年，Blinn 和 Newell 就提出第一个环境映射算法，通过将环境纹理贴到球体的映射空间上事实现；1986 年，Greene 提出立方体环境纹理，立方体环境纹理映射采样均匀，绘制简单，可以从照片直接生成，效果很好。球形环境映射和立方环境映射也是环境映射最为常用的两种方法。环境纹理映射效果与光线跟踪算法相比较，计算速度快，效率高，但是环境纹理映射只是对实际反射的一种近似模拟，并且没有自反射（不能反射自身情况）。

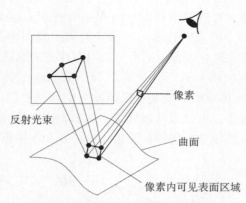

图 5.11　环境映射法示意图

5.3.5　几何纹理映射法

有些物方空间曲面并不是光滑的，而是凹凸不平的，光线照射在上面时会产生随机漫反射现象，采用固有的映射方法并不能很好地模拟这种效果，故而 Blinn 提出通过对物方表面各采样点的位置作微小扰动，改变物方表面微观的几何形状，从而引起景物表面上光线的法向变化，导致物方表面光亮度发生突变，从而产生凹凸不平的真实感，故几何纹理映射又叫凹凸纹理映射。几何纹理映射有两种方法：几何扰动法和法向扰动法，其流程见图 5.12所示。

图 5.12　几何纹理映射流程图

二维纹理映射是将二维的纹理图像映射至二维的物方空间曲面，是二维至二维的变换，是一种线性映射，而一般情况下物方空间曲面与纹理图像都是非线性对应关系，纹理图像映射至物方曲面都会产生变形，导致场景或物体表面看起来不真实、不逼真；对具有多个曲面拼接的景物表面进行二维映射，并不能保证相邻曲面间映射纹理的连续性。在模拟白云、烟雾、水汽等不规则的自然现象时，二维映射只是一张图片，并不能对其进行 360 度旋转观看。针对上述问题，Peachey 和 Perlin 在 1985 年分别提出了自己的三维纹理映射方法。三维纹理映射是直接将纹理定义在三维空间中，仅仅是一个比例关系，所以映射也变成一个简单的嵌入映射，映射的纹理点与物方三维空间点通过映射函数一一对应，这样就没有了变形的说法，也就容易处理图像走样。三维纹理映射还可以通过优化纹理映射技术，减少纹理变形、扭曲，剔除纹理图形中的光照信息，实现纹理无缝拼接。三维纹理映射主要用于实现木材、云彩、火焰、烟气等自然景观的模拟映射。

5.3.6 位移映射法

位移映射也叫映射转移、置换贴图技术，由 Matrox 提出，是与几何纹理映射、法向映射、视差映射等完全不同的一种映射技术。位移映射需要使用两张纹理图像，一幅高度图像，一幅表面纹理图像，将纹理化图像上的像元点沿高度图表面法线移动，移动时需按照高度图像中的数值（网格顶点数值）进行，从而混合形成真正的具有凹凸效果的映射模型。位移映射图见图 5.13 所示。位移映射改变了模拟物方空间网格曲面本身的几何信息和拓扑信息，再通过光线和阴影渲染，可以逼真地展现出静态物体表面的凹凸细节，也可以模拟动态的物体或场景，如大海波涛涌动的情形，使模拟的场景和物体更具有真实感。

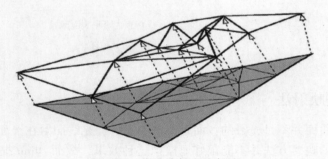

图 5.13 位移映射法示意图

5.3.7 过程纹理映射法

过程纹理映射是三维纹理映射的一种算法。三维纹理在构造中需要庞大的三维数组，其内存消耗巨大，而通过定义简单的过程迭代函数生成三维纹理，称之为过程纹理。过程纹理是基于一种解析表达的数学模型，通过计算机计算生成复杂纹理来模拟物体。1985 年 Peachey 用一种简单的规则三维纹理函数首次成功地模拟了木制品的纹理效果，Peachey 效果图见图 5.14 所示。其基本思想如下：（1）采用一组共轴圆柱体面定义表面纹理；（2）模拟真实感纹理。①扰动：对共轴的圆柱体面半径进行正弦或其他数学函数的扰动，使之木纹发生变化；②扭曲：在圆柱方向加一个小扭曲量，使得木纹有较小的扭曲；③倾斜：沿圆柱体轴的某一方向发生倾斜，使得木纹产生波动，形成逼真的效果。

改进纹理映射还有湍流函数法、Fourier 纹理合成技术、多边形格网参数化、近似调和

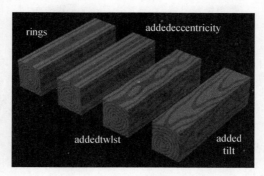

图 5.14　Peachey 的木纹效果图

映射技术、离散光滑插值参数化技术等，这些方法都从不同程度上优化了纹理映射技术，提高了技术的计算效率，增强了纹理映射的效果，使得真实感更强，虚拟效果更佳。三维纹理映射解决了二维纹理映射中不连续映射和变形问题，但是三维映射需要对每一个空间点进行复杂计算，故而对计算机硬件配置要求较高，过程纹理映射解决了这一问题，其计算相对简单，效率高。

第6章　激光点云三维建模软件简介

6.1　逆向工程概述

　　传统的产品设计一般都是"从无到有"的过程，设计人员首先构思产品的外形、性能以及大致的技术参数等，再利用 CAD 建立产品的三维数字化模型，最终将模型转入制造流程，完成产品的整个设计制造周期，这样的过程可称为"正向设计"，其流程如图 6.1 所示。而逆向工程则是一个"从有到无"的过程，就是根据已有的产品模型，反向推出产品的设计数据，包括设计图纸和数字模型。逆向工程也称反求工程，它是相对传统的设计而言，是从一个存在的零件或原型入手，首先对其进行数字化处理，然后进行数据处理、曲面重建、构造 CAD 模型等，最后制造出产品的过程，其流程如图 6.2 所示。逆向工程技术能快速建立新产品的数据化模型，大大缩短新产品研发周期，提高企业产品设计和生产效率。

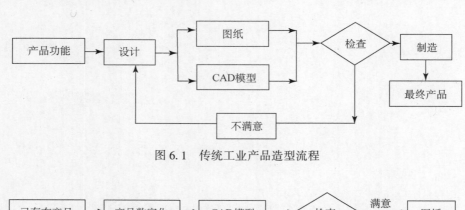

图 6.1　传统工业产品造型流程

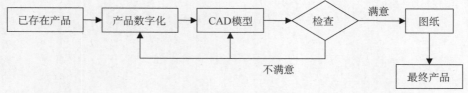

图 6.2　逆向工程造型流程

6.1.1　逆向工程的应用

　　逆向工程已成为当今 CAD/CAM 领域内研究的热点之一。它在机械产品测量造型、计算机视觉、根据切片数据的医学影像重建等领域都有重要应用。在制造业领域内逆向工程也有广泛的应用背景。在下列情形下，需要将实物模型转换为 CAD 模型。

（1）尽管计算机辅助设计技术（CAD）发展迅速，各种商业软件的功能也日益强大，但目前还无法满足一些复杂曲面零件的设计需要，还存在许多使用黏土或泡沫模型代替 CAD 设计的情况，最终需要运用逆向工程将这些实物模型转换为 CAD 模型。

（2）外形设计师倾向使用产品的比例模型，以便于产品外形的美学评价，最终可通过运用逆向工程技术将这些比例模型用数学模型表达，通过比例运算得到美观的真实尺寸的 CAD 模型。

（3）由于各相关学科发展水平的限制，对零件的功能和性能分析，还不能完全由 CAE 来完成，往往需要通过试验来确定最终零件的形状，如在模具制造中经常需要通过试冲和修改模具型面方可得到最终符合要求的模具。若将最终符合要求的模具测量并反求出其 CAD 模型，在再次制造该模具时就可运用这一模型生成加工程序，可大大减少修模量，提高模具生产效率，降低模具生产成本。

（4）目前在国内，由于 CAD/CAM 技术运用发展的不平衡，普遍存在这样的情况：在模具制造中，制造者得到的原始资料为实物零件，这时为了能利用 CAD/CAM 技术来加工模具，必须首先将实物零件转换为 CAD 模型，继而在 CAD 模型基础上设计模具。

（5）艺术品、考古文物的复制。

（6）人体中的骨头和关节等的复制、假肢制造。

（7）特种服装、头盔的制造要以使用者的身体为原始设计依据，此时，需首先建立人体的几何模型。

6.1.2　逆向工程处理技术

影响数据采集质量的关键因素主要包括有：测量方法本身的精度；经过大量的技术训练来掌握最佳的测量方法；仪器的精确校准，随时校准设备来保证测绘精度；测量范围的限制、遮挡问题；采集数据的局部缺少、被测物体表面的光滑度等，需要采用其他的显影方式来帮助数据采集。由于这些因素，测量数据一般要经过预处理后才能进行曲面拟合和 CAD 模型重建。

数据处理技术的关键步骤有：多站配准、噪声去除、数据简化、数据补缺。

6.1.2.1　多站配准

无论是接触式或非接触式的测量方法，要完成样件所有表面的数据采集，必须进行多方位采集，数据处理时就涉及到了多站配准技术，通常处理技术是：

（1）对从不同视角测量的样件数据确定一个合适的坐标变换方法进行拼接。

（2）将从各个视图得到的点集合并到一个公共的坐标系下，从而得到一个完整的模型。

（3）在样件上贴固定球作为识别标签。根据每个视角观察的三个或三个以上不共线的标签来对数据进行拼合。

6.1.2.2　噪声去除

在测量过程中，由于环境变化和其他人为的因素，数据点不可避免地会存在噪声，有必要对数据点进行去噪滤波。数据滤波通常采用标准高斯、平均和中值滤波方法。

（1）对于规则的数据点集，如激光扫描设备测量的单张数据呈点阵排列，采用滤波方法实现。

（2）对散乱的数据点集，如多站配准后的点云，就必须先建立数据点间的邻接关系。各种滤波方法都是解决消除噪声点而又保证零件的棱、角等特征不被光滑的问题。

6.1.2.3　数据简化

当测量数据的密度很高时，如光学扫描设备常采集到几十万、几百万甚至更多的数据点，存在大量的冗余数据，严重影响后续算法的效率，因此需要按一定要求减少测量点的数量。不同类型的点云可采用不同的简化方法，对规则点云处理技术采取等间距均匀简化、倍率简化、等量简化、弦偏差简化等方法。

6.1.2.4　数据补缺

由于被测实物本身的几何拓扑原因或者是受到其他物体的阻挡，会存在部分表面无法测量、采集的数字化模型存在数据缺损的现象，因而需要对数据进行补缺。深孔类零件就无法测全；在测量过程中，常需要一定的支撑或夹具，模型与夹具接触的部分，就无法获得真实的坐标数据；用于数据拼合的固定球和标签处的数据也无法测量，需要采用数据补缺技术：

（1）利用周围点的信息插值出缺损处的坐标，找到数据点间有一定的拓扑关系。

（2）对三角化后的网格模型进行补缺，对三角网格模型中接近于平面多边形的孔洞进行修复。

（3）通过截平面与孔洞周围网格模型的相交和 B 样条曲面插值，解决修复部分与整体曲面的光滑连接问题。

（4）用扩散法在等值面上插入新的数据，实现三角网格模型的复杂孔洞边界的数据补缺。

6.2　三维表面模型软件

激光点云的三维模型的主要表现形式为三维线框模型、三维表面模型和三维实体模型，三维表面模型和三维实体模型在产品设计和展示中应用最为广泛，三维表面模型主要用于产品设计和逆向工程领域，常用的模型包括 Imageware、Geomagic Studio、CopyCAD、RapidForm 四大逆向工程软件和 3ds Max 2015 软件，下面分别介绍这些三维建模软件的主要功能和建模方式。

6.2.1　Imageware 软件

Imageware 由美国 EDS 公司出品，后被德国 Siemens PLM Software 所收购，现在并入旗下的 NX 产品线，是最著名的逆向工程软件，Imageware 因其强大的点云处理能力、曲面编辑能力和 A 级曲面的构建能力而被广泛应用于汽车、航空、航天、消费家电、模具、计算机零部件等设计与制造领域。Imageware 拥有广大的用户群，国外有 BMW、Boeing、GM、Chrysler、Ford、raytheon、Toyota 等著名国际大公司，国内则有上海大众、上海交大、上海

DELPHI、成都飞机制造公司等大企业。以前该软件主要被应用于航空航天和汽车工业，因为这两个领域对空气动力学性能要求很高，所以在产品开发的开始阶段就考虑到了空气动力性的设计。Imageware 采用 NURBS 技术，软件功能强大，易于应用。Surfacer 是 Imageware 的主要产品，主要用来做逆向工程，它处理数据的流程遵循点—曲线—曲面原则，流程简单清晰，软件易于使用。

6.2.1.1 点过程

读入激光点阵数据，Surfacer 可以接收几乎所有的三坐标测量数据，此外还可以接收其他格式，例如：STL、VDA 等。有时候由于零件形状复杂，一次扫描无法获得全部的数据，或是零件较大无法一次扫描完成，这就需要移动或旋转零件，这样会得到很多单独的点阵。Surfacer 可以利用诸如圆柱面、球面、平面等特殊的点信息将点阵准确对齐。对点阵进行判断，去除噪音点（即测量误差点）。由于受到测量工具及测量方式的限制，有时会出现一些噪音点，Surfacer 有很多工具来对点阵进行判断并去掉噪音点，以保证结果的准确性。通过可视化点阵观察和判断，规划创建曲面。一个零件，是由很多单独的曲面构成，对于每一个曲面，可根据特性判断用什么方式来构成。例如，如果曲面可以直接由点的网格生成，就可以考虑直接采用这一片点阵；如果曲面需要采用多段曲线蒙皮，就可以考虑截取点的分段，提前作出规划避免以后走弯路。根据需要创建点的网格或点的分段，Surfacer 能提供很多种生成点的网格和点的分段工具，这些工具使用起来灵活方便，还可以一次生成多个点的分段。

6.2.1.2 创建曲线过程

判断和决定生成哪种类型的曲线。曲线可以是精确通过点阵的、也可以是很光顺的（捕捉点阵代表的曲线主要形状），或介于两者之间。根据需要创建曲线，可以改变控制点的数目来调整曲线。控制点增多则形状吻合度好，控制点减少则曲线较为光顺。诊断和修改曲线，可以通过曲线的曲率来判断曲线的光顺性，可以检查曲线与点阵的吻合性，还可以改变曲线与其他曲线的连续性（连接、相切、曲率连续），Surfacer 提供很多工具来调整和修改曲线。

6.2.1.3 创建曲面过程

决定生成哪种曲面，同曲线一样，可以考虑生成更准确的曲面、更光顺的曲面，或两者兼顾，可根据产品设计需要来决定。创建曲面的方法很多，可以用点阵直接生成曲面（Fit free form），可以用曲线通过蒙皮、扫掠、四个边界线等方法生成曲面，也可以结合点阵和曲线的信息来创建曲面。还可以通过其他例如圆角、过桥面等生成曲面。诊断和修改曲面，比较曲面与点阵的吻合程度，检查曲面的光顺性及与其他曲面的连续性，同时可以进行修改，例如可以让曲面与点阵对齐，可以调整曲面的控制点让曲面更光顺，或对曲面进行重构等处理。

6.2.2 CopyCAD 软件

CopyCAD 是由英国 DELCAM 公司出品的功能强大的逆向工程系统软件，现在已经集成到了 Delcam Powershape 软件中，它能允许从已存在的零件或实体模型中产生三维 CAD 模型，是一款功能强大的 3D 建模软件，该软件用途广泛，能够通过强力的渲染、编辑、包裹工具、建模技术轻松地设计出理想的产品。

（1）数字化点数据输入：DUCT 图形和三角模型文件、CNC 坐标测量机床、分隔的 ASCII 码和 NC 文件激光扫描器、三维扫描器和 SCANTRON、PC ArtCAM、Renishaw MOD 文件。

（2）点操作功能：能够进行相加、相减、删除、移动以及点的隐藏和标记等点编辑；能够为测量探针大小对模型的三维偏置进行补偿；能够进行模型的转换、缩放、旋转和镜像等模型转换；能够对平面、多边形或其他模型进行模型裁剪。

（3）三角测量：在用户定义的公差和选项内的数字化模型的三角测量，包括：①原始的法线设置；②尖锐——尖锐特征强化；③特征匹配——来自点法线数据的特征；④关闭三角测量——为了快速绘图可以关闭模型。

（4）特征线的产生：边界——转换模型外边缘为特征线；间断——为找到简单的特征（如凸出和凹下）而探测数据里的尖锐边缘；能够转换数字化扫描线为特征线；输入的数据——能够从点文件中摘录多线条和样条曲线。

（5）曲面构造：通过在三角测量模型上跟踪直线产生多样化曲面；在连接的曲面之间，用已存在的曲面定义带有选项的正切连续性的边界；使用特征线指导和加快曲面定义；曲面错误检查；比较曲面与数字化点数据；报告最大限、中间值和标准值的错误背离；错误图形形象地显示变化。

（6）输出：IGES、CADDS4X、STL ASCII 码和二进制、DUCT 图形、三角模型和曲面、分隔的 ASCII 码。

6.2.3　RapidForm 软件

RapidForm 是韩国 INUS 公司出品的全球四大逆向工程软件之一，RapidForm 提供了新一代运算模式，可实时将点云数据运算出无接缝的多边形曲面，使它成为 3D Scan 后处理之最佳化的接口。RapidForm 还将提升工作效率，使 3D 扫描设备的运用范围扩大，改善扫描品质。

（1）多点云数据管理界面。

高级光学 3D 扫描仪会产生大量的数据（可达 100000~200000 点），由于数据非常庞大，因此需要昂贵的电脑硬件才可以运算，现在 RapidForm 提供记忆管理技术（使用更少的系统资源），可缩短处理数据的时间。

（2）多点云处理技术。

可以迅速处理庞大的点云数据，不论是稀疏的点云还是跳点，都可以轻易地转换成非常好的点云，RapidForm 提供过滤点云工具以及分析表面偏差的技术来消除 3D 扫描仪所产生的不良点云。

（3）快速点云转换成多边形曲面的计算法。

在所有逆向工程软件中，RapidForm 提供一个特别的计算技术，针对 3D 及 2D 处理是同类型计算，软件提供了一个最快最可靠的计算方法，可以将点云快速计算出多边形曲面。RapidForm 能处理无顺序排列的点数据以及有顺序排列的点数据。

（4）彩色点云数据处理。

RapidForm 支持彩色 3D 扫描仪，可以生成最佳化的多边形，并将颜色信息映像在多边形模型中。在曲面设计过程中，颜色信息将完整保存，也可以运用 RP 成型机制作出有颜色信息的模型。RapidForm 也提供上色功能，通过实时上色编辑工具，使用者可以直接对模型编辑自己喜欢的颜色。

（5）点云合并功能。

多个点扫描数据有可能经手动方式将特殊的点云加以合并，当然，RapidForm 也提供这一技术，使用者可以方便地对点云数据进行各种各样的合并。

6.2.4　Geomagic Studio 软件

Geomagic Studio 软件原为美国 Raindrop（雨滴）公司出品的逆向工程和三维检测软件，现已改为 3Dsystems 公司 Geomgaic Wrap 软件产品，可根据任何实物零部件通过扫描点云自动生成准确的数字模型。作为自动化逆向工程软件，Geomagic Studio 还为新兴应用提供了理想的选择，如定制设备大批量生产、即定即造的生产模式以及原始零部件的自动重造。Geomagic Studio 可以作为 CAD、CAE 和 CAM 工具提供完美补充，它可以输出行业标准格式，包括 STL、IGES、STEP 和 CAD 等众多文件格式。

Geomagic Studio 软件的主要功能有：自动将点云数据转换为多边形（Polygons）；快速减少多边形数目（Decimate）；把多边形转换为 NURBS 曲面；曲面分析（公差分析等）；纹理贴图；CAD/CAM/CAE 匹配的数据格式（IGS、STL、DXF 等）。

Geomgaic Studio 软件的优势有：支持格式多，可以导入导出各种主流格式；兼容性强，支持所有主流三维激光扫描仪，可与 CAD、常规制图软件及快速设备制造系统配合使用；智能化程度高，对模型半成品曲线拟合更准确；处理复杂形状或自由曲面形状时，生产率比传统 CAD 软件效率更高；自动化特征和简化的工作流程可缩短培训时间，并使用户可以免于执行单调乏味、劳动强度大的任务；可由点云数据获得完美无缺的多边形和 NURBS 模型。

6.2.4.1　Geomagic Studio 软件的主要功能介绍

Geomagic Studio 逆向设计的原理是用许多细小的空间三角形来逼近还原 CAD 实体模型，采用 NURBS 曲面片拟合出 NURBS 曲面模型，图 6.3 简单介绍了 Geomagic Studio 曲面重建的步骤。Geomagic Studio 软件建模的具体流程为：点云（Points）→封装为多边形（Wrap）→多边形阶段（Polygon）→形状或曲面阶段（NURBS/参数化曲面）→输出模型。

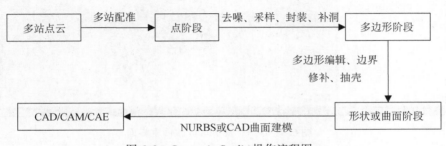

图 6.3　Geomagic Studio 操作流程图

点云阶段主要处理大型三维点云数据集，从所有主要的三维扫描仪和数字化仪中采集点数据，优化扫描数据（通过检测体外孤点、减少噪音点、去除重叠），自动或手动拼接与合并多个扫描数据集，通过随机点采样、统一点采样和基于曲率的点采样降低数据集的密度。

多边形编辑阶段内容包括根据点云数据创建精确的多边形网格，修改、编辑和清理多边形模型，一键自动检测并纠正多边形网格中的误差，检测模型中的图元特征（例如，圆柱、平面）以及在模型中创建这些特征，自动填充模型中的孔，将模型导出成多种文件格式（包括含有完全嵌入式三维模型的 PDF），以便在标准的 CAD 系统使用，格式包括：STL、OBJ、VRML、DXF、PLY 和 3DS。

NURBS 曲面建模阶段的内容包括根据多边形模型一键自动创建完美的 NURBS 曲面，根据公差自适应拟合曲面，创建模板以便对相似对象进行快速曲面化，输出尖锐轮廓线和平面区域，使用向导对话框来检测和修复曲面片错误，将模型导出成多种行业标准的三维格式（包括 IGES、STEP、VDA、NEU、SAT）。

CAD 曲面建模阶段包括根据网格数据自动拟合以下曲面类型：平面、柱面、锥面、挤压面、旋转曲面、扫描曲面、放样曲面和自由形状曲面，自动提取扫描曲面、旋转曲面和挤压面的优化的轮廓曲线，使用现有工具和参数控制曲面拟合，自动扩展和修剪曲面，以便在相邻曲面间创造完美的锐化边界，无缝地将参数化曲面、实体、基准和曲线传输到 CAD 中，以便自动构建自然的几何形状，直接将基于历史记录的模型输出到主要的机械 CAD 软件包，包括：Autodesk Inventor、Pro/ENGINEER、CATIA 和 SolidWorks。

6.2.4.2 Geomagic Studio 软件的各功能模块

Geomagic Studio 主要包括 10 个模块：视窗（veiw）模块、选择（select）模块、工具（tools）模块、对齐（align）模块、特征（features）模块、点云处理（point）模块、多边形（polygon）处理模块、参数化曲面（fashion）模块、精确曲面（shape）模块、曲线（curve）模块，Geomagic Studio 软件界面和各模块界面如图 6.4~图 6.14 所示。

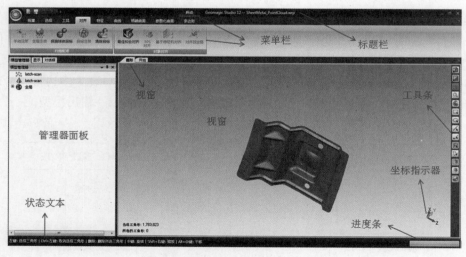

图 6.4　Geomgaic Studio 软件主界面

图 6.5 视窗模块功能菜单

图 6.6 选择模块功能菜单

图 6.7 工具模块功能菜单

图 6.8 对齐模块功能菜单

图 6.9 特征模块功能菜单

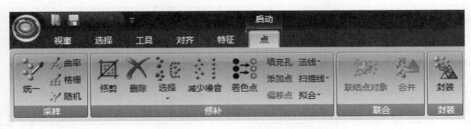

图 6.10 点云处理模块功能菜单

图 6.11 多边形处理模块功能菜单

图 6.12 参数化曲面模块功能菜单

图 6.13 精确曲面模块功能菜单

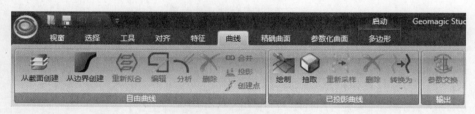

图 6.14 曲线模块功能菜单

同很多三维造型软件一样，Geomagic Studio 12 的操作方式也是以鼠标为主，键盘为辅。将鼠标的左、中、右 3 个键分别定义为 MB1、MB2、MB3 加以说明，其中 MB2 是将滚轮按下还是滚动视具体情况而定。鼠标操作主要是三维模型的旋转、缩放、平移、对象的选取等。模型旋转：按住鼠标滚轮进行拖动（MB2）；模型缩放：滚动鼠标滚轮（MB2）；平移模型：按住 Alt 和鼠标滚轮进行滑动（MB2）。同样按住 Ctrl、Shift、Alt+鼠标右键（MB3）分别进行旋转、缩放、平移。常用的快捷键如表 6.1 所示。

表 6.1 Geomagic Studio 中主要快捷键

鼠标控制/快捷键	命令	鼠标控制/快捷键	命令
左键	选择三角形	Ctrl+U	编辑→选择工具→定制区域
Ctrl+左键	取消选择三角形	Ctrl+A	编辑→全选
中键/Ctrl+右键	旋转	Ctrl+C	编辑→全部不选
Shift+右键	缩放	Ctrl+G	编辑→选择贯穿

续表

鼠标控制/快捷键	命令	鼠标控制/快捷键	命令
Alt+中键/Alt+右键	平移	Ctrl+V	编辑→只选择可见
Ctrl+Z	编辑→撤销	Ctrl+F	视图→设置旋转中心
Ctrl+T	编辑→选择工具→矩形	Esc	中断操作
Ctrl+L	编辑→选择工具→线条	DEL	删除
Ctrl+P	编辑→选择工具→画笔	空格键	应用/下一步

6.2.4.3 Geomagic Studio 软件各处理阶段内容

以下部分简述 Geomagic Studio 软件点阶段、多边形阶段、曲面阶段的主要操作步骤。

（1）点阶段处理的目标是学习编辑点云，通过去噪、采样、补点等操作来优化点云数据，为点云的网格化做准备。点阶段的主要操作流程为：导入激光点云→点云着色→删除体外孤点→删除非连接项→删除冗余点→减少噪声→重采样→补洞→封装，点阶段的主要工具如表 6.2 所示。

表 6.2　GeomagicStudio 软件点阶段的主要工具

着色点	删除	断开组件连接	体外孤点	减少噪音	填充孔	添加点	统一 曲率 格栅 随机 采样	封装
着色点使其更直观	删除冗余点	评估点的邻近性，并可选择和删除距离较远的点	通过计算点与模型的距离，判断并删除体外孤点	减少因扫描仪误差而引起的点云噪声	选择孔洞边缘点云，并进行孔洞填充	通过参考平面添加点	采用不同采样方式使点云排列更规律，并压缩点云数据	由点云自动生成网格（三角面）

（2）多边形阶段的主要目标是掌握如何在多边形阶段进行形状处理和边界处理，多边形阶段的处理流程如下：创建流形→填充孔→去除特征→砂纸打磨→简化多边形→多边形修复→边界编辑，多边形阶段的主要工具如表 6.3 所示。

表 6.3　**Geomagic Studio** 软件多边形阶段的主要工具

模块	命令图标	主要功能
修补		网格医生，自动修复多边形网格内的缺陷
		简化，减少三角形数目，但不影响曲面细节或颜色
		裁剪，可使用平面、曲面、薄片进行裁剪，在交点处创建一个人工边界
		去除特征，删除选择的三角形，并填充产生的孔
		雕刻，以交互的方式改变多边形的形状，可采用雕刻刀、曲线雕刻或使区域变形的方法
		创建流形，删除非流形三角形
		优化边缘，对选择的多边形网格重分，不必移动底层点以试图更好地定义锐化和近似锐化的结构
		细化，在所选的区域内增加多边形的数目
		增强表面啮合，在平面区细化网格为曲面设计做准备，在高曲率增加点而不破坏形状
		重新封装，在多边形对象所选择的部分重建网格
		完善多边形网格，可以编辑多边形、修复法线、翻转法线、将点拟合到平面和圆柱面
平滑		松弛，最大限度减少单独多边形之间的角度，使多边形网格更平滑
		删除钉状物，检测并展平多边形网格上的单点尖峰
		减少噪音，将点移至统计的正确位置以弥补噪音
		快速平滑处理，使所选的多边形网格更平滑，并使三角形的大小一致
		砂纸，使用自由收回工具使多边形网格更平滑

模块	命令图标	主要功能
填充孔		全部填充，填充多边形对象上所有选择孔
		填充单个孔，有基于曲率、基于切线和平面填充三种方式，可以填充空的类型包括内部孔、边界孔，并可以以桥接的方式连接两个不相连的多边形区域
边界		修改，可以在多边形对象上编辑边界、松弛边界、创建/拟合孔、直线化边界、细分边界
		可以创建自样条线开始、自选择部分开始、自多边形开始以及折角形成的边界
		移动边界，可将边界投影到平面；延伸边界，按周围曲面提示的方向投射一个选择的自由边界；伸出边界，将选择的自然边界投射到与其垂直的平面
		主要是删除选中的部分边界、所有边界，以及清除细分边界的点
偏移		抽壳，沿单一方向复制和偏移网格以创建厚度
		加厚，沿两个方向复制和偏移网格以创建厚度
		偏移，有四种偏移方法：应用均匀偏移命令偏移整个模型使对象变大或变小；沿法线正向或负向使选中的多边形凸起或凹陷一定距离，并在周围狭窄区域内创建附加三角形；雕刻，在多边形网格上创建凸起或凹陷的字符，但是该命令只使用美制键盘字符；浮雕，在多边形网格上浮雕图像文件以进行修改
锐化		锐化向导，在锐化多边形的过程中引导用户
		延伸切线，从两个相交形成锐角的平面中各引出一条"切线"，通过交点确定锐边的位置
		锐化多边形，延长多边形网格以形成"延长切线"提示的锐边
合并		将两个或多个多边形对象合并为单个的复合对象

（3）曲面阶段的主要任务为轮廓线的编辑和曲面片的基本编辑，前者主要包括轮廓线的探测、曲率的探测、轮廓线的抽取、轮廓线的编辑和延伸以及如何松弛轮廓线；后者包括曲面片的编辑、面板移动、曲面片松弛以及曲面片修理。曲面阶段的主要流程有：探测并生成轮廓线→提升约束→构造曲面面片→移动面板→压缩/解压缩曲面片层→修理曲面面片→轮廓线处理→格栅生成及处理→曲面生成及输出，曲面阶段的主要工具如表 6.4 所示。

表 6.4　Geomagic Studio 软件曲面阶段的主要工具

命令	主要功能
	自动造面，用最少的用户交互自动创建 NURBS 曲面
	探测，探测轮廓线和曲面，在相对平坦的区域之间放置红色分割符，允许调整这些区域分隔符，并在这些区域分割符内放置黄色（可延长）或橙色（不可延长）的轮廓线
	编辑，编辑命令中主要包括编辑轮廓线（添加、修改、移除轮廓线），编辑延伸（修改轮廓线周围存在的扩展），拟合轮廓线（减少控制点的数目并调节张力，以更改任何黄色或橙色轮廓线的曲率），重采样轮廓线（增加或减少黄色或橙色轮廓线上的控制点的数目），取消固定所有顶点（解除对象上的所有顶点，使其遵从其他命令的控制）
	细分或延伸，在黄色延长轮廓线周围创建并修改轮廓补丁
	提升约束，修改曲面片线、轮廓线和这些线条上点的函数
	松弛轮廓线，沿着轮廓线长度放松张力以便轮廓线更平滑，包括松弛所有轮廓线和松弛选择轮廓线两种方式
	构造曲面片，通过轮廓线与边界线生成一个曲面片边界结构
	修理曲面片，逐步查看曲面片布局的问题区域以进行检查和修复
	松弛，沿轮廓线长度放松张力以便轮廓线更平滑
	移动面板，整理面板内的曲面片
	压缩曲面片层，移除或细分整行曲面片

命令	主要功能
	构造格栅，在对象上的每个曲面片内创建一个有序的 U-V 网格
松弛格栅	松弛格栅，松弛格栅结构使表面更平滑，但可能会丢失部分特征信息
指定	指定，控制网格属性的命令，可指定尖锐轮廓线和平面区域
	在对象上生成一个 NURBS 曲面
	就选择对象与从下拉列表内选择的对象之间的偏差生成三维色码映射

6.3　三维实体模型软件

三维实体模型主要用于大型建筑物建模和场景模拟，代表软件主要有 Microstation V8i、SketchUp、Leica 公司的 CloudWorx、AutoCAD 2013 以上版本、Phidias，等等，下面主要介绍 SketchUp 和 Microstation V8i 软件在激光点云三维建模中的应用。

6.3.1　SketchUp 软件

SketchUp 是一套直接面向设计方案创作过程的设计工具，其创作过程不仅能够充分表达设计师的思想而且完全满足与客户即时交流的需要，它使得设计师可以直接在电脑上进行十分直观的构思，是三维建筑设计方案创作的优秀工具。SketchUp 是一个极受欢迎并且易于使用的 3D 设计软件，官方网站将它比喻作电子设计中的"铅笔"。它的主要卖点是使用简便，人人都可以快速上手。并且用户可以将使用 SketchUp 创建的 3D 模型直接输出至 Google Earth 里。@ Last Software 公司成立于 2000 年，规模较小，但却以 SketchUp 而闻名。Google 于 2006 年 3 月 14 日宣布收购 3D 绘图软件 SketchUp 及其开发公司 @ Last Software。SketchUp 是一套以简单易用著称的 3D 绘图软件，Google 收购 SketchUp 是为了增强 Google Earth 的功能，让使用者可以利用 SketchUp 建造 3D 模型并放入 Google Earth 中，使得 Google Earth 所呈现的地图更具立体感、更接近真实世界。使用者更可以通过一个名叫 Google 3D Warehouse 的网站寻找与分享各式各样利用 SketchUp 建造的 3D 模型。SketchUp 是全球最受欢迎的 3D 模型之一，2011 年就构建了 3000 万个模型，SketchUp 在 Google 经过多次更新并呈指数增长，不过考虑到 Google 目前涉足领域太多，从广告到社交网络，一个不漏，而 Trimble 则专注于设备的位置与定位技术，也许更适合 SketchUp，但不可否认的是，Google 确实将 SketchUp 的技术带给了许多人，比如木工、艺术家、电影制作人、游戏开发商、工程师，让更多人知道了 SketchUp 有这么一种快速三维建模技术。2012 年 4 月 26 日，Google 宣布已将其 SketchUp 3D 建模平台出售给 TrimbleNavigation。

SketchUp 软件的主要功能有：

（1）独特简洁的界面，可以让设计师短期内掌握。

（2）适用范围广阔，可以应用在建筑、规划、园林、景观、室内以及工业设计等领域。

（3）方便的推拉功能，设计师通过一个图形就可以方便地生成 3D 几何体，无需进行复杂的三维建模。

（4）快速生成任何位置的剖面，使设计者清楚地了解建筑的内部结构，可以随意生成二维剖面图并快速导入 AutoCAD 进行处理。

（5）与 AutoCAD、Revit、3DsMAX、PIRANESI 等软件结合使用，快速导入和导出 DWG、DXF、JPG、3DS 格式文件，实现方案构思，效果图与施工图绘制的完美结合，同时提供与 AutoCAD 和 ARCHICAD 等设计工具的插件。

（6）自带大量门、窗、柱、家具等组件库和建筑肌理边线需要的材质库。

（7）轻松制作方案演示视频动画，全方位表达设计师的创作思路。

（8）具有草稿、线稿、透视、渲染等不同显示模式。

（9）准确定位阴影和日照，设计师可以根据建筑物所在地区和时间实时进行阴影和日照分析。

（10）简便地进行空间尺寸和文字的标注，并且标注部分始终面向设计者。

Pointools Plug-in for SketchUp 插件为基于 Google SketchUP 软件平台能灵活地使用激光点云数据快速地建立三维模型。Pointools Plug-in for SketchUp 的主要功能有：简化了激光点云到三维模型的处理流程，支持主要的激光点云格式，将各类激光点云格式统一转换成 POD 格式；能够直接导入高密度的数十亿个激光点云数据；使得绘制的线段和激光点云自动贴齐，三维建模人员可以很容易地依照激光点云边缘绘制三维模型；使用 Google Map 和 Street-View 可方便地将三维模型和 POD 文件定位到真实的大地坐标系统。

随着 Pointools 软件被 Bentley 公司收购，不再为 SketchUp 软件的该插件提供服务支持。Undet Software 宣布发布了他们的点云处理插件 Undet for SketchUp。使用该插件，从业人员可以借助 SketchUp 平台更加方便快速地参考扫描的真实点云数据建立 BIM 模型。Undet 是可以支持不同厂家扫描仪文件类型的独立的插件，如：*.E57，*.LAS，*.LAZ，*.PTS，*.DP，*.FLS，*.FPR，*.LSPROJ，*.FWS，*.CL3，*.CLR，*.ZFS，*.RSP，ASCII/NEZ（X，Y，Z/i/RGB），可以加载如机载 LiDAR 点云、无人机、移动测绘系统、地面扫描仪、手持式扫描仪或摄影测量等任何技术或应用，图 6.15 显示了在 SketchUp 中使用 Undet 插件导入的激光点云。

无论是机载雷达扫描、车载扫描还是地面扫描，真正需要的是如何将这些数据快速处理为三维模型，这样才能将这些信息延展到 BIM 领域发挥效用。因此面对这些海量的扫描点云数据，如何快速建立模型，才是用户所面临的真正挑战。这款 Undet for SketchUp 插件正是为了解决这一问题而开发的，借助天宝 SketchUp 平台，用户现在可以将点云数据直接导入到 SketchUp 中，利用插件所提供的工具可对点云进行剖切、分析、提取其中的关键数据。使用该方案，可以针对城市规划、路桥隧道、室内、建筑和地形景观设计提供完整的点云解

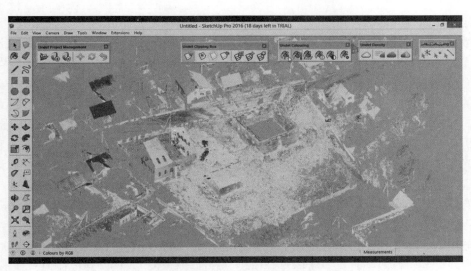

图 6. 15　Undet 插件导入的激光点云

决方案。该插件特色有完美支持 SketchUp 建模理念，易上手；提供多个模式的点云解决方案；运行流畅，支持高密度的点云数据；具有选取点，线的功能，有利于 SU 建模参考图 6. 16 展示了使用 Undet 插件构建的 3D 实体模型。

图 6. 16　Undet 插件构建的 3D 实体模型

6. 3. 2　MicroStationV8i 软件

MicroStation 是国际上和 Auto CAD 齐名的二维和三维 CAD 设计软件，第一个版本由 Bentley 兄弟在 1986 年开发完成。其专用格式是 DGN，并兼容 Auto CAD 的 DWG/DXF 等格式。MicroStation 是 Bentley 工程软件系统有限公司在建筑、土木工程、交通运输、加工工厂、离散制造业、政府部门、公用事业和电讯网络等领域解决方案的基础平台。MicroStation 是一款面向基础设施设计的三维 CAD 基础软件，它是集二维绘图、三维建模和工程可视化（静态渲染+各种工程动画设计）于一体的综合解决方案。设计师们可以使用 MicroStation 各种强大的绘图和建模工具创建三维 CAD 模型和二维设计并与之交互，设计出值得信赖的信息模板，如精确的工程图、内容丰富的三维 PDF 和三维绘图。再通过 MicroStation 强大的数据和分析功能，对设计进行性能模拟，解决碰撞、模拟进度、打造逼真的渲染效果和动画，执行日光暴晒和阴影等分析，适用于公用事业系统、公路和铁路、桥梁、建筑、通讯网络、给排水管网、流程处理工厂、采矿等所有类型基础设施的建筑和施工。MicroStation 也具有很强大的兼容性和扩展性，可以通过一系列第三方软件实现诸多特殊效果。作为 Bentley 公司的工程内容创建平台，具有诸多优势来满足各种类型项目的工程需求，特别是一些工程数据量大的项目，在大型建筑事务所的使用率远远超过 Auto CAD。MicroStation V8i 软件包含了绘图模块、编辑修改工具集、实体建模模块、表面建模模块、格网建模模块、地形建模模块、特征建模模块、可视化模块和动画制作模块。

MicroStation V8i 软件中的 Point Clouds 工具即采用了原 point tools 公司的技术来导入激光点云数据，可以导入常见的激光点云格式如：＊.las、＊.pts、＊.ptx、＊.bin、＊.xyz、＊.txt 格式等，并将这些格式统一转换成＊.pod 格式。具有激光点云剪切（Clip）功能来隐藏部分暂时不需要的激光点云数据，达到快速显示海量点云的目的，当需要显示隐藏点云的时候，采用"删除剪切（Delete Clip）"工具来显示隐藏的点云。在激光点云显示选项中可以选择 RGB、分类、高程、反射强度选项来展示激光点云，不同的显示选项自带不同的色彩显示方式，图 6.17 为 MicroStation V8i 导入的反射强度显示的激光点云，图 6.18 为在 MicroStation V8i 中渲染的激光点云 3D 建筑物模型。

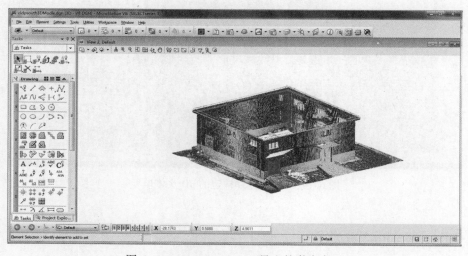

图 6.17　MicroStation V8i 导入的激光点云

图 6.18　在 Microstation V8i 软件中渲染的 3D 建筑物模型

6.3.3　CloudWorx 软件

Leica 公司的 Cyclone 软件提供了丰富的点云数据处理功能，并且提供了面向 MicroStation 软件的专用接口 CloudWorx for MicroStation，成功地利用 Cyclone 技术作为 MicroStation 环境下有效管理和解决点云的工具。而且该模块提供了强大的功能体系。

CloudWorx 模块功能介绍如下：

（1）隐藏功能。

HideRegions 功能与 MicroStation 的围栏功能结合使用，这个功能用来隐藏线内或者线外指定区域内的点。通常用这些命令隐藏无用的数据，比如建筑物旁的树木或者暂时不需要的地方。在使用这些功能的时候需要建立在 MicroStation Place Fence 的功能上。

注：这项操作只是在视角中隐藏，并没有真正删除。

（2）切割功能。

除了能在视角中隐藏一定区域外，CloudWorx 也支持很多从辅助坐标系或视角轴线切割点云的方法。这个特点使得只能观看整个点云中的截面或者切片。也可以在 3D 中定义一个平面，并且只显示这个平面的一边。也可以在 3D 中定义两个平面，显示中间的部分，这项操作和隐藏功能一样，并不是删除了其他数据，仅仅是在视觉上隐藏了其他的数据。

（3）截面的适配功能。

这个功能可以使线段、弧切合到点云数据当中。当执行这个命令的时候，必须要有一个激活的切片，当这个功能被执行的时候，所有的线的物体将会被放置到点云数据切片的中心平面。

（4）创建限制区。

在这个功能中可以选择三个点来确定一个立方体，首先选择一个点作为立方体的一个角点，在工作的平面中选择一个点作为立方体的第二个角点，最后选择一个点确定这个立方体的高度，所有在立方体外的点都将在视角中被隐藏。在限制区管理器中管理并修改限制区的各种参数，可以进行重命名，修改长宽高，是否当前使用、新建或者删除等操作。

(5) 管线的处理功能。

CloudWorx 提供了强大的管线处理功能，当要处理的数据不是建筑物而是管线系统的时候，就能体现出来。比如一个管子的点云数据没有扫全的情况下，就可以用 pipe use fence 功能将没有扫全的管子部分用线模拟出来，也可以用 create centerline 功能将管子的中心线很轻松地画出来。当一个管子的中心线、边和沿的位置都确定的时候，可以利用 CloudWorx 提供的管线处理功能将管子的模型建立起来。

激光点云在 CloudWorx for MicroStation 软件下的处理流程如下：

（1）利用扫描重叠区域的控制点将各站的点云数据图在 Cyclone 软件下进行拼接，合成一幅完整的图像。利用 fence 功能对无用数据进行裁减，删除树木、行人等无用数据，以减少数据量，方便处理。

（2）在 Applications/CloudWorx/Configure/Database 菜单中，设置数据库，使硬盘的数据库和 Cyclone 程序主体之间建立联系，以便在 MicroStation 环境下对点云进行处理。

（3）CloudWorx 提供了 Slices 功能即切片功能。切片的功能是在 3D 空间中定义两个平面，切除两个平面外的点，只显示中间部分的点云。类似于区域观察功能，在点击切片功能的时候，会弹出一个对话框，在这里可以选择沿辅助坐标系的那个轴的方向。在点云切割功能的工具栏里还有 Slice Forward 和 Slice Backward 两个命令，用这两个命令可以使当前激活的切片沿所在的辅助坐标系的坐标轴正负两个方向移动。这可以灵活地变化当前切片的位置，当前切片点太少不容易观察的时候就可以利用这个功能，从而使切片移动，达到满意的效果。当完成当前的操作，要回到整体点云视图的时候，只要点击 Reset Clipping 就可以取消所有的操作，显示出完整的点云。

（4）在 CloudWorx for MicroStation 下绘制轮廓图查看工具：视图工具与辅助坐标系（一步也离不开的重要工具）。绘图工具：利用智能线捕捉三维空间点绘制任意闭合多边形，利用修改工具修改各种图形。切割工具：利用 CloudWorx 提供的切割工具对点云进行切割。

（5）为得到真实的素材可以用数码相机进行拍照，得到数码相片。拍摄回来的数码相片，要进行材质的提取和一些简单的材质处理。点取设置菜单渲染定义材质，在对话框中新建材质，然后选择裁剪好的素材图片，同时在此对话框中可以进行一些材质的设置，完成以后另存为材质文件（＊.pal 文件），其他材质分别进行同样处理。点取设置菜单，渲染分配材质，在对话框中分别打开定义好的材质，而后进行分配，分配材料有两种：一种是依图层或者颜色来分配材料，也就是说相同颜色和图层将会分配到相同的材料；另一种是按贴附属性，材料定义会变成元素的一部分，利用此方法，你可以将物体各个方面设成不同的材料。在渲染前可以进行一些相关设置：如：灯光的设置、距离的设置、效果的设置。这里要用到定义光源工具：在视图窗口中定义光源的类型（太阳光、点光源、灯光等）、光源的位置、光源的照射角度等。在渲染设置对话框中进行其他的相关设置。设置完毕后，点击渲染工具，选择光线跟踪的方式。

CloudWorx 拥有强大的点云处理功能，MicroStation 拥有强大的三维动画漫游功能，结合这两个特点，可以为建筑物建立高精度的模型，做出三维的动画漫游，模仿人的视角在建筑内漫游。还可以为建立三维数字仿真及地理信息系统提供服务。

第7章　三维激光扫描点云的误差来源

与传统的免棱镜式全站仪相比，地面三维激光扫描仪除具有测量速度快、自动化程度高等显著特点外，其最为基本的仍然是采用激光光源的免棱镜距离测量及采用绝对码盘的角度测量功能，某些仪器通过补偿器来补偿仪器的倾斜。因此，在传统免棱镜全站仪上存在的误差在地面激光扫描仪上一样存在，只是由于地面激光扫描仪的特点，使得有些误差的影响显得更为重要。目前不同的研究者对地面激光扫描仪的误差分类采用了不完全相同的分类算法。Zogg（2008）将地面三维激光扫描系统的误差源归结为由地面激光扫描仪本身、外界环境条件及反射目标等三方面引起，图 7.1 标注了三维激光扫描仪的各种误差来源。其中，地面激光扫描仪本身的误差源（仪器误差）可以通过特定的检测设备予以检定改善；大气环境误差中，除了个别误差源（如大气折射）进行改正外，其他误差源由仪器使用者通过选择恰当的工作环境和工作时间来减小其影响；对于反射目标对测量成果的影响，仅局限于了解其发生规律，并在实际工作中予以避免。

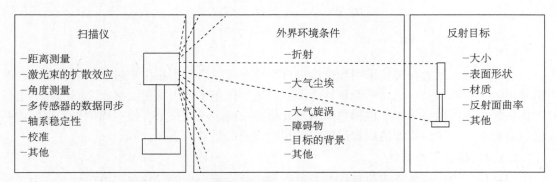

测量结果的构成（至目标的距离\方位\点密度\返回信号强度）

图 7.1　地面激光扫描仪的测量误差源

7.1　仪器误差

7.1.1　距离测量误差

7.1.1.1　加常数

加常数 $\sigma_{固定}$ 是电磁波测距仪中的固有系统误差，全站仪及测距仪中的加常数已经为广大仪器使用者所熟悉。与传统全站仪不同，地面激光扫描仪不需要反射棱镜配合就能够进行距离测量，这样就不能用反射棱镜的常数来补偿激光器的偏心，测距的激光束经过激光束转向系统，发生转向后再投射到被测物体上，然后由被测物体返回，再由光学接收系统接收，这样便存在一个测距起算点的问题，一般情况下是将激光束的发射点和接收点共同形成的点称为地面激光扫描仪的测距零点；同时，第一旋转轴（水平轴）与第二旋转轴（垂直轴）的交点是地面激光扫描仪的中心，但是由于激光测距系统内部激光发射二极管与反光镜之间还存在着微小的距离差，使得测得的距离与实际距离之间存在一个固定的差距，称为"固定误差"，即地面激光扫描仪的加常数，仪器的加常数是指测距起算点与仪器中心之间的差值，与距离无关。

7.1.1.2　比例系数

比例系数 $\sigma_{比例}$ 是与距离成正比的系数。脉冲式激光扫描仪的激光发射器向目标物体发射激光脉冲信号，在目标物体表面会形成一个激光光斑，目标物体距离扫描仪越远，光斑直径越大，扫描仪获得的数据是根据第一次回波来确定的，而该反射点可以是光斑范围内的任意位置，因此，光斑直径越大，产生的测距误差就越大，测距误差往往与测距长度 l 成正比，距离 l 越长，误差越大，称之为"比例误差"。相位式激光扫描仪会产生一个基准频率作为距离测量的基准，当基准频率偏离设定值时，实际距离与理论距离就产生一个"比例改正系数"。综合加常数和比例系数给出的激光扫描仪测距中误差的一般公式为：

$$\sigma_l = \pm\sqrt{\sigma_{固定}^2 + (l \cdot \sigma_{比例})^2} \tag{7.1}$$

7.1.1.3　周期误差

目前部分地面激光扫描仪采用相位法进行距离测量，当采用相位法进行距离测量时，测距结果中包含周期误差，它属于原理性的误差。周期误差主要由发射及接收之间的光、电信号串扰引起。现代仪器采用了包括数字信号分析在内的多项新技术，使得周期误差振幅的幅度值越来越小，但作为仪器的原理误差，还是应该引起足够的重视。

7.1.1.4　相位不均匀性

引起相位不均匀性的原因包括仪器发射性和接收性两个方面。从仪器发射性看，由于相位式激光扫描仪的发光管发光面上各点发出的光的相位延迟不同，或由于脉冲式激光扫描仪发光管发光面上各点发出的光的时间不一致，将会引起测距误差。从仪器接收性讲，反射面返回测距激光束不同位置处的信号，同样会给测距结果带来误差，这种激光束不同位置进行距离测量引起的误差称为相位不均匀性误差。

7.1.1.5　幅相误差

幅相误差（amplitude-phase error）是指激光扫描仪发射的信号经过解调后的相位或振幅和理想相位或振幅之间的差别。为实现快速距离测量的目的，地面激光扫描仪与免棱镜全站仪的最大区别是无测距信号强度控制装置，随着测距的长短、通视情况（包括视线周围植被覆盖情况）、大气能见度及空气抖动、背景光干扰及接收电路的噪声而发生变化，地面激光扫描仪接收到的测距信号的相位或振幅也将发生剧烈变化。剧烈变化的测距信号不仅会给测距结果带来误差，甚至可能出现不能完成测距过程的情况。因此，减少幅相误差是地面激光扫描仪的技术难点之一。

7.1.2　角度测量误差

图 7.2 给出了地面三维激光扫描仪角度测量系统的轴系关系，为了确定被测点 P 的坐标，除需要测量仪器至被测点的距离外，还需要测定水平角 φ 和天顶距 θ。与传统的经纬仪类似，地面激光扫描仪的轴系也需要满足下列条件：

（1）视准轴（激光束发射与接收轴）应垂直于水平轴（第一旋转轴）。

（2）水平轴（第一旋转轴）应垂直于垂直轴（第二旋转轴）。

（3）垂直轴应铅直（包括带倾斜补偿器的仪器）。

（4）视准轴水平时，垂直度盘的天顶距 θ 读数为 90°。

（5）视准轴、水平轴及垂直轴相交于仪器中心。

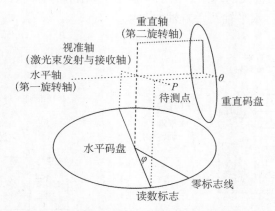

图 7.2　地面三维激光扫描仪轴系关系图

7.1.2.1　水平角测量误差

除上述条件需要满足外，与全站仪的要求相似，理论上地面激光扫描仪的测角系统还应满足水平轴（第一旋转轴）通过竖直码盘中心，垂直轴（第二旋转轴）通过水平码盘中心且码盘应分划正确，但是目前地面三维激光扫描仪测角系统的精度相对较低，现代的制造工艺很容易予以满足，已经不再纳入这些条件。图 7.3 主要描述了 Z+F IMAGER 5003 型地面三维激光扫描仪的各种轴系关系。

7.1.2.2　垂直度盘指标差

当视准轴水平时，垂直度盘的天顶距 θ 读数不为 90°，其差值即为垂直度盘指标差。在研究垂直度盘指标差时，需要注意有些地面三维激光扫描仪带斜补偿器，有些则不带，不同类型仪器的垂直度盘指标差具有完全不同的含义。

7.1.2.3　视准轴误差

视准轴误差是当视准轴与水平轴不垂直，或者当水平轴与垂直轴不垂直时所产生的误差。当地面三维激光扫描仪存在视准轴误差时，地面激光扫描仪扫出的每个扇面将会不同，

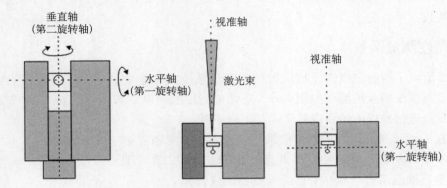

图 7.3　Z+F IMAGER 5003 激光扫描仪的轴系关系图

这将给后续数据处理带来极大的麻烦。图 7.4 显示了当激光扫描仪的轴系关系错误时，Z+F IMAGER 5003 的视准轴、水平轴及垂直轴的关系。

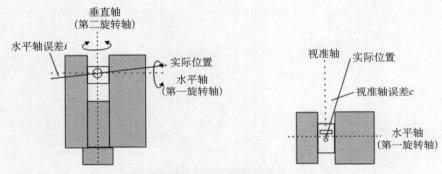

图 7.4　Z+F IMAGER5003 的轴系倾斜后的关系图

7.1.2.4　偏心差

在理想情况下，第一旋转轴与第二旋转轴相互垂直并与视准轴相交，这 3 轴的交点为仪器的中心。实际上，受各种误差的影响，使得上述条件不能够满足，从而会产生偏心差，如图 7.5 所示。

激光扫描仪扫描角产生的各类误差集中表现在光斑大小上，扫描仪扫描角用 θ 来表示，同时扫描角误差为 δ，对应的距离误差为 x，设扫描宽度的一半为 r，扫描距离为 d，示意图如图 7.6 所示，随着扫描角 θ 的增大，误差 x 越大；随着扫描距离 d 的增大，误差 x 越大。

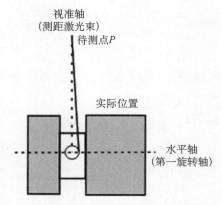

图 7.5　Z+F IMAGER5003 偏心差的影响

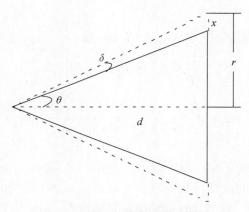

图 7.6　激光扫描角误差示意图

7.2　外界环境对激光扫描的误差

外业采集的点云数据，除了受仪器自身误差和目标物特性的影响外，还会受到外界环境，如气压、温度、湿度等一些因素的影响。这些因素会造成返回的激光脉冲形状扭曲和激光强度衰减。

7.2.1　气象条件引起的误差

气象条件引起的误差主要指温度、气压等变化带来的误差。温度的变化对精密仪器产生细微的影响，如扫描时风的作用、激光在空气中传播的折射效应等。恶劣的外界环境也会使三维激光扫描仪产生较大的误差。故在进行地面三维激光扫描作业时，应缩短扫描距离、进行重复扫描采样，这样可减少大气对激光传输的影响，削弱外部气象条件引起的随机误差。

地面激光扫描仪显示的参考距离 d'：

$$d' = \frac{c_0}{n_{\text{ref}}} \frac{\tau}{2} \tag{7.2}$$

式中，c_0 为激光在真空中的光速，n_{ref} 为仪器设计的参考折射率；τ 为测距信号往返反射时间。

参考折射率 n_{ref} 的计算公式为：

$$n_{\text{ref}} = \frac{c_0}{\lambda_{\text{mod}} f_{\text{mod}}} = \frac{c_0}{2U f_{\text{mod}}} \tag{7.3}$$

式中，λ_{mod} 为仪器设计的精测尺的调制波长，f_{mod} 为仪器设计的精测尺调制频率，U 为仪器的精测尺长度，$U = \lambda_{\text{mod}}/2$。

根据"2.1.1 飞行时测量法"中式（2.1）知：$d = \dfrac{c_0}{n} \dfrac{\tau}{2}$，这里的 n 为大气的平均折射率，d' 表示理论测距长度。由此可得测距气象改正值 ΔD_n 为：

$$\Delta D_n = d - d' = c_0 \frac{\tau}{2}\left(\frac{1}{n} - \frac{1}{n_{\text{ref}}}\right) = \frac{c_0 \Delta t}{2 n_{\text{ref}}}\left(\frac{n_{\text{ref}} - n}{n}\right) \tag{7.4}$$

由于 $n \approx 1$，上式可写为：$\Delta D_n = d'(n_{\text{ref}} - n)$，则 $d = d' + d'(n_{\text{ref}} - n)$。

[例]：某激光扫描仪的设计参数为真空光速值 $c_0 = 299792500\text{m/s}$，仪器设计的精测尺调制频率 $f_{\text{mod}} = 14985454\text{Hz}$，仪器设计的测尺调制波长 $U = 10\text{m}$，仪器设计的发光管发光的激光波长 $\lambda = 910\text{nm}$，大气平均折射率 $n = 1.00025$，现激光扫描仪显示的测量距离为 $d' = 100\text{m}$，试计算激光扫描仪观测的实际距离 d 为多少？

解：参考折射率 $n_{\text{ref}} = \dfrac{c_0}{\lambda_{\text{mod}} f_{\text{mod}}} = \dfrac{c_0}{2U f_{\text{mod}}} = \dfrac{299792500}{20 \times 14985454} = 1.0002783$

激光扫描仪观测的实际距离 $d = d' + d'(n_{\text{ref}} - n) = d'(1 + n_{\text{ref}} - n) = 100 \times (1 + 1.0002783 - 1.00025) = 100.003\text{m}$

德国科学家科尔劳施（F. kohrausch）给出的大气折射率 n 的计算公式为：

$$(n - 1) = (n_{\text{ref}} - 1) \frac{273.16p}{(273.16 + t) \times 1013.25} - \frac{11.20e \times 10^{-6}}{273.16 + t} \tag{7.5}$$

式中，n 为大气条件（空气干温 t，气压 p，相对湿度 e）下的群折射率；n_{ref} 为参考大气条件下的群折射率，即参考群折射率；t 为空气的干温，单位为℃；p 为空气压力，单位为 hPa；e 为空气中的水蒸气压力，单位为 hPa。

根据巴雷尔–西尔斯（Barrel-Sears）公式可计算参考群折射率 n_{ref}：

$$(n_{\mathrm{ref}} - 1) \times 10^6 = 287.604 + \frac{4.8864}{\lambda^2} + \frac{0.00680}{\lambda^4} \qquad (7.6)$$

则由式 (7.4) 和式 (7.5) 联立可得该台激光扫描仪的气象改正值为:

$$\Delta D_n = d' \times 10^{-6} \times$$
$$\left\{ \left[1 - \frac{273.16p}{(273.16 + t) \times 1013.25} \right] \cdot \left(287.604 + \frac{4.8864}{\lambda^2} + \frac{0.00680}{\lambda^4} \right) - \frac{11.20e}{273.16 + t} \right\} \quad (7.7)$$

空气中的水蒸气压力 (单位为 hPa) 可由气压 p、干湿温度计的干湿温度表读数 t (温度计干球温度, 单位为℃) 和 t' (温度计湿球温度, 单位为℃) 计算得到, e 的计算公式为:

$$e = 10^{\frac{7.5t'}{237.3+t'}+0.7858} - 0.000662p(t - t') \qquad (7.8)$$

7.2.2 外界其他因素对激光扫描的误差

激光测距由激光束的传播速度决定, 而速率又依赖于空气的折射率, 因此激光测距的精度受到空气折射率的影响。除了大气折射外, 大气湍流也会影响光束的传播, 产生光束漂移和光束闪烁现象。另外, 扫描过程中风会引起仪器振动, 影响接收到的反射信号, 造成测距存在误差; 光照条件影响物体表面的反射率, 对反射回来的激光束的强度和聚焦性能产生影响; 在下雨、下雪或沙尘等天气下扫描的点云数据噪声呈几何倍数增大, 严重影响点云精度, 还会影响仪器的安全。

7.3 反射面对测距的影响

不同反射面是指具有不同颜色、材质、纹理、入射角等自然和人工形成的反射面。众所周知, 不同结构反射面具有不同的反射率, 这直接影响仪器的测程和测距误差。虽然国内外的研究人员对该问题进行了较多研究并取得了一些研究成果, 但是并未完全解决这个问题。这是因为人们可以针对单一的情况进行试验, 取得一定的试验数据, 但在实际使用过程中, 实际反射面可能是多种材料的混合体, 情况十分复杂。

7.3.1 不同反射面对测程的影响

不同颜色、材质、纹理、粗糙程度的地物对象的反射面对激光测距的影响不同, 目前常用发射激光为接近红外部分的红光, 因不同的被测物体表面颜色对该色激光的吸收不一, 其被反射和吸收的程度也不一样, 激光接收单元在单位时间内接收到的激光能量的差异发生变化, 造成测量结果的差异; 在其他条件不变的前提条件下, 仅表面颜色的变化也会造成测量结果的差异, 明亮色彩如黄、绿色表面扫描时获取的点云质量好, 表面纹理及材质直接影响到激光信号的穿透深度，从而影响点云质量。

被测物体表面的光泽度和粗糙程度影响着激光光斑的形状和光强分布。一般情况下，被测物体表面光泽度越亮或比较光滑，激光束会产生镜面反射，反射光强会引起较大测量误差。经研究表明：当被测物体表面粗糙程度在 $0.4 \sim 3.0 \mu m$ 范围内对测距精度影响不大，如果落在这个范围以外，则需要通过补偿或对其表面进行预处理。

图 7.7 显示了 Riegl 激光扫描仪对具有不同反射面的待测对象的最大测程之间的关系，从图中看出，水、黑色地物和针叶树的激光反射率最低（≤20%），测程很小；落叶乔木、陶土和混凝土建筑物的激光反射率（≤40%）中等，测程相对较小；悬崖、沙子和砖瓦的反射率较高（≥60%），测程较高；白色石膏、石灰石和白色大理石的反射率最高（≥80%），测程最远。

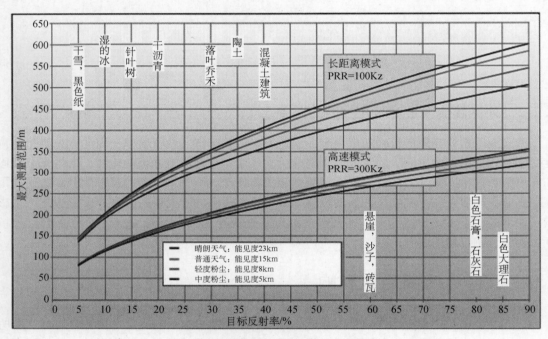

图 7.7　不同反射面与测程之间的关系

斯蒂罗斯（Stiros et al.，2007）详细研究了 41 种不同反射物对激光扫描仪测距结果的影响，将所有反射物分成自然岩石（如灰色石头）、人工织物（如深蓝色羊毛衣物）、建筑材料（如光滑木板）、工业产品（如黄色纸张）及其他（如镜面）等 5 类，在大约 10m、20m、30m、40m、50m、60m、70m、80m、90m、100m、120m 及 150m 处设置不同的反射物进行距离测量，通过分析距离测量结果得出如下结论：

（1）测距误差与被测距离之间不存在线性关系。但采用同类材质反射物时，测量偏差与被测距离之间有近似线性关系。

（2）仪器的测程与反射物颜色相关。颜色越浅，反射信号越强，仪器测程越长。

（3）不同反射物进行距离测量时，测距误差在 $60 \sim 140mm$ 间变化。当反射物为强反射面（镀银镜面）时，激光测距模式失效，常规测量模式误差很大，粗差高达 12m。

（4）不同时段同一反射物距离测量结果的重复性很好。

（5）当反射面与厂家标称的反射面（柯达灰色平板）接近时，仪器测距精度满足厂家标称值。实际工作中，反射面与标准反射面相差很大，误差将达几个厘米。

7.3.2 "彗尾"和角点现象引起的误差

用地面三维激光扫描仪进行测量的一个显著特点是测距的激光束由仪器全自动控制，不像免棱镜全站仪那样可选择需要测量的点。当测距激光束投射到一个棱边时，将会产生"彗尾"现象，如图 7.8 所示。

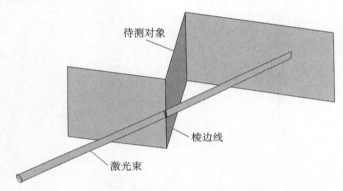

图 7.8 激光束产生的"彗尾"现象

当测距激光束照射到被测对象时，激光束产生的光斑为一个椭圆。如果测距激光束照射到被测物体的棱边线时，激光束的一部分被待测对象反射回去，另一部分则由后面的反射面反射回去，这时接收到的测距信号就是不同反射面返回信号的混合，测距结果是众多返回信号的平均值，实测距离比应有距离要长。

当对建筑物进行扫描时，经常需要对建筑物的拐点或角点进行测量，与前面提到的"彗尾"现象类似，实际的扫描结果会出现较大的偏差。图 7.9 显示了地面三维激光扫描仪扫描内外角点的示意图。从图中看出，扫描外角点时，会因外角点外侧面向激光束，向两侧延伸部分使得激光束测得的距离变长，则测距结果将使得仪器至外角点之间的距离整体变长；扫描内角点时，会因内角点内侧面向激光束，向两侧延伸部分使得激光束测得的距离变短，则测距结果会使得仪器至内角点之间的距离整体变短。

图 7.9 激光束扫描角点示意图

7.3.3 激光束的入射角引起的误差

当激光束照射到待测对象时，由于待测对象的反射面与激光束相交的角度不同，将会形成不同形状的光斑，而测距结果是光斑内所有返回信号的加权平均值（权为返回信号的强度），所以势必对测量结果产生影响。若待测对象的反射面与激光束垂直，则激光束的光斑为圆形，激光束返回的能量最强，测距误差较小；随着待测对象反射面与激光束之间的角度变化，激光束待测对象被散射掉了部分能量，造成返回能量的损失，测距光斑将变成椭圆，测距误差相对较大，待测对象反射面与激光束之间的角度越大，激光束损失能量越大，激光测距误差就越大。

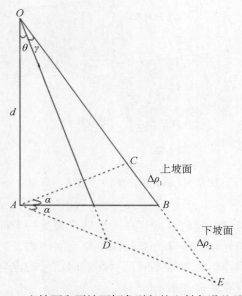

图 7.10 上坡面和下坡面倾角引起的入射角误差示意图

假设激光扫描仪的扫描角半角值为 θ，光束离散度的半角值为 γ，激光测距为 d，底面倾角为 α，底面倾斜情况分为上坡面和下坡面两种情况，如图 7.10 所示，先以上坡面为例说明由于倾角 α 引起的测距误差 BC，这里以 $\Delta\rho_1$ 来表示，在 ΔABC 中根据正弦定理得：

$$\frac{\Delta\rho_1}{\sin\alpha} = \frac{d\tan(\theta+\gamma)}{\sin[180°-\alpha-(90°-\theta-\gamma)]} = \frac{d\tan(\theta+\gamma)}{\sin[90°-\alpha+\theta+\gamma]} = \frac{d\tan(\theta+\gamma)}{\cos(\theta+\gamma-\alpha)}$$

(7.12)

则上坡面测距误差

$$\Delta\rho_1 = \frac{d\sin\alpha\tan(\theta+\gamma)}{\cos(\theta+\gamma-\alpha)}$$

(7.13)

式中,斜面倾角为 α 和扫描角半角值 θ 的角度范围为 $0° \sim 90°$,光束离散度的半角值为 γ 的角值范围为 $0° \sim 0.1°$。

这里因为假设的角度常数只是一种特例,7.3.3.1 中(1)和(2)部分的纵轴测距误差 $\Delta\rho$ 仅作为一种参考,重点是研究各角度的变化对测距误差的影响程度。

7.3.3.1 上坡面倾角的测距误差影响因素

现假定激光测距 d 为 100m,θ 和 γ 的角值分别为常数 45° 和 0.05°,则斜面倾角 α 对上坡面测距误差 $\Delta\rho_1$ 的影响如图 7.11 所示,从图中看出在 θ 和 γ 的角值不变的前提下,随着斜面倾角 α 的增大,上坡面测距误差 $\Delta\rho_1$ 呈现类似线性的增长。

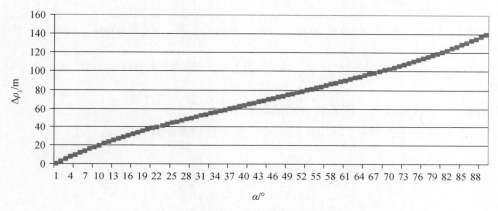

图 7.11 斜面倾角 α 对上坡面测距误差的影响

现假定激光测距 d 为 100m,α 和 γ 的角值分别为常数 45° 和 0.05°,则激光扫描仪扫描半角 θ 对上坡面测距误差 $\Delta\rho_1$ 的影响如图 7.12 所示,从图中看出随着扫描角 θ 的不断增大上坡面的测距误差从 65° 角时开始急速增大,因此扫描角最大角度不宜超过 130°。

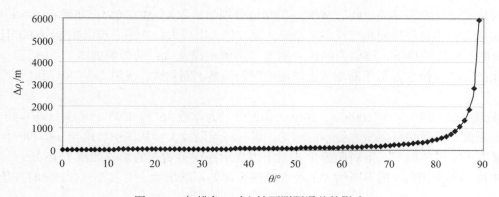

图 7.12 扫描角 θ 对上坡面测距误差的影响

现假定激光测距 d 为 100m，α 和 θ 的角值均为常数 45°，则光束离散度半角 γ 对上坡面测距误差 $\Delta\rho_1$ 的影响如图 7.13 所示，从图中看出随着光束离散度半角 γ 不断增大，上坡面的测距误差呈现线性增长，光束离散度相对 α 和 θ 对上坡面测距误差的影响较小。

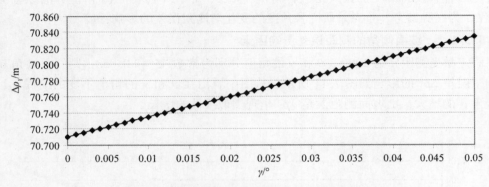

图 7.13　光束离散度 γ 对上坡面测距误差的影响

7.3.3.2　下坡面倾角的测距误差影响因素

根据图 7.10 中的 $\triangle ABE$，使用正弦定理可得下坡面测距误差 $\Delta\rho_2$：

$$\frac{\Delta\rho_2}{\sin\alpha} = \frac{d\tan(\theta + \gamma)}{\sin(180° - 90° - \alpha - \theta - \gamma)} \tag{7.14}$$

由上式得

$$\Delta\rho_2 = \frac{d\sin\alpha\tan(\theta + \gamma)}{\cos(\alpha + \theta + \gamma)} \tag{7.15}$$

现假定激光测距 d 为 100m，θ 和 γ 的角值分别为常数 45° 和 0.05°，如果 $\alpha+\theta\geqslant90°$，则斜面与激光扫描角最外侧激光线不能相交，误差将无限放大；从图中看出在 $\alpha+\theta<90°$ 且 θ 和 γ 的角值不变的前提下，则斜面倾角 α 对上坡面测距误差 $\Delta\rho_2$ 的影响如图 7.14 所示，从图中看出随着斜面倾角 α 的不断增大上坡面的测距误差不断增大，尤其是从 30° 角时开始急速增大。

现假定激光测距 d 为 100m，θ 和 γ 的角值分别为常数 45° 和 0.05°，如果 $\alpha+\theta\geqslant90°$，则斜面与激光扫描角最外侧激光线不能相交，误差将无限放大；从图中看出在 $\alpha+\theta<90°$ 且 α 和 γ 的角值不变的前提下，则斜面倾角 α 对上坡面测距误差 $\Delta\rho_2$ 的影响如图 7.15 所示，从图中看出随着斜面倾角 θ 的不断增大上坡面的测距误差不断增大，尤其是从 30° 角时开始急速增大。

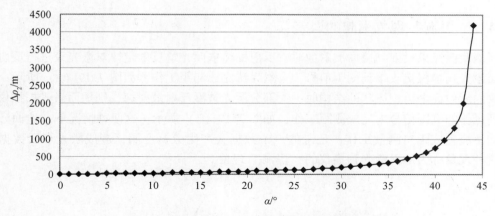

图 7.14 斜面倾角 α 对下坡面测距误差的影响

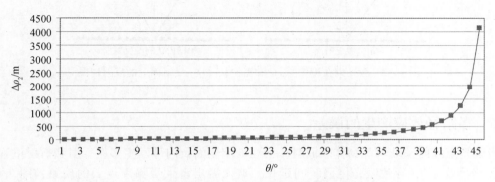

图 7.15 扫描角 θ 对下坡面测距误差的影响

现假定激光测距 d 为 100m，α 和 θ 的角值分别为常数 45° 和 44°，则光束离散度半角 γ 对上坡面测距误差 $\Delta\rho_2$ 的影响如图 7.16 所示，从该图看出随着光束离散度半角 γ 不断增大上坡面的测距误差从呈现线性增长增大，光束离散度相对 α 和 θ 对上坡面测距误差的影响较小。

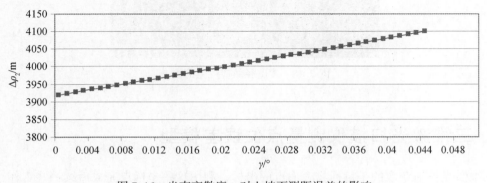

图 7.16 光束离散度 γ 对上坡面测距误差的影响

7.3.4 "黑洞"现象引起的误差

当测距激光束投射到镜像反射面时，反射面将依照光学反射定律对激光束进行反射，此时地面激光扫描仪接收不到测距信号，自然无法完成测距工作，如图 7.17（a）所示；当待测对象的反射面上为锯齿状的结构时，大部分激光被漫反射散射掉，则地面激光扫描仪无法接收到足够的测距信号来完成测距工作，如图 7.17（b）所示，这两种情况下，地面激光扫描仪均不能完成距离测量工作，记录的点云数据会产生数据空洞，造成激光点云数据的缺失，这种现象称为地面激光扫描仪的"黑洞"现象。

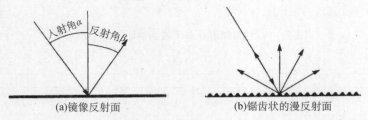

图 7.17 激光束在镜像（a）和锯齿状（b）反射面上的反射情况

7.3.5 多路径效应产生的误差

当激光束投射到玻璃等物体表面时，会在玻璃表面及内部发生多次反射和折射过程，发生"多路径效应"，导致激光传播时间延长，玻璃后出现大量噪声点云的现象，图 7.18 显示了窗户玻璃后面产生的大量多路径效应产生的激光噪声点云。

图 7.18 多路径效应产生的误差

7.4 三维激光扫描仪测量点位误差模型

三维激光扫描获取的是目标物表面点的坐标，利用这些坐标点完成后续一些工作，如拼接、建模，因此目标点的坐标精度对于后续工作成果影响较大。为了推导点云坐标的误差方程，这里假设激光点云的误差主要来源于测距误差、水平角观测误差和竖直角观测误差。已知测得某点的距离观测值中误差为 m_d，水平扫描角度观测值中误差为 m_φ，竖直扫描角度观测值中误差为 m_θ。由第 2 章地面激光点云坐标计算公式（2.14）和误差传播定律可以导出各单点坐标分量误差及点位误差公式：

$$\begin{cases} m_x^2 = \cos^2\theta\cos^2\varphi m_d^2 + d^2\cos^2\varphi\sin^2\theta m_\theta^2 + d^2\cos^2\theta\sin^2\varphi m_\varphi^2 \\ m_y^2 = \cos^2\theta\sin^2\varphi m_d^2 + d^2\sin^2\varphi\sin^2\theta m_\theta^2 + d^2\cos^2\theta\cos^2\varphi m_\varphi^2 \\ m_z^2 = \sin^2\theta m_d^2 + d^2\cos^2\theta m_\theta^2 \end{cases} \tag{7.13}$$

由上式知激光点的坐标误差平方公式为：

$$m_p^2 = m_x^2 + m_y^2 + m_z^2 = m_d^2 + d^2 m_\theta^2 + d^2\cos^2\theta m_\varphi^2 \tag{7.14}$$

式中，m_p 为点位中误差；m_x 为 x 方向点位误差分量；m_y 为 y 方向点位误差分量；m_z 为 z 方向点位误差分量；m_s 为测距中误差；m_θ 为竖直角测角中误差；m_φ 为水平角测角中误差。

由式（7.14）可见距离、竖直角、水平角的测量精度直接影响扫描点云的精度，扫描的距离、水平角、竖直角的数值大小也对点位误差分量及点位误差有不同的影响。在实际应用中，测站位置不同，组成扫描物体的各个面点与测站构成的距离、角度均不同，扫描点的精度分布有一定的差异。为了验证激光点云的测量精度，应将实验地点选择在平整场地上，该处视野宽阔，无遮挡，地面近似水平。时间选择在外界环境变化小且周围人流量较少的一段时间内或直接选择在空间较大的室内。首先在 O 点架设高精度的全站仪，对中整平后瞄准 1 号点位上的标靶中心进行定向，方位角设为 0°，记录距离值和坐标值。再分别瞄准 2、3、4、5、6 号点位的标靶中心，获取 6 个点的坐标、距离、水平角和竖直角。卸下全站仪后，将三维激光扫描仪架设于 O 点，对中整平后扫描。在整个实验过程中，被扫描的标靶位置不变，使用的标靶均由相同反射率的材料制成。扫描后的数据用 Riscan Pro 软件处理，获得扫描仪 O 点到 6 个点位上标靶中心之间的距离，以及点位上标靶中心之间扫描时转动的水平角和竖直角。通过计算水平角观测中误差、竖直角观测中误差和激光测距误差来计算激光点云的点位中误差。

第8章 三维激光扫描仪的检定

8.1 测距部分的检定

全站仪的 3 项改正是指气象改正、棱镜常数改正和仪器加常数改正。所谓加常数就是由于仪器电子中心与其机械中心不重合而形成的。一般来讲全站仪的加常数 K 实际包含仪器的加常数（K_i）和反光棱镜常数（K_r）。在测距仪调试中，常通过电子线路补偿使 $K_i = 0$，但不可能严格为零，即存在剩余值，所以又称剩余加常数。当测距仪和反光棱镜构成固定的一套设备后，其加常数 K 可测出，当多次或用多种方法测定后，通过误差检验，确认仪器存在明显的加常数时，则可通过在测距成果中加入加常数改正。仪器的加常数一般在室内检验完成。由于仪器搬运，测区外部气象元素和室内检定不同，检定结果和测区实地存在差别。工程控制网，一般边长较短。如果仪器加常数不正确，对边长精度及网的精度均会产生很大影响。通常棱镜框上会标出棱镜常数。棱镜框上标出的棱镜常数不是光学上的棱镜常数，而是对中杆中心和棱镜安装螺旋末端之间的关系。也就是说棱镜常数的数值＝对中杆中心和棱镜安装螺旋末端的距离。−30 和 0 是最常遇到的两种数值。这个数值根据棱镜和棱镜框的不同组合有很多种：0、30、−30 等较多。使用新仪器以及与其配套的棱镜杆时，可以按照说明书上的棱镜常数来设置。当你使用旧仪器或使用与其仪器不配套的棱镜杆时，就需要我们来测定棱镜常数。

三维激光扫描仪是通过目标对象反射回的激光来测距的，并不需要反射棱镜，类似于免棱镜全站仪，因此，三维激光扫描仪通常有 2 项改正，即仪器加常数改正和乘常数改正，乘常数是晶体振荡器老化使电磁频率发生偏移而形成的。目前主要采用六段解析法和基线比较法来检定地面三维激光扫描仪的加常数。其中六段解析法是由瑞士原 Wild 公司的 H. R. Swendener 在 1971 年提出的，又称六段全组合法。国内外诸多学者对六段解析法进行过深入研究，国家标准 ISO 17123−4 及德国工业标准 DIN 18723−6 将六段解析法作为测距仪加常数的标准化检定方法，它是一种不需要预先知道测线的精确长度而采用测距仪本身的测量成果，通过平差计算求定加常数的方法。但需要注意在采用六段解析法检定地面三维激光扫描仪的加常数时，其检定场的最长边应在地面三维激光扫描仪的测程范围内。

8.1.1 六段解析法

结合《光电测距仪检定规程》（JJG 703—2003）规定，中、短程测距仪（全站仪）加常数、乘常数的检定应依据以下原则进行：

（1）21 个量测的长度应该均匀分布在仪器的最佳测程之内，不应该过长，以避免观测

误差及仪器乘常数和气象条件等的影响;

（2）21 个量测的长度，它们的米、分米和厘米数应均匀分布在仪器精测尺长之内，以便通过平差计算所得的距离改正数的分布图像，概略判断仪器周期误差是否明显存在;

（3）在布线分段时要进行概量，量至分米或厘米即可;

（4）在基线两端分别安置反射标靶，全程使用同一标靶，仪器与标靶安置的对中误差应不大于 0.2mm;

（5）各基线段上的观测均为一次照准，读取 5 个读数求其平均值;

（6）受检定的仪器必须在一个时段内完成所有的观测，不允许间断和隔天续测。

六段解析法的基本做法是在一条直线上设置 $n+1$ 个点，将其分为 d_1，d_2，$\cdots$，d_n 等 n 个线段，如图 8.1 所示，若在这些点上架设仪器，按全组合方式可获得 n（$n+1$）/2 条观测边 N_D。经观测得到总距离 D 及各分段 d 的长度以后，则可算出加常数 K。因为:

$$D + K = (d_1 + K) + (d_2 + K) + \cdots + (d_n + K) = \sum_{i=1}^{n} d_i + nK \tag{8.1}$$

由此可得:

$$K = \frac{D - \sum_{i=1}^{n} d_i}{n - 1} \tag{8.2}$$

并认为对距离的观测是在同等观测条件下根据误差传播定律，对 D 和 d_i 分别求偏导数，得:

$$m_K^2 = \left(\frac{1}{n-1}m_D\right)^2 + \left(\frac{-1}{n-1}m_{d_1}\right)^2 + \left(\frac{-1}{n-1}m_{d_2}\right)^2 + \cdots + \left(\frac{-1}{n-1}m_{d_n}\right)^2$$

$$= \left(\frac{1}{n-1}m_D\right)^2 + n \cdot \left(\frac{1}{n-1}m_d\right)^2 = \frac{n+1}{(n-1)^2}m_d^2 \tag{8.3}$$

将式（8.3）转换成中误差表达式，并假定测距中误差均为 m_d，则计算加常数的测定精度公式为:

$$m_K = \pm m_d \sqrt{\frac{n+1}{(n-1)^2}} \tag{8.4}$$

从估算式（8.4）可见，分段数 n 的多少，取决于测定 K 的精度要求。一般要求加常数的测定中误差 m_k 应不大于该仪器测距中误差 m_d 的 0.5，即 $m_k \leqslant 0.5m_d$，现取 $m_k = 0.5m_d$ 代入式（8.3），计算得 $n=6.4$，所以要求分成 6~7 段，一般取 6 段，这就是六段解析法的理论依据。

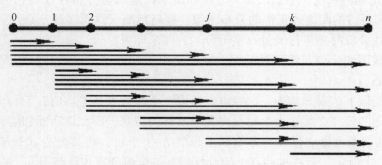

图 8.1   六段解析法距离测量示意图

在 21 个距离观测值中，要确定每一段线段的长度，则有 6 个必须观测值，再加上一个加常数 K，则应有 21−7＝14 个多余观测。因为采用间接平差时可以直接得出所要求量和其中误差，所以在数据处理时一般采用间接平差法。本例共应设计 7 个参数 K、ν_{01}^0、ν_{02}^0、ν_{03}^0、ν_{04}^0、ν_{05}^0、ν_{06}^0，近似值则取各对应段的观测值。

首先列出误差方程式，因为：

$$\widetilde{D}_i = D_i + \nu_i + K \tag{8.4}$$

$$\widetilde{D}_i = D_i^0 + \nu_i^0 \tag{8.5}$$

可得误差方程式的一般形式：

$$\nu_i = -K + \nu_i^0 + l_i \tag{8.6}$$

式中，D_i 为距离测量值（经过气象、倾斜改正以后的水平距离）；ν_i 为距离量测值的改正数；D_i^0 为距离的近似值；ν_i^0 为距离近似值的改正数；$\widetilde{D}_i$ 为距离的平差值；$l_i = D_i^0 - D_i$。

列出误差方程式后，转化为矩阵形式。设有 $\underset{21 \times 1}{\nu} = \begin{bmatrix} \nu_1 & \nu_2 & \nu_3 \cdots & \nu_{21} \end{bmatrix}^T$，$\underset{7 \times 1}{X} = \begin{bmatrix} K & \nu_1^0 & \nu_2^0 \cdots \end{bmatrix}$ $\nu_6^0 \end{bmatrix}^T$，$\underset{21 \times 1}{l} = \begin{bmatrix} l_1 & l_2 & l_3 \cdots & l_{21} \end{bmatrix}^T$，则误差方程的矩阵表达式为：

$$\underset{21 \times 1}{\nu} = \underset{21 \times 7}{B} \underset{7 \times 1}{X} + \underset{21 \times 1}{l} \tag{8.7}$$

有了误差方程以后，用间接条件平差的原理，组成法方程：

$$\left(\underset{7 \times 21}{B^T} \underset{21 \times 21}{P} \underset{21 \times 7}{B} \right) \underset{7 \times 1}{X} + \underset{7 \times 21}{B^T} \underset{21 \times 21}{P} \underset{21 \times 1}{l} = \underset{7 \times 1}{0} \tag{8.8}$$

式中，矩阵 B 为误差方程式系数矩阵；矩阵 l 为误差方程式中的常数项矩阵；P 为权矩阵。矩阵 B 可表示为：

$$
\underset{21\times7}{B} =
\begin{bmatrix}
-1 & 1 & 0 & 0 & 0 & 0 & 0 \\
-1 & 0 & 1 & 0 & 0 & 0 & 0 \\
-1 & 0 & 0 & 1 & 0 & 0 & 0 \\
-1 & 0 & 0 & 0 & 1 & 0 & 0 \\
-1 & 0 & 0 & 0 & 0 & 1 & 0 \\
-1 & 0 & 0 & 0 & 0 & 0 & 1 \\
-1 & -1 & 1 & 0 & 0 & 0 & 0 \\
-1 & -1 & 0 & 1 & 0 & 0 & 0 \\
-1 & -1 & 0 & 0 & 1 & 0 & 0 \\
-1 & -1 & 0 & 0 & 0 & 1 & 0 \\
-1 & -1 & 0 & 0 & 0 & 0 & 1 \\
-1 & 0 & -1 & 1 & 0 & 0 & 0 \\
-1 & 0 & -1 & 0 & 1 & 0 & 0 \\
-1 & 0 & -1 & 0 & 0 & 1 & 0 \\
-1 & 0 & -1 & 0 & 0 & 0 & 1 \\
-1 & 0 & 0 & -1 & 1 & 0 & 0 \\
-1 & 0 & 0 & -1 & 0 & 1 & 0 \\
-1 & 0 & 0 & -1 & 0 & 0 & 1 \\
-1 & 0 & 0 & 0 & -1 & 1 & 0 \\
-1 & 0 & 0 & 0 & -1 & 0 & 1 \\
-1 & 0 & 0 & 0 & 0 & -1 & 1
\end{bmatrix}
$$

由于短程激光扫描仪的比例误差远小于固定误差，所以可将距离观测值当作等权观测值，即 P 为单位阵等于 1，由此得未知数 X 的唯一解：

$$
\underset{7\times1}{X} = -(\underset{7\times7}{B^{\mathrm{T}}PB})^{-1}(\underset{7\times1}{B^{\mathrm{T}}Pl}) \tag{8.9}
$$

求得加常数 K 和距离近似值 v_i^0 的改正数以后，就可得到距离的平差值 $\widetilde{D}_i$ 和改正数 v_i。同时根据单位权中误差的公式计算一次测距中误差 m_d。

$$
m_d = \pm\sqrt{\frac{[v^T P v]}{n-t}} \tag{8.10}
$$

式中，n 为观测个数，此处为 21；t 为参数个数，此处为 7。

加常数测定的中误差为：

$$m_K = \pm m_d \sqrt{Q_{11}} \tag{8.11}$$

式中，Q_{11} 为 $Q = \underset{7\times 7}{(B^{\mathrm{T}} PB)^{-1}}$ 矩阵 7×7 阶矩阵中的第一行第一列的数值；P 为权矩阵。

因为六段解析法测定过程中，每个实例的误差方程系数相同，所以矩阵 $Q = \underset{7\times 7}{(B^{\mathrm{T}} PB)^{-1}}$ 为定值矩阵，经计算为：

$$
\underset{7\times 7}{Q} =
\begin{bmatrix}
0.200000000 & 0.057142857 & 0.114285714 & 0.17142857 & 0.228571429 & 0.285714286 & 0.342857143 \\
0.057142857 & 0.302040816 & 0.175510204 & 0.19183673 & 0.208163265 & 0.224489796 & 0.240816327 \\
0.114285714 & 0.175510204 & 0.351020408 & 0.24081633 & 0.273469388 & 0.306122449 & 0.33877551 \\
0.171428571 & 0.191836735 & 0.240816327 & 0.43265306 & 0.33877551 & 0.387755102 & 0.436734694 \\
0.228571429 & 0.208163265 & 0.273469388 & 0.33877551 & 0.546938776 & 0.469387755 & 0.534693878 \\
0.285714286 & 0.224489796 & 0.306122449 & 0.3877551 & 0.469387755 & 0.693877551 & 0.632653061 \\
0.342857143 & 0.240816327 & 0.33877551 & 0.43673469 & 0.534693878 & 0.632653061 & 0.873469388
\end{bmatrix}
$$

8.1.2 六段基线比较法

在六段全组合基线的上，已知基线距离平差值 $\tilde{D}_i$，则可得方程：

$$\tilde{D}_i = (D_i + \nu_i) + K + R \cdot D_i \tag{8.12}$$

式中，K 为加常数，R 为乘常数，D_i 为距离测量值，ν_i 为距离量测值的改正数。

令 $l_i = D_i - \tilde{D}_i$，则可得误差方程：

$$\nu_i = -K - R \cdot D_i - (D_i - \tilde{D}_i) \tag{8.13}$$

根据间接平差原理知：$l = \begin{bmatrix} l_1 & l_2 \cdots & l_n \end{bmatrix}^{\mathrm{T}}$，$\nu = \begin{bmatrix} \nu_1 & \nu_2 \cdots & \nu_n \end{bmatrix}^{\mathrm{T}}$

$$
B = \begin{bmatrix} -1 & -1 & \cdots & -1 \\ -D_1 & -D_2 & \cdots & -D_n \end{bmatrix}^{\mathrm{T}}, \quad X = \begin{bmatrix} K & R \end{bmatrix}^{\mathrm{T}}
$$

可得法方程为：

$$
\begin{bmatrix} n & \sum D_i \\ \sum D_i & \sum D_i^2 \end{bmatrix}
\begin{bmatrix} K \\ R \end{bmatrix}
-
\begin{bmatrix} \sum l_i \\ \sum D_i l_i \end{bmatrix}
= 0 \tag{8.14}
$$

由上述法方程式可以很容易求得加常数 K 和乘常数 R：

$$\begin{bmatrix} K \\ R \end{bmatrix} = \frac{1}{(\sum\limits_{i=1}^{n} D_i)^2 - n\sum\limits_{i=1}^{n} D_i^2} \begin{bmatrix} \sum\limits_{i=1}^{n} D_i^2 \sum\limits_{i=1}^{n} l_i - (\sum\limits_{i=1}^{n} D_i)^2 \sum\limits_{i=1}^{n} l_i \\ n\sum\limits_{i=1}^{n} (D_i l_i) - \sum\limits_{i=1}^{n} D_i \sum\limits_{i=1}^{n} l_i \end{bmatrix}$$

实际上六段比较法测定加、乘常数是根据仪器观测值与相应基线值的差异，按照最小二乘法中平方和最小的原则综合调整计算的结果，也就是说加、乘常数是相互影响的，本质上来说它们对距离的影响表现为线性形式。

8.2　测角部分的检定

与传统的经纬仪不同，地面三维激光扫描仪不能人工照准被测目标。对于地面激光扫描仪测角精度的检定，国外一般采用的是德国工业标准《大地测量仪器精度检验的野外作业法　第3部分：经纬仪》（DIN 18723-3）或国际标准《光学和光学仪器——大地测量仪器的野外检验程序　第3部分：经纬仪》（ISO 17123-3）的要求设立标志点进行测量，最后求得测角标准差。德国工业标准 DIN 18723-3 和国际标准 ISO 17123-3 是完全一致的，只有数学表达式符号的差异，本书以德国工业标准 DIN 18723-3 为准来介绍，需要注意的是地面激光扫描仪不存在正倒镜扫描的情况，因此设置扫描目标时，应该注意与地面激光扫描仪的实际情况相结合。

8.2.1　水平角的检定方法

德国工业标准 DIN18723-3 全站仪水平角检定方法，检定有 4 个系列（$k=4$），各检定系列安排在不同天气条件下，但不要在极端条件下。每个系列由 5 个（$r=5$）在 100~250m 内目标，3 个测回（$n=3$）测量所组成。目标近似水平，均匀分布在水平面上，如图 8.2 所示。使用全圆观测法观测，每个测回按先盘左 1、2、3、4、5、1 的顺序观测，再盘右 1、5、4、3、2、1 的顺序观测。

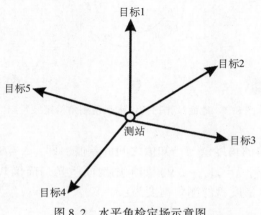

图 8.2　水平角检定场示意图

检定由 4 个系列组成。在一个检定系列中，每测回方向值用 r_{ij} 表示，下标 i 表示目标（$i=1$，2，3，4，5），下标 j 表示测回数（$j=1$，2，3）。同一系列中，相对目标 1 方向归零后，得第 i 个目标 3 个测回的方向平均值为 $\bar{r}_i = (r_{i1}+r_{i2}+r_{i3})/3$，同一方向各测回归零后观测值与平均值残差为 $d_{ij}=\bar{r}_i-r_{ij}$，而同一测回各方向残差平均值为 $\bar{d}_j = (d_{1j}+d_{2j}+d_{3j}+d_{4j}+d_{5j})/5$，因此各测回各方向残差为 $\vartheta_{ij}=d_{ij}-\bar{d}_j$，第 k 个系列残差平方和为：$[\vartheta\vartheta]_k = \sum_{j=1}^{3} \sum_{i=1}^{5} \vartheta_{ij}^2$，每个检定系列多余观测量 $f_k = (n-1)(r-1) = 8$（这里必要测回数为 2，必要观测角度数为 4），则一个系列一测回水平方向标准差为：$S_k = \sqrt{[\vartheta\vartheta]_k/8}$，一测回水平方向标准差的最后结果由 4 个系列取几何中数给出：$S_{\text{DIN18723}-H} = \sqrt{\sum_{k=1}^{4} s_k^2/4} = \sqrt{\sum_{k=1}^{4}[\vartheta\vartheta]_k/32}$。

按照 DIN 18723-3 所设计的检定方法并顾及地面三维激光扫描仪的特点，激光扫描仪位于中心位置，被扫描标志为直径 15cm 的球形标志，扫描仪到球形标志的距离为 3.5m，如图 8.3 所示。首先，用全站仪测出球形标志的坐标，要求球形标志中心、水平及高程精度小于 1mm。用地面激光扫描仪的最高分辨率对球形标志多次扫描，得到球形标志三维点云数据，用激光扫描软件获得球心坐标，根据球形标志中心的坐标可以获得相邻两球形标志与地面激光扫描仪构成图形的两相邻球的水平夹角，即：

$$\beta_{ik} = \arctan(\Delta x_i/\Delta y_i) - \arctan(\Delta x_k/\Delta y_k) \tag{8.15}$$

式中，i 及 k 为球形标志的编号。

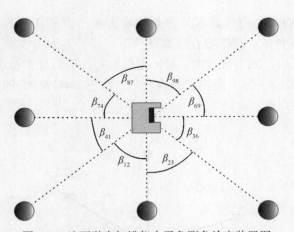

图 8.3　地面激光扫描仪水平角测角检定装置图

求出式（8.15）获得的角度值与已知值之间的差值，即：$\Delta_i = \beta_{ik} - \tilde{\beta}_{ik}$，式中 $\tilde{\beta}_{ik}$ 为相应夹角的已知值；$i=1$，$\cdots$，8；$k=2$，$\cdots$，9。如果用地面激光扫描仪共进行了 m 次扫描，则可以获得地面激光扫描仪水平度盘的测角精度为：

$$S_H = \sqrt{\sum_{j=1}^{8m} \Delta_j^2 / 8m} \tag{8.16}$$

8.2.2　垂直角的检定方法

德国工业标准 DIN18723-3 垂直角检定方法，检定由 4 个系列组成，每个检定系列应在不同的天气条件下进行，但不应是极端天气条件。一个检定系列有 4 个目标（$i=4$），其天顶距尽可能分布在 $45°\sim 90°$ 范围，视距小于 100m。每个系列中，每个目标观测 3 个测回（$j=3$），对同一目标必须连续观测盘左和盘右位置。一个检定系列 k（$k=1$，2，3，4）内，每测回的天顶距 Z_{ij}，其下标 i 表示目标号（$i=1$，2，3，4），下标 j 表示测回数（$j=1$，2，3），每一检定系列分别计算。同一系列中，同一目标 i 的 3 个测回的天顶距平均值为 $\bar{Z}=(Z_{i1}+Z_{i2}+Z_{i3})/3$，则同一目标各测回观测值与平均值的残差为 $\vartheta_{ij}=\bar{Z}_i-Z_{ij}$，即有第 k 个检定系列的残差平方和为 $[\vartheta\vartheta]_k = \sum_{j=1}^{3}\sum_{i=1}^{4}\vartheta_{ij}^2$，每一测量系列多余观测量 $f_k=(j-1)i=8$，该系列一测回天顶距标准差为 $S_k=\sqrt{[\vartheta\vartheta]_k/8}$，最后由 4 个检定系列求得一测回垂直角标准差（其自由度为 $f=4f_k=32$）为 $S_{\text{DIN18723-THEO-V}}=\sqrt{\sum_{k=1}^{4}s_k^2/4}=\sqrt{\sum_{k=1}^{4}[\vartheta\vartheta]_k/32}$。

依照德国工业标准 DIN 18723-3 的要求设置检定标志，如图 8.4 所示。多个垂直角检定标志安装在高 $2\sim 3$m、宽 0.5m 的检定装置上，图 8.4 中仅标出了 7 个垂直角检定标志。在设置这些标志时，需要考虑以下因素：

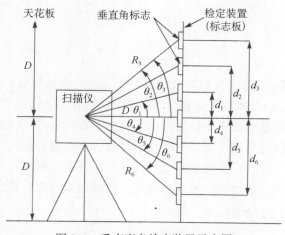

图 8.4　垂直度盘检定装置示意图

（1）标志的类型必须与被检仪器相匹配，其目的是获得最佳的测量结果。例如，采用可见激光的地面激光扫描仪就不能使用反射棱镜作为垂直角检定标志，这样会烧毁地面激光扫描仪。

（2）垂直角检定标志之间的距离要足够远，一般为 20~30cm。其中心间距的精度比被检仪器的测距精度高出一个数量级。例如，要检定测距精度为 2mm 的地面激光扫描仪，则其检定标志之间距离的精度应该为 0.2mm。

（3）标志点的数量要足够，而且要均匀分布在竖直扫描范围内。因此，在检定全景式地面激光扫描仪时，就必须在天花板上布设检定标志。

（4）除需要精确确定标志之间的间距外，还必须用其他手段确定检定标志的三维坐标，而且其坐标分量的精度比被检仪器的精度高出半个数量级。例如，要检定测距精度为 2mm 的地面激光扫描仪，则其检定标志坐标分量的精度应该为 1mm。

（5）地面激光扫描仪中心至天花板上的标志，至地面的标志，以及墙上仪器高处的标志的距离应该大致相等。

用地面激光扫描仪的最佳分辨率对检定标志进行 2~3 次扫描，依据地面激光扫描仪获取的检定标志的坐标计算出垂直角观测值 θ_i；将垂直角观测值 θ_i 与已知 $\bar{\theta}_i$ 进行比较，这二者之间存在线性关系，因此误差方程可写为：

$$\vartheta_i = \xi + a\theta_i + (\theta_i - \bar{\theta}_i) \tag{8.17}$$

式中，ϑ_i 为第 i 垂直角的残差；ξ 为垂直度盘指标差；a 为地面激光扫描仪角度系统存在的比例改正数。

上式组成法方程求得 ξ 及 a 的最佳估值并检验其显著性，根据显著性检验结果决定是否重新构建新的误差方程式。最后获得垂直角测角精度 s_v 为：

$$s_v = \sqrt{\frac{\vartheta_i^2}{n-t}} \tag{8.18}$$

式中，n 为观测的垂直角个数，t 为显著未知数个数。当两个未知数均显著时，$t=2$；当只有一个未知数显著时，$t=1$；当两个未知数均不显著时，$t=0$。

上述处理方法的前提是地面激光扫描仪的中心安置在已知点上，而且仪器具有精度足够的补偿器。但对于地面激光扫描仪而言，往往不具备这个前提，因此需要采用另外的方法来进行扫描和处理数据。首先，设置地面激光扫描仪时应使得地面激光扫描仪至水平检定标志的距离与仪器高尽量相等，通过地面激光扫描仪的扫描数据可以计算出检定标准之间夹角 θ_i 观测值与其应有值 $\bar{\theta}_i$ 之间的差值 $\Delta\theta_i$，则有：

$$\Delta\theta_i = \theta_i - \bar{\theta}_i \approx \theta_i - \bar{\theta}_i \approx (d_i - \bar{d}_i)/R_i \tag{8.19}$$

式中，d_i 为地面激光扫描仪获得的仪器高处的目标与其他目标之间的距离；$\bar{d}_i$ 为相应目标间的已知距离；R_i 为地面激光扫描仪至检定标志的距离。可以得到误差方程式为：

$$\vartheta_i = a\theta_i + \Delta\theta_i \qquad (8.20)$$

依据上式可组成法方程求得 a 的最佳估值并检验其显著性，根据显著性检验结果决定是否重新构建新的误差方程式。最后获得垂直角的观测精度 S_v。

8.3 整体检定简介

地面激光扫描仪的整体检定是指各个激光扫描仪生产厂商均按照各自的方法和手段对地面激光扫描仪进行检定，检定的技术参数各不相同，相互之间缺乏统一的比较参数。为了规范地面激光扫描仪的检定方法，建立起一种对地面激光扫描仪进行标准化检定的程序和规范。依据 ISO17123 的起草理念，地面激光扫描仪的完全检定程序需以下边界条件：①检定方法应与仪器的测量原理无关；②需要使用参考标准，可采用固定的仪器墩；③依据统计原理能有效评价仪器的精度及系统偏差；④最多工作所需时间（含外业测量、评价及最终结果）少于半天。

地面激光扫描仪的完全检定程序的其他条件有：被检参数、基本方法、测距部分的加常数检定方法、平面度误差。

8.3.1 被检参数

采用完全检定程序需要确定的被检参数有：扫描误差、空间定位误差、平面度测量误差、目标误差、角度测量偏差、测距部分加常数（零点误差）、测距部分的比例误差、目标偏心及球形标志直径。

8.3.2 基本方法

Gottwald（2008）建议建立至少 6 个控制点的控制网，如图 8.5 所示，控制网需要满足以下基本条件：①控制网边长应包括扫描仪的最长和最短测程；②控制点中的一个点应与其他点有明显高度差；③其余控制点应尽可能分布在一个平面上；④控制点精度应尽可能高（高精度全站仪测量控制网的边和角）；⑤控制点尽可能采用强制对中方式。

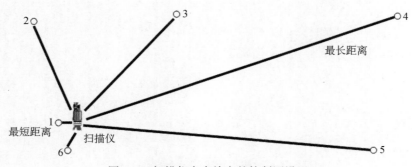

图 8.5 扫描仪完全检定的控制网设置

（1）测距部分的加常数检定方法。

测距部分加常数检定方法与常用的六段解析法完全相同，只是边长要与地面激光扫描仪测程相适应。

（2）平面度误差。

为了确定平面度误差，采用一个高精度的可倾斜平板，在不同距离上测量该平板或在一个强制对中距离上倾斜平板，如图 8.6 所示。

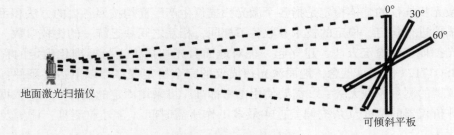

图 8.6　平面度误差测量

第 9 章　机载 LiDAR 系统概述

摄影测量与卫星遥感技术以其速度快、亚米级的分辨率等优势为大比例地图制图的发展起到很大的促进作用。尽管如此，为了满足更高精度的测图要求，需要研究开发更精确的数字地形测绘技术。机载 LiDAR（Light Detection And Ranging，激光探测及测距系统）系统已经变为一个提取大比例尺 3D 场景的强有力的商业工具。与传统的摄影测量相比，机载 LiDAR 系统是一种可昼夜测量的主动式全数字化设备，能够穿透茂密森林的树冠来采集高密度、高精度的 LiDAR 点云数据。激光扫描技术与影像测图技术结合后，LiDAR 系统的应用领域和产品正在不断增多，这也是越来越多的学者和单位研究这种技术的驱动因素之一。

9.1　机载 LiDAR 系统的组成

LiDAR 系统由激光测距仪（Laser Range Finder，LRF）、GPS、IMU、计算机控制导航系统（Computer Control Navigation System，CCNS）、数据存储单元、数码相机（CCD 相机）或其他的成像仪器组成。其中，LRF 是用来发射、探测激光并计算距离的装置，GPS 用来确定扫描点的三维坐标位置，IMU 用来测量 LiDAR 系统的方位（Orientation）：航向角（heading，H）、侧滚角（roll，R）、俯仰角（pitch，P），CCNS 用于控制在线数据的通信及飞行器的导航，CCD 相机用于同步获取地面的影像。机载 LiDAR 系统通常以小型飞机和直升机作为飞行平台。图 9.1 为一个机载 LiDAR 系统的基本组成部分。

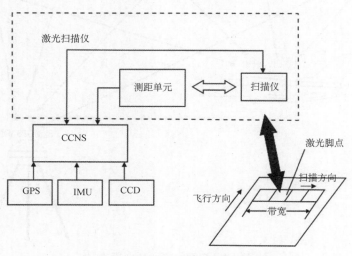

图 9.1　机载 LiDAR 系统的基本组成

激光测距仪的工作原理在本书第 2 章已经有了详细的叙述，GPS 部分已广为测绘人员所熟知，本章不再赘述，只简单介绍相关的 GPS 事后差分和 GPS/INS 组合导航系统。

9.1.1 GPS 事后差分定位技术

差分 GPS 定位技术是将一台 GPS 接收机安置在已知坐标的基准站上进行观测，而另一台接收机安放在运动载体上作为流动站，在载体运动过程中，流动站与基准站的接收机同步观测相同的 GPS 卫星，以确定运动载体在每个观测历元的瞬时位置，图 9.2 表示一个典型的实时差分 GPS 模式图。按照对 GPS 信号处理方式的不同，又分为实时差分和事后差分。实时差分 GPS 是基准站接收机将瞬时观测量与由基准站已知坐标解求的相应结果进行比较，将得出的瞬时校正值实时通过通讯链传送给流动站，并对流动站接收机进行校正处理，以达到消除或减少相关误差影响，获得流动站精确瞬时位置。若基准站与流动站之间不使用通讯链实时传输数据，而是在相对定位观测后，把卫星观测数据记录在存储介质上，带回到室内对两种 GPS 数据进行测后联合处理，以解求流动站的实时位置，这类定位模式称为事后差分动态定位（后处理差分动态定位）。在机载 LiDAR 测量中，使用 GPS 信号测量相机每一个摄影瞬间的摄站位置和激光点云的位置，就可以采用事后差分动态定位的方法。机载 LiDAR 系统的事后差分 GPS 定位技术主要采用载波相位求差法来计算。

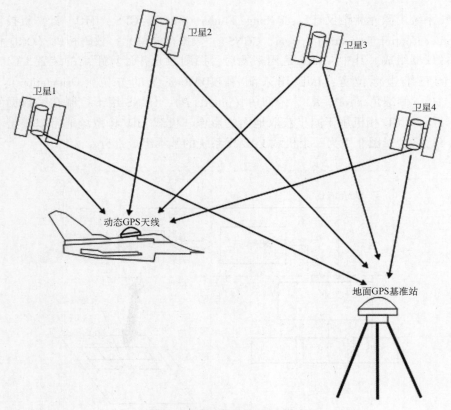

图 9.2　典型的差分 GPS 模式

9.1.2 惯性导航系统

惯性导航是一种自主式的导航和方法，它完全依靠机载设备自主地完成导航任务，和外界不发生任何光、电联系，因此隐蔽性好，工作不受气象条件的限制。这一独特的优点，使其成为航天、航空和航海领域中的一种广泛使用的主要导航方法。惯性导航的基本工作原理是以牛顿力学定律为基础的。在载体内部测量载体运动加速度，经积分运算得到载体速度和位置等导航信息。实际的惯性导航系统能完成空间的三维导航（航天、航空）或球面上的二维导航（航海）。传统的平台式惯性导航系统主要由以下几个部分组成：

（1）加速度计：用来测量载体运动的加速度。

（2）惯导平台：模拟一个导航坐标系，把加速度计的测量轴稳定在导航坐标系中，并用模拟的方法给出载体的姿态和方位信息。为了克服作用在平台上的干扰力矩，平台须有以陀螺仪作为敏感元件的稳定回路。为了使平台能跟踪导航坐标系在惯性空间的转动，平台还须具有从加速度计到计算机再到陀螺仪并通过稳定回路形成的跟踪回路。

（3）导航计算机：完成导航计算和平台跟踪回路中指令角速度信号的计算。

（4）控制显示器：给定初始参数及系统需要的其他参数，显示各种导航信息。

从结构上来说，惯导系统有两大类：平台式惯导和捷联式惯导（Strapdown Inertial Navigation，SIN）。捷联式惯导是把加速度计和陀螺仪直接固连在载体上。惯导平台的功能由计算机完成，有时称作"数学平台"。图9.3和图9.4是平台式惯导系统和捷联式惯导系统的原理图。

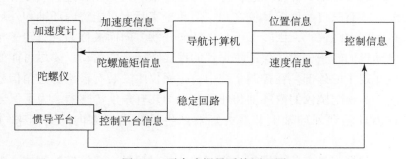

图 9.3 平台式惯导系统原理图

惯性器件或称惯性仪表，即陀螺仪和加速度计。陀螺仪用来测量运动载体的角速度，或在控制角运动的伺服回路中用作控制环节，加速度计用来测量运动载体的加速度。其中，"惯性"具有两重含义：陀螺和加速度计服从牛顿力学，基本工作原理是动量矩定理和牛顿第二定理，即惯性原理；作为测量元件时输出量都是相对惯性空间的测量值，如角速度输出是相对惯性空间的角速度，加速度输出是绝对加速度，陀螺作为控制元件时产生的角速度是相对惯性空间的角速度。

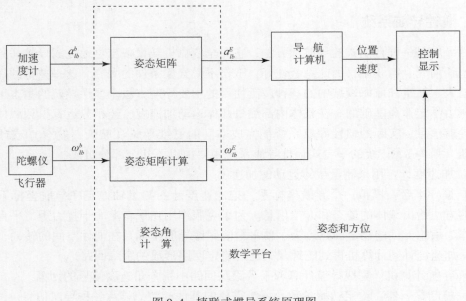

图 9.4 捷联式惯导系统原理图

9.1.2.1 陀螺仪

　　陀螺仪一般由转子、内外环和基座组成，如图 9.5 所示。通过轴承安装在内环上的转子作高速旋转，内环通过轴承与外环相连，外环又通过轴承与基座相连。转子相对于基座有 3 个角运动自由度，故有三自由度陀螺仪之称，但转子实际上只能绕内环轴和外环轴转动，因而又称之为双自由度陀螺仪，又因转子可自由转向任意方向而被称为自由转子陀螺仪。陀螺仪的转子就是电动机的转子，为了保证陀螺仪的性能，转子的角动量要尽可能的大，为此将电动机的转子放在定子的外部。在控制系统中，陀螺仪中安装有输出姿态角信号的元件——角度传感器。图 9.5 中陀螺仪的内环轴和外环轴上均装有角度传感器。为了保证陀螺转子绕输出轴转动，在内环轴和外环轴上装有力矩器产生沿输出轴方向的力矩来约束或修正陀螺仪。

　　传统意义上的陀螺仪是安装在框架中绕回转体的对称轴高速旋转的物体，陀螺仪具有定轴性和进动性。所谓的定轴性是指在没有外力的作用下，陀螺的轴线总是指向一个固定的方向，陀螺越重、转得越快，惯性就越大，保持的指向性就越强。施加外力后，陀螺的自转轴不再指向竖直方向，陀螺在自转的同时，其自转轴会围绕另外一根轴线转动，其轨迹位于一个圆锥面上，这就是陀螺的进动特性。利用这些特性制成了敏感角速度的速率陀螺和敏感角偏差的位置陀螺。因为陀螺在高速旋转时具有指向某个固定方向的能力，所以可以设置三根轴线分别指向不同方向的陀螺，轴线的指向就是基准方向，当运动载体的姿态发生变化时，实际姿态可用相对于基准方向的偏离来测量。由于光学、MEMS 等技术被引入到陀螺仪的研制中，现在习惯上把能够完成陀螺功能的装置统称为陀螺。陀螺仪的种类繁多，按陀螺转子主轴所具有的进动自由度数目可分为二自由度陀螺仪和单自由度陀螺仪；按支承系统可分为滚珠轴承支承陀螺，液浮、气浮与磁浮陀螺，挠性陀螺（动力调谐式挠性陀螺仪），静电陀

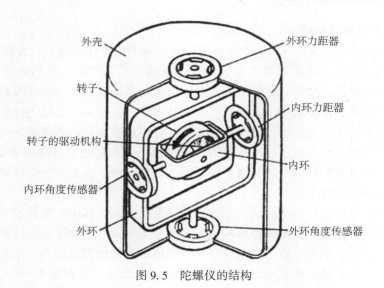

图 9.5 陀螺仪的结构

螺；按物理原理分为利用高速旋转体物理特性工作的转子式陀螺，利用其他物理原理工作的半球谐振陀螺、微机械陀螺、环形激光陀螺和光纤陀螺等。

9.1.2.2 加速度计

陀螺用来感测运动载体的角运动信息，而加速度计用来感测运动载体的加速度信息，两者都是构造惯导系统的核心器件，其精度高低和性能的优劣基本上决定了惯导系统的精度和性能。由于加速度测量的精度直接影响惯性导航系统的精度，因此作为惯性级加速度计，必须满足下列要求：

（1）灵敏限小。

最小加速度的测量值，直接影响飞机速度和飞行距离的测量精度。灵敏限以下的值不能测量，本身就是误差，而且形成的速度误差和距离误差随时间积累。用于惯性导航中的加速度计灵敏限要求必须在 $10^{-5}g$ 以下，有的达到 $10^{-7} \sim 10^{-8}g$（g 为重力加速度值）。

（2）摩擦干扰小。

根据灵敏限的要求，如为 $1 \times 10^{-5}g$，则对摆质量 m 与摆长 L 乘积为 $1g \cdot cm$ 的摆来讲，要感受此加速度，并绕输出轴转动起来，必须保证摆轴中的摩擦力矩小于 $0.89 \times 10^{-9}N \cdot m$。这个要求，是任何精密的仪表轴承所无法达到的，除了静摩擦，在支承中还存在着具有非线性及随机性的干扰力矩。因此，发展各种支承技术是加速度计的技术关键。

（3）量程大。

通常飞机上要求加速度计的测量范围是 $10^{-5}g \sim 6g$，最大 $12g$ 甚至 $20g$。在这么大的范围内要保证输出的线性特征及测量过程的性能一致，不是一件容易的事。这就必须增大弹簧刚度，减少输出转角，因此必须用"电弹簧"（力矩器）代替机械弹簧，控制转角在几个角秒或几个角分以内。

按照加速度计的工作原理和工作方式分为摆式加速度计、挠性加速度计、压阻式加速度计、压电式加速度计、振弦式加速度计、激光加速度计和光纤加速度计。

9.1.2.3 惯性导航系统

INS（Inerial Navigation System，惯导系统）为一种利用惯性敏感元件在载体（飞机、舰船、火箭等）内部测量载体相对惯性空间的线运动和角运动参数，在给定的运动初始条件下，根据牛顿运动定律，推算载体的瞬时速度和位置的系统。惯性导航涉及到控制技术、计算机技术、测试技术、精密机械工艺等多门应用技术学科，是现代高精尖技术的产物。

平台式惯导系统主要由陀螺稳定平台、导航计算机和控制显示器等部分组成。其中陀螺稳定平台用来在载体上实体地建立所选定的导航坐标系，为加速度计提供精确的安装基准，使 3 个加速度计的测量轴始终沿着导航坐标系的 3 根坐标轴，以测取导航计算所需的载体沿导航坐标系 3 根轴的加速度。

以选取地理坐标系为导航坐标系的平台式惯导系统为例，其中陀螺稳定平台为由 3 个单自由度陀螺仪或 2 个二自由度陀螺仪所构成的三轴稳定装置。借助于稳定回路使平台绕 3 根轴保持空间方位稳定；借助于修正回路使平台始终跟踪当地地理坐标系。由此，安装在平台上的 3 个加速度计能够精确地测得载体相对地球运动的北向（即南北方向）加速度 a_N、东向（即东西方向）加速度 a_E 和地向（即天地方向）加速度 a_D。

对上述 3 个加速度分量积分，可求得载体的北向速度 V_N、V_E 和地向速度 V_D：

$$\left. \begin{array}{l} V_N = V_{N0} + \int a_N dt \\ V_E = V_{E0} + \int a_E dt \\ V_D = V_{D0} + \int a_D dt \end{array} \right\} \tag{9.1}$$

式中，V_{N0}、V_{E0} 和 V_{D0} 分别为沿北向、东向和地向的初始速度。

对 3 个速度分量积分，可求得载体相对起始点的北向位移 S_N、东向位移 S_E 和高度变化 h_e：

$$\left. \begin{array}{l} S_N = \int V_N dt \\ S_E = \int V_E dt \\ h_e = \int V_D dt \end{array} \right\} \tag{9.2}$$

再对 S_N 和 S_E 进行球面计算，可求得载体相对起始点的纬度变化 L_e 和经度变化 λ_e：

$$\left. \begin{array}{l} L_e = \dfrac{S_N}{R-h} = \dfrac{1}{R-h}\int V_N dt \\ \lambda_e = \dfrac{S_E}{(R-h)\cos L} = \dfrac{1}{(R-h)\cos L}\int V_E dt \end{array} \right\} \tag{9.3}$$

式中，R 表示地球半径；h 为载体在地面上或下的高度。

设载体起始点的初始纬度为 L_0，初始经度为 λ_0，初始深度为 h_0，则载体所处的纬度 L、经度 λ 和高度 h 可按下式确定：

$$\left.\begin{array}{l} L = L_0 + \dfrac{1}{R-h}\displaystyle\int V_{\rm N}{\rm d}t \\[2mm] \lambda = \lambda_0 + \dfrac{1}{(R-h)\cos L}\displaystyle\int V_{\rm E}{\rm d}t \\[2mm] h = h_0 + \displaystyle\int V_{\rm D}{\rm d}t \end{array}\right\} \tag{9.4}$$

惯导系统加电启动后，平台的三轴指向是任意的，可不在水平面内，又没有确定的方位，因此在系统进入导航工作状态前，必须将平台的指向对准，此过程便被称为惯导系统的初始对准，经过初始对准后可以获得载体的初始速度（$V_{\rm N0}$、$V_{\rm E0}$ 和 $V_{\rm D0}$）和初始位置（L_0、λ_0 和 h_0）。上述导航参数的计算均由惯导系统内的导航计算机来实现。输出的导航参数包括纬度 L、经度 λ 和高度 h 以及北向速度 $V_{\rm N}$、$V_{\rm E}$ 和地向速度 $V_{\rm D}$ 等。它们均可显示在控制显示器上。稳定平台测出的姿态参数包括航向角、俯仰角和横滚角。

在导航计算中，还需进行加速度的计算、陀螺仪与加速度计的误差及其误差补偿计算，计算出平台跟踪地理坐标系的角速度，并以此作为控制信号来修正稳定平台的姿态与方位。除此以外，导航计算机往往还需执行系统工作状态转换、故障检测等任务。

近年来，以美国 GPS 全球定位系统为代表的卫星定位系统已广泛应用。GPS 系统定位精度高，误差不积累，可全天候在全球范围内定位，导航仪价格在不断降低。但 GPS 属于无线电导航系统，易受干扰，数据输出的频率低。对于运动载体，有时信号会被遮挡，此时 GPS 的定位就会中断。GPS 的这种特点正好与惯性导航系统相反：INS 采样频率高（高达 400Hz），相对定位精度高，具有全天候、完全自主、不易受外界干扰，可提供全导航参数（位置、速度、姿态）等优点，但导航定位误差随时间的增加而容易积累。INS 与 GPS 这种互补的特点使得两者的组合有很好的效果，催生了 GPS/INS 组合导航系统的出现，又称 POS（Position and Orientation System，即定位定向系统），又称 GPS/IMU 组合导航系统，是主要用于实时快速高精度地获取载体的速度、姿态、位置等信息的装置，在机载 LiDAR 系统中可以实时高精度定位激光点云数据。

9.1.3 系统同步过程

在机载 LiDAR 系统中，控制系统需要同步测距单元，同步触发扫描仪增量，储存回波的斜距、反射强度、瞬时扫描角和高精度的时标，时标是用来与 POS 数据同步的，从 GPS 秒脉冲（Pulse Per Second，PPS）中取得。控制系统和 POS 系统都在各自的时间系统下工作，控制系统的时间由其内部的计算机钟定义而 POS 系统的时间与 GPS 时间相关。在飞行期间，控制系统的软件会存储激光扫描数据以及额外的中断服务控制的时间数据。在开始每条扫描线之前，控制系统的时间就被连接到数据流当中，与此记录平行的是，GPS 单元的 PPS 信号时标与控制系统的即时 PPS 时标被分别存储在协议文件中。协议文件中包含了实际的同步信息、与 GPS 时相关的三维坐标位置和定向角度信息及 LiDAR 的扫描角、斜距和反射强度信息，如图 9.6 所示。当 PPS 信号触发了中断服务时，GPS 时间与计算机时间被放置于同一即时通信中，根据协议文件，POS 数据可以与激光扫描数据进行分别处理。因 GPS 采用了高精度的原子钟计时，所以控制系统的时差被直接当作两者之间的时间误差，这种时间同步的精度优于 $10\mu s$。正常情况下，在每个时间间隔内每个激光扫描仪的扫描线频率 f_L（如：Riegle Q560 系统扫描速度为 $10\sim160$ 线/s）要远高于 GPS 的采样频率（一般在 $1\sim2$Hz 之间），因此，系统同步后 POS 的位置和姿态信息会被线性内插。

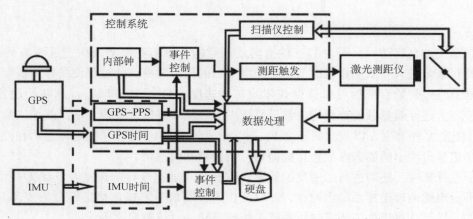

图 9.6　LiDAR 系统同步示意图

　　LiDAR 系统采集的数据要求以超过 1MB/s 的速度传输数据到硬盘，而全波形数据的记录甚至要求更高，这是因为接收的脉冲形状要求数字化而不再是简单地测距到主要边缘。用以模数转换的 A/D 板被要求以高速率（1G/s）采样回波脉冲，这个值等价于 15cm 的距离分辨率。假设 8bit 的振幅分辨率和连续的数据记录用来处理 1GB/s 的数据流，今天的商业数据记录仪一般能处理的数据速率仅为 80MB/s，因此波形数据需要借助于特殊的算法进行压缩。例如，不用持续地记录从发射到接收回波时间的 A/D 输出，只要探测到高于阈值的信号，算法才会记录发射和接收波形，同时发射和接收脉冲的时间间隔也会被测量并记录。在 80MB/s 的预处理过滤器被应用后，640GB 的硬盘大小可以记录 2h 的数据。

9.2　机载 LiDAR 大地定位原理

　　在三维空间中，每个激光点源于激光光束的瞬时扫描角，取决于激光扫描仪的扫描装置及其扫描方式。当前市场上的商业化机载激光扫描仪多采用扫描线的形式，在某一时刻的扫描线上，随着瞬时扫描角的变化，在扫描线上扫描镜旋转产生大量的激光点。因此，瞬时激光光束坐标系（Laser beam，Lb）是个 x 轴与激光系统坐标系（Laser Unit，LU）重合，y 轴和 z 轴不断变化的坐标系，两种坐标系的相互关系如图 9.7 所示，激光系统坐标系的 x 轴指向飞行方向，y 轴指向右机翼方向，z 轴根据右手规则与 x 轴、y 轴构成的平面垂直；τ 代表激光扫描的视场角（又称为带宽角），τ_i 代表瞬时扫描角。激光点在瞬时激光光束坐标系中的坐标需要转换到激光系统坐标系下。

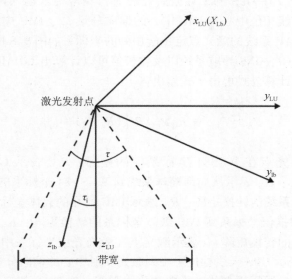

图 9.7　瞬时激光光束坐标系与激光系统坐标系的关系

IMU 和激光扫描仪通常会固连在一起，理想情况下，二者的坐标轴应该平行，但是实际上二者的坐标轴之间存在微小的偏差，称为安置误差角（Borsight Angle 或 Misalignment Angle）。沿 x 轴、y 轴和 z 轴旋转产生的角度偏差分别以 α、β、γ 表示。安置误差角一般通过飞行的检校场得到。激光系统坐标下的激光点坐标需要转换到 IMU 所在的载体坐标系下。

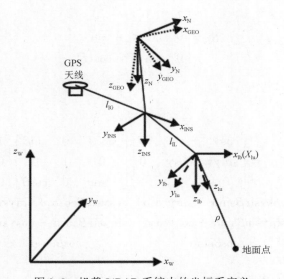

图 9.8　机载 LiDAR 系统中的坐标系定义

载体坐标系下的激光点同样需要旋转到导航坐标系下。两坐标系之间沿 x 轴旋转产生的角度偏差称为侧滚角（Roll），沿 y 轴旋转产生的角度偏差称为俯仰角（Pitch），沿 z 轴旋转产生的角度偏差称为航向角（Heading）。导航坐标系到地心坐标系的转换可以通过旋转一个常量矩阵来实现。此外，在 GPS/INS 数据后处理时，经常要求输入两组偏向分量（Lever Arm）的值，即 GPS 天线相位中心与 IMU 中心的偏向分量 l_{IG}、IMU 中心与激光发射中心的偏心分量 l_{IL}。机载 LiDAR 系统的激光点定位所用到的坐标系如图 9.8 所示。

联合激光扫描仪、GPS/INS 导航系统以及检校值可以计算出 LiDAR 点云的地面点坐标。激光点目标的大地定位计算公式可由下式给出：

$$P_{\mathrm{W}} = P_{\mathrm{GPS}} + R_{\mathrm{W}} P_{\mathrm{GEO}} R_{\mathrm{INS}} (R_{\mathrm{lu}} R_{\mathrm{lb}} s + l_0) \tag{9.5}$$

式中，P_{W} 表示目标激光点在 WGS84 坐标系中的坐标；P_{GPS} 表示 GPS 天线相位中心在 WGS84 坐标系中的坐标；R_{W} 表示从局部椭球系统到 WGS-84 坐标系的转换矩阵；R_{GEO} 表示导航坐标系到局部椭球系统的转换矩阵；R_{INS} 表示 IMU 所在的载体坐标系到导航坐标系的转换矩阵；R_{lu} 表示激光扫描仪坐标系到 IMU 载体坐标系的转换矩阵；R_{lb} 表示瞬时激光光束坐标系到激光系统坐标系的转换矩阵；s 表示激光点在激光光束坐标系中的位置坐标，用向量 $[0, 0, \rho]^{\mathrm{T}}$ 表示；l_0 表示 GPS 天线相位中心到激光发射中心的偏向分量，$l_0 = l_{IG} + l_{IL}$。

由于 R_{GEO} 的值很小，可以近似为一个单位阵，则式（9.5）可进一步用下式表示：

$$P_{\mathrm{W}} = P_{\mathrm{GPS}} + R_{\mathrm{NW}} R_{\mathrm{INS}} (R_{\mathrm{lu}} R_{\mathrm{lb}} r + l_0) \tag{9.6}$$

式中，R_{NW} 表示从导航坐标系直接到 WGS-84 坐标的转换矩阵。式（9.5）中用到的旋转矩阵具体表达形式如下：

$$R_{\mathrm{lb}} = \begin{bmatrix} 1 & 0 & 0 \\ 0 & \cos\tau_i & -\sin\tau_i \\ 0 & \sin\tau_i & \cos\tau_i \end{bmatrix}$$

式中，τ_i 为瞬时扫描角。

$$
\begin{aligned}
R_{\mathrm{lu}} = R(\gamma)R(\beta)R(\alpha) &= \begin{bmatrix} \cos\gamma & -\sin\gamma & 0 \\ \sin\gamma & \cos\gamma & 0 \\ 0 & 0 & 1 \end{bmatrix} \begin{bmatrix} \cos\beta & 0 & \sin\beta \\ 0 & 1 & 0 \\ -\sin\beta & 0 & \cos\beta \end{bmatrix} \begin{bmatrix} 1 & 0 & 0 \\ 0 & \cos\alpha & -\sin\alpha \\ 0 & \sin\alpha & \cos\alpha \end{bmatrix} \\
&= \begin{bmatrix} \cos\gamma\cos\beta & \cos\gamma\sin\beta\sin\alpha - \sin\gamma\cos\alpha & \cos\gamma\sin\beta\cos\alpha + \sin\gamma\sin\alpha \\ \sin\gamma\cos\beta & \sin\gamma\sin\beta\sin\alpha + \cos\gamma\cos\alpha & \sin\gamma\sin\beta\cos\alpha - \cos\gamma\sin\alpha \\ -\sin\beta & \cos\beta\sin\alpha & \cos\beta\cos\alpha \end{bmatrix}
\end{aligned}
$$

式中，α、β、γ 分别代表激光扫描仪坐标系与 IMU 所在的载体坐标系之间的安置误差角。

$$R_{\text{INS}} = R(h)R(p)R(r)$$

$$= \begin{bmatrix} \cos h\cos p & \cos h\sin p\sin r - \sin h\cos r & \cos h\sin p\cos\gamma + \sin h\sin r \\ \sin h\cos p & \sin h\sin p\sin\gamma + \cos h\cos r & \sin h\sin p\cos r - \cos h\sin r \\ -\sin p & \cos p\sin r & \cos p\cos r \end{bmatrix}$$

式中，r、p 和 h 分别代表 IMU 所在的载体坐标系到导航坐标系的 3 个姿态角（侧滚角 Roll、俯仰角 Pitch 和航向角 Heading），可由 IMU 测量获得。

$$R_{\text{NW}} = R_{\text{D}}(-L)R_{\text{E}}(90° + B) = \begin{bmatrix} \cos L & -\sin L & 0 \\ \sin L & \cos L & 0 \\ 0 & 0 & 1 \end{bmatrix} \begin{bmatrix} -\sin B & 0 & -\cos B \\ 0 & 1 & 0 \\ \cos B & 0 & -\sin B \end{bmatrix}$$

$$= \begin{bmatrix} -\cos L\sin B & -\sin L & -\cos L\cos B \\ -\sin L\sin B & \cos L & -\sin L\cos B \\ \cos B & 0 & -\sin B \end{bmatrix}$$

式中，L 和 B 分别代表飞机所在的经度和纬度。

第 10 章　机载 LiDAR 点云的处理流程

机载 LiDAR 系统由多种部件集合而成，在飞行设计时需要综合考虑多方面的因素，以保证每个架次都能获取完整、可靠的数据。在航摄飞行期间，航摄员需要实时监控各部件的运行状况，在遇到硬件或软件问题时应立即进行故障的排除与修复。飞行结束后，及时下载相关的飞行数据，在室内处理 GPS 和 IMU 数据，生成飞行的航迹线，检校安置角误差，经坐标转换后得到大地定位的激光点云数据；同时，对采集的真彩色数码影像进行正射纠正处理，机载 LiDAR 数据的处理流程如图 10.1 所示。本章主要对飞行任务设计、航摄飞行、航迹线解算、系统检校、坐标转换等方面展开介绍。

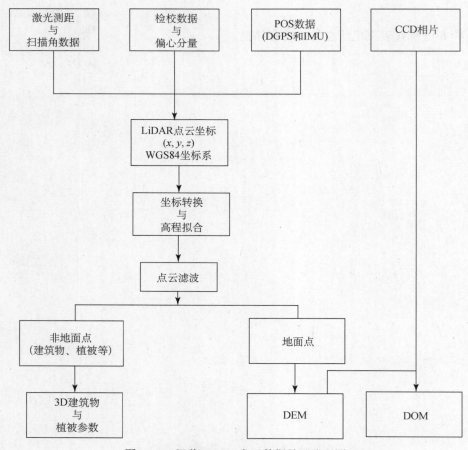

图 10.1　机载 LiDAR 点云数据处理流程图

10.1 外业作业流程

10.1.1 飞行任务设计

飞行任务设计是获取机载 LiDAR 数据的首要步骤，是采集高质量数据的前提。首先，根据每一个工程项目的成图比例尺、DEM 的分辨率、影像的分辨率等要求来确定合理的机载 LiDAR 系统的相对航高 h（指摄影设备的镜头部分相对于某一基准面的高度），简称为航高，有了航高后就可计算影像的相片比例尺 1：m，相对航高影响着最终机载 LiDAR 点云的点密度、平面位置精度、高程精度和影像的分辨率。为了保证航摄具有充足的光照度，又要避免过大的地物阴影，应选择合适的摄影时间段。当地形为高差显著、陡峭的山区时，应注意设计飞机安全高度下的平均分区平面高度。确定了飞行航高后，还需要进一步地计算其余的摄影参数。具体的设置参数如下：

（1）航摄分区的高程。

在 1：5000 比例尺以下的地形图上标定项目区域的范围，根据项目区域的地形起伏情况划定同一地类的航摄分区（如果是条带状项目区，则应根据路线拐点划分），在每个航摄分区内分别选取 10 个以上的最高点高程和最低点高程，计算它们的平均值，即为该航摄分区的平均高程。

（2）激光扫描仪的视场角与带宽。

一般激光扫描仪的视场角在 0°~75°之间可选，扫描角越大，航带边缘点云的误差就越大。为了以最快的速度完成测量任务，往往选择扫描仪视场角与相机视场角一致或接近的角度值。扫描仪的带宽 S_w 按照式（2.16）来计算。

（3）平均点间距与平均点云密度。

以德国 IGI 公司的 LiteMapper 系统为例，假设飞机的地速为 v，则通过有效的脉冲重复率（Effective Pulse Repetition Rate，ERPF）来计算平均点间距 dx 的公式为：

$$dx = \sqrt{S_w \cdot v / ERPF} \tag{10.1}$$

平均点密度 ρ 与平均点间距 dx 的关系为：

$$\rho = 1/(dx)^2 \tag{10.2}$$

假设扫描线频率为 f_L，则单条扫描线上的点数 n 可以表示为：

$$n = ERPF/f_L \tag{10.3}$$

由式（2.18）得，沿飞行方向的点间距 dx_{along} 可以表示为：

$$dx_{along} = \nu / f_L \qquad (10.4)$$

垂直飞行方向的点间距 dx_{across} 可以表示为：

$$dx_{across} = S_W f_L / ERPF \qquad (10.5)$$

（4）激光扫描仪与相机的重叠度。

传统的航空摄影测量要求相片的航向重叠度达到 60%，旁向重叠度为 30%。因激光扫描仪沿飞行方向的扫描为连续性扫描，所以对其航向重叠度没有要求；因为各种误差所导致的各条点云航带之间不能完全重叠，所以同样要求点云航带之间有部分旁向重叠，不像传统航测中要求的立体观测，激光扫描不需要太多的旁向重叠度，一般能达到 15% 即可。各个航摄分区之间也应保持一定的航向和旁向重叠度。

（5）飞机速度。

飞机速度越快，沿航向的点云的点间距就越大，平均点密度就越低。为了保证较高的点云密度，一般要求飞机的速度越低越好。在现役民用飞机行列中，巡航速度最低的当属运 5 和运 5B 飞机，巡航速度仅为 160km/h。在实际飞行作业中，飞机可能会受到气流的影响，为了保证稳定的飞行，飞行速度一般会提高到 180km/h 左右。在航线设计时，应考虑到实际的飞行速度，以避免低密度的点云和相机漏摄情况的发生。相片之间的基线长度除以速度可得相机的曝光间隔，由于数码相机的成像多为小像幅，因此，尤其要设置相机的曝光速度大于计算的曝光间隔值，否则会出现漏拍现象。

（6）检校航线设计。

最基本的检校飞行方式是以一个低的航高飞行两条相互垂直的十字形航线，再以一个较高的航高飞行两条相互垂直的十字形航线，飞行方向与前两条相反。不同航高的检校航线有助于检校更准确的 pitch 和 Heading 角值。检校场常选择在有少许地形起伏、带山墙的房屋、平坦硬质的地面上。最简单的检校航线的布设方案如图 10.2 所示。

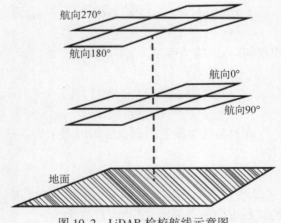

图 10.2 LiDAR 检校航线示意图

航线设计完毕后，将全部航线导入到飞行模拟软件中进行模拟飞行，然后再将全部航线导入到 Google Earth 软件中检查是否存在航路错误；填写航摄设计书，完成飞行任务设计工作。

10.1.2 GPS 基站的选址

为保证解算高精度的航迹线，应按照如下原则选择 GPS 基站的位置：
(1) 位于开阔处，附近无电波干扰；
(2) 站点附近交通、通信条件良好，便于联络和数据传输；
(3) 人员稀少或不易到达的地点，避免闲杂人滋扰；
(4) 点位需要设立在稳定的、易于保存的地点（如房顶等）；
(5) 应具有可靠电源，以保障设备充电；
(6) 充分利用符合要求的旧有控制点；
(7) 适合长期作业。
以下场合不适宜设立 GPS 基站：
(1) 具有强反射的地面，如平坦光滑地面、盐碱地带、金属矿区或邻近水面位置；
(2) 具有强反射的环境，如山谷中、大型建筑物附近等；
(3) 邻近电磁波强辐射源（在 200m 以内），如电台、雷达站、微波中继站等；
(4) 邻近高压输电线和微波无线电信号传送通道（在 50m 以内）。

10.1.3 航摄飞行

将机载 LiDAR 设备安装到飞机并通电测试检查各仪器是否运转正常，注意 GPS 天线尽量安装到机身中部，应远离机头，防止来自机头的信号干扰；测量 GPS 天线相位中心到 IMU 中心的偏向分量。提前在地面控制点上布设 2 台 GPS 基站（1 台备用），基站的采样频率设置为 1Hz 或 2Hz，为接收到足够的卫星数据，卫星高度角可设置为 5°。机载 LiDAR 系统中的动态 GPS 的采样频率同样设置为 1Hz 或 2Hz，卫星高度角也设置为 5°。单台 GPS 基站的有效测量范围为 30km，双台 GPS 基站的控制距离可以扩展到 60km。一定要保证 GPS 基站先于飞机发动机发动前 10min 开机。

飞行前打开飞机舱门，取下相机镜头盖，待飞机开车通电后重新为 LiDAR 设备通电开机。在飞行静止的这段时间内，在航摄软件中选择任务工程和航线，首先进行 GPS/IMU 的静态初始化，初始化时间至少需要 2min（此过程中飞机一定要静止）。GPS 初始化的目的是快速搜索并唯一确定动态 GPS 接收机所测卫星相位观测值的整周未知数，并为 IMU 初始化提供所需要的初始位置和初始速度。IMU 启动时，平台既不水平也没有确定的方向，其三根轴线的指向与地理坐标系差异较大。这时就需要进行平台的初始粗对准操作，粗对准又分为水平粗对准和方位粗对准两个过程。水平粗对准的参照基准为当地垂线（重力加速度向量），当平台的法线与当地垂线重合时，平台就是水平的，否则，沿平台水平轴安装的两个加速度计所敏感的比力中会含有重力加速度的分量。方位粗对准就是使平台粗略地到达指北方位。粗对准的水平误差角要小于 30′，方位误差角小于 1°。

GPS/IMU 初始化结束后，飞机开始起飞，在飞往测区期间，应再次启动激光扫描仪采集点云数据并对相机进行试拍，检查设备是否处于正常的工作状态。个别 IMU 精度较差的厂商会要求在 LiDAR 扫描作业前提前飞行"8"字等措施来校准 IMU。首个架次时，宜先飞往检校场区域飞行检校航线，后飞往测区作业。如果检校场区域有云遮挡，可改为先飞测区再飞检校场的方式。进入摄区航线时，为避免 IMU 误差累积，宜采用左、右转弯交替方式飞行，且每次直线飞行时间不宜大于 30min。在 LiDAR 系统作业期间，摄影员应记录每条航线的飞行速度、高度、天气情况、相机和激光扫描仪参数以及其他异常情况；保持与机长的通信联络，准确告知摄影员需要飞行的航线号和方向。航摄飞行过程中应及时观察系统工作情况，重点观察 GPS 信号失锁现象，防止飞机转弯角大于 20°（新型的 IMU 已无此项要求）。飞行中应避免外力直接施加于 LiDAR 系统的任何部位，如出现设备异常，应冷静及时排除。

测区飞行结束后，关闭摄影舱口盖。飞机降落，通知机长先不要关闭飞机电源，待系统静止记录至少 2min 的数据后，关闭机载 LiDAR 系统。后初始化结束后，下载采集的 GPS/IMU、相片、激光点云数据。通知机长关闭发动机，关闭相机镜头盖，整理好电缆线，盖好或拆除设备。通知 GPS 基站在飞行结束至少 10min 后停止记录地面 GPS 的数据记录。飞行结束。

10.1.4　数据下载与检查

飞行结束后，应及时对 GPS/IMU、相机、激光点云数据质量进行检查，检查内容包括：

（1）地面 GPS 基站原始数据检查：下载所有基站观测记录数据，检查各地面基站记录的原始数据是否存在异常，分析该数据是否可以用于后处理，保存原始观测数据。

（2）检查分析动态 GPS 数据有无失锁现象发生，如果有失锁现象发生，观察失锁发生的区间，并对该数据质量进行评价分析，确定因失锁导致数据不完整而需要对测区进行补摄的范围；IMU 数据是否正常、连续；进行差分 GPS 预处理计算，检查观测质量、共星情况和解算精度，分析成果是否满足精确后处理要求，确定是否需对测区进行补摄以及补摄的范围。一般要求航线正反算之差应小于 0.2m，PDOP 的值要小于 3.5。

（3）检查相机的 Event Mark 值是否正常，有无重号、漏号；影像的清晰度如何，天气对影像的影响程度；是否存在云层或烟雾较大的相片。制作相片索引图，以备查找相片和上报军区之用。影像检查完毕，填写影像质量检查结果。

（4）要检查所飞行的激光扫描航线是否覆盖了工程所要求的范围。为了方便快捷地检查激光扫描航线重叠度，将激光扫描航线抽稀导入，然后检查各航线之间点云的重叠度，查看航带间和航带中是否存在航摄漏洞，是否达到了设计要求。激光数据检查完毕，填写激光数据检查结果。

10.1.5　航迹线解算

在飞机起飞之前进行的静态初始化过程可以用来快速求得整周相位模糊度，但在长时间的航摄过程中，GPS 信号的失锁在所难免，一旦发生周跳，就需要重新计算整周模糊度。目前 GPS 动态定位中最常用的方法为运动中载波相位模糊度解法，即 OTF（On The Fly）算法。引入 OTF 算法后可实时解算动态定位中的整周模糊度，极大地提高了动态定位的效率。

联合 GPS 基站和动态 GPS 数据，使用正反算法生成固定整数差分 GPS 航迹线。最常用的后处理差分软件为 waypoint 公司的 GrafNav 软件。航线正反算之差应小于 0.2m。集成 IMU 数据和精确的相位差分 GPS 位置，使用 kalman 滤波正反算法生成更加准确的航迹时刻、位置、omega、phi、kappa 的航迹线文件。

10.1.6 安置角检校

目前存在着三种方法来检校安装误差角 Roll、Pitch 和 Heading 角，这三种方法分别为全手工检校法、半自动检校法和全自动软件检校法。下面分别对这三种方法进行介绍，并间接地分析三种方法在实际生产中的适用性。

10.1.6.1 全手工检校

（1）检校 Roll 角。

选取两条飞行方向相反的航线（可不同航高），两航带的位置如图 10.3 所示。取其中一条航带的边缘一点，从此点作垂直于此航带的航迹线的垂线，量测此垂线的距离为 r；自此边缘点处绘出两条航带的剖面图，量取两航带在边缘处的高差 Δh，计算 $Roll = \Delta h / 2r$。重复上述步骤，直到 Δh 为 0 且两航带无明显高差、在高程上相互吻合为止。

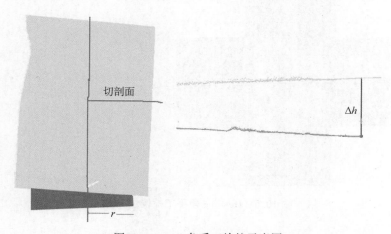

图 10.3 Roll 角手工检校示意图

（2）检校 Pitch 角。

选取两条方向相反、航高相同的航线。如果航高不同，则需要求取两航带的航高平均值。设飞行航高为 H，在航带中寻找顺着航向的人字形尖顶房屋，在顶部绘出这个房屋的剖面图，如图 10.4 所示；量测两航带人字形房屋顶的偏差值 Δx，计算 $Pitch = \Delta x / 2H$。反复调整，直到 Δx 差值为 0 且在沿航向方向两航带屋顶完全重合为止。

（3）检校 Heading 角。

选择同一高度且相互垂直的两条十字航线。沿着其中一条航线的边缘处找一人字形尖顶房，沿航向切剖面并量测房屋的偏离值 Δy；自切剖面处量测房屋至此航带航迹线的距离 L，如图 10.5 所示，计算 $Heading = \Delta y / L$。调整直到 Δy 为 0 且两航带上的房屋屋顶全部重合为止。

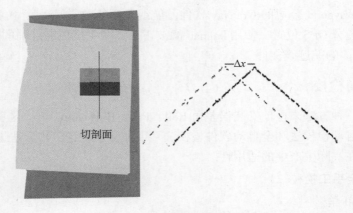

图 10.4 Pitch 角手工检校示意图

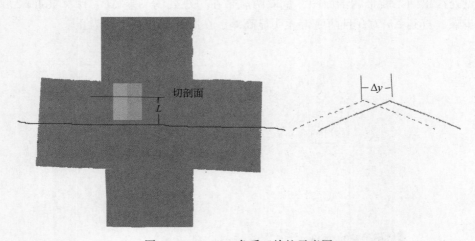

图 10.5 Heading 角手工检校示意图

由以上人工量测、计算可知，手工量测计算 Roll、Pitch、Heading 值的过程十分繁杂，且需要多次测量计算才可得较佳的结果。

10.1.6.2 半自动检校

LeicaALS50 系统配套使用 Attune 软件来求解 3 个安装误差角值。先将各航线的激光点云数据经过滤波分类出地面点类（Ground Points），然后将其导入 Attune 软件，生成基于地面点的反射强度影像；在反射强度影像上来选取代表同一地物的连接点（Tie Points）。选取连接点的原则包括：

（1）尽量在较低航高的航线上选取连接点。航高越低，反射强度影像的像素越小，分辨率越高，选点的误差就越小。

（2）避免在道路的斑马线、房角、植被区域、移动物体上选点。

（3）最好是在连续、均一、平坦的道路或开阔地上选点。

（4）每幅影像上最少20~30个点；同一点至少在两幅影像上，最好是同时出现在全部影像上。

（5）所选点位尽量在影像上均匀分布。所添加连接点数量以60个以上为宜。连接点分布见图10.6所示。

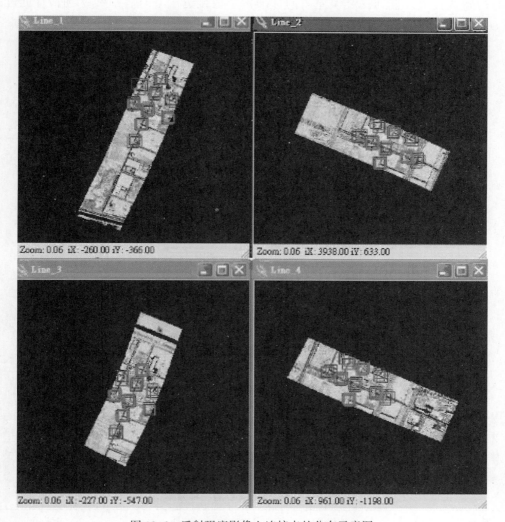

图10.6 反射强度影像上连接点的分布示意图

Attune软件根据所选连接点的像点坐标、平面直角坐标、像素大小，使用ATN. LAS文件中存储的高程信息内插出各连接点的高程值，利用空三原理平差反算出Roll、Pitch、Heading三个角度值。

10. 1. 6. 3 全自动检校

芬兰Terrasolid公司的Terra系列激光点云数据处理软件已在国内得到了大量应用，其中的 TerraMatch 软件可以对全部测区航线的重叠区进行误差分析和全区航带平差运算；自然利用 TerraMatch 也可以对检校场航线解求出 LiDAR 系统的 3 个安装误差角值。首先，导入检校场航线的航迹文件；其次，滤波滤除空中点和低于地面的低点；再者，在 TerraMatch 中导入分类后的全部检校航线，运行 TerraMatch 的 Find Match 程序来自动解算出 Roll、Pitch、Heading 三个角度值。如图 10.7 所示，多次运行 Find Match 程序，累计每次的检校结果并回代作为初始迭代值，直到安装误差角的标准偏差值接近于 0 且各航线达到最佳匹配效果为止。

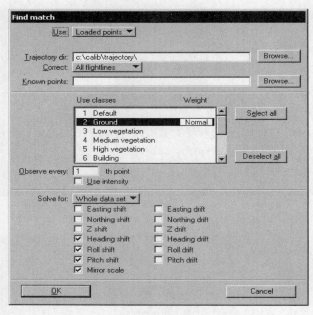

图 10.7　TerraMatch 的 Find Match 程序界面

10.1.6.4　检校结果分析

以 Leica ALS50 系统飞行的某地检校场数据为例，分别使用上述三种检校方法进行检校，得到如表 10.1 所示的三种检校结果，单位为弧度（rad）。

表 10.1　LiDAR 检校的三种结果

检校方式	Roll	Pitch	Heading
手工	−0.00333431	0.00157519	−0.00375587
Attune	−0.00323985	0.00159533	−0.00317093
Terramatch	−0.00324631	0.00160570	−0.00278729
平均值	−0.00327349	0.00159207	−0.00323803

以三种检校结果的平均值作为真值，分别计算三类结果的相对误差，见表 10.2 所示。

表 10.2　三种检校结果的相对误差

相对误差	Roll	Pitch	Heading
手工	0.018	0.011	0.138
Attune	0.010	0.002	0.021
Terramatch	0.008	0.008	0.162

利用4条检校航带重叠区域的32个地面高程控制点（GCP）来检测三种方法检校结果的绝对高程精度，单位为 m。检查结果见表 10.3。

表 10.3　三种检校结果的绝对高程误差

检校方式	最小高差	最大高差	平均高差	中误差
手工	−0.181	0.12	0.0037	0.0913
Attune	−0.181	0.12	−0.0004	0.0908
Terramatch	−0.181	0.12	−0.0035	0.0908

结合表 10.1、表 10.2 可以推断出本次三类检校结果中，使用 Attune 软件解算的安装误差角值的相对误差最小，精度最高；而以全手工方式计算所得的安装误差角值的相对误差最大，精度最低。此外，Heading 角的检校值变化最大。由表 10.3 可见三种方法的最终绝对高程精度十分接近，尤其是 Attune 软件的检校结果最好。

图 10.8 中列出了实际的三种 LiDAR 检校方法所对应的激光数据匹配情况，从图中看出，手工检校的激光数据在航带之间匹配得最差，而用 Attune 软件和 Terramatch 软件检校的激光数据匹配良好，二者匹配程度相同。

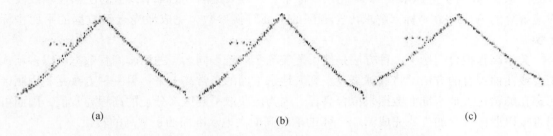

(a)　　　　　　　　　　(b)　　　　　　　　　　(c)

图 10.8　手工检校结果（a）、Attune 检校结果（b）与 TerraMatch 检校结果（c）

根据以上分析结果，可以得出如下结论：

（1）三种检校结果中，以手工检校的结果最差，但这并不能说明手动检校的方法不可取，这种方法需要数据处理人员耐心的反复调整检校航线数据，不断积累经验才能达到最佳效果，在没有购买检校软件的情况下，此种方法不失为一种实用的检校方案。此外，在某些情况下，当测区使用了软件自动检校的结果后，仍然会出现少数航线与其他航线不能匹配的情况，这时以手工检校的方法可以完成解求安装误差角的一个或多个姿态值，以达到与其余航线相互匹配的目的。

（2）利用 Leica ALS50 系统配套的 Attune 软件检校的安装误差角值非常准确，但缺点是在检校过程中需要添加大量的连接点，且对添加连接点的要求较高，操作复杂，耗费时间长，每次的检校结果也不尽相同。因而，采用该软件进行检校的方法仍有较大的改进空间。

（3）采用 TerraMatch 软件进行机载激光数据的检校，过程运算简单，检校结果准确；TerraMatch 软件不仅对检校场数据有效，还可以用来调整整个测区的 LiDAR 航带，功能比较强大。但是这个软件也存在着运算次数多、运算时间长的缺点。

（4）LiDAR 数据的检校除了上述三个安装误差角外，还要改正激光器的测距误差、扫描角误差、高程误差；在这些误差值得到改正后，再用高程控制点来检测检校数据的最终高程精度，能进一步改善机载 LiDAR 数据的高程精度；机载 LiDAR 数据的平面精度的检校需要提前布设一定数量的特殊地标来进行检查和校准，这样才能得到机载 LiDAR 点云数据的高精度三维空间坐标。

机载 LiDAR 数据的检校一直是激光数据预处理过程中的一大难点，在飞行的检校航线数据质量不是很理想的情况下，综合采用多种检校方法可以有效提高检校结果的准确性和可靠性，进而完善测区各条航带间的数据匹配。在检校出 3 个安置误差角后，根据式（9.5）来生成机载 LiDAR 点云。

10.2 内业处理流程

10.2.1 坐标转换与高程拟合

因为 GPS 的坐标属于 WGS-84 地心坐标系，为了满足测量工程的需要，要求将其转换到我国的大地测量坐标系中。一般使用解求转换参数法或 GPS 网约束平差法将平面坐标换算到国家 1980 西安坐标系或 1954 北京坐标系。一般采用测区的 4 个以上的已知控制点及其对应解算的 WGS-84 坐标来解求出全测区的平面转换参数，完成激光点云数据的平面坐标转换。

关于高程拟合问题，一种方法是使用覆盖测区的若干同名点的两套高程数据，以多项式拟合或曲面拟合的方法，将椭球高改正到大地水准面的正常高上来；另一种方法是利用测区已存在的精化大地水准面数据来拟合高程。因为已获取了测区部分点的高程异常值，因而可以直接以曲面拟合的方式完成 WGS-84 的椭球高向大地水准面的正常高的转换。

10.2.2 航带平差

由于树木和建筑物遮挡区域的重叠点云不具备合理的同名点特征，为了保证航带平差的可靠性，利用 LiDAR 点云的地面滤波算法过滤出地面点云，只通过地面点云来寻找航带间的同名特征点。同时，为了减少 LiDAR 点云处理的数据量，通过确定各个条带之间的重叠区域的 LiDAR 点云进行相关的平差运算。以人眼识别的方式在各航带中寻找地面控制点所对应的点云，在滤波后的航带重叠区，手工选取一定范围（25m×25m）内的点云作为源参考连接面，以三角网最小二乘匹配法寻找另一航带内的对应目标连接面。根据选取的控制点和连接面，列出误差方程，按照最小二乘平差法求解各个航带的误差参数，最后利用这些已求解的误差参数来逐航带改正 LiDAR 点云。

10.2.3　激光点云分块

由于 LiDAR 点云数据量庞大，计算机的内存有限，为了高效地处理海量的 LiDAR 点云，需要将点云数据按照一定范围大小进行分割并分别进行存储。分割的范围大小根据计算机的性能、LiDAR 点云密度、数据量大小、项目要求指定。分块结束后，就可以只针对小数据量的分块区域进行运算。

10.2.4　高程改正

激光在空中传播时，会受到大气折光的影响而导致高程精度降低。为了消除大气的影响，在激光点云数据中选取一定量的参考平面进行点云的高程改正。由于 LiDAR 点云为离散分布，单一的激光点很难反映真实情况下的激光点云的高程精度，所以，在平坦硬质的地面每隔 1m 测量一个高程点，共选取一个 4m×4m 区域的 25 个点组成一个高程参考面，计算这个参考面内激光点的平均高程作为参考面的平均高程。在整个测区每隔 10～20km 测量一个参考面，将这些参考面的平均高程作为已知值，以二次多项式拟合的方式调整整个测区 LiDAR 点云的高程。

10.3　常用处理软件

海量的机载 LiDAR 数据的出现促进了商业机载 LiDAR 点云处理软件的研制力度，LiDAR 点云处理软件可以减少人工处理的复杂度，提升点云数据的处理效率。LiDAR 点云的基本功能包括了对 LiDAR 点云的可视化、分割、分类、过滤、变换、格网化以及更高级的数学变换操作。下面分别介绍 5 种常用的 LiDAR 点云处理软件。

10.3.1　Terrasolid 软件包

Terrasolid 软件包是迄今最为全面、高级、强大的操作、处理和分析 LiDAR 数据的软件。软件包包括了 TerraScan、TerraModeler、TerraPhoto 和 TerraMatch 四个主要模块。Terrasolid 软件包是由芬兰 Terrasolid 公司（http：//www.terrasolid.com）基于 Bentley 公司的 MicroStation 软件开发的软件。在处理 LiDAR 数据时，它具有 CAD 环境下的工作优势，直接由 MicroStation 提供可视化、添加/放置矢量、标注、绘图等功能，因此，需要购买额外的 MicroStation 的 license 文件。

Terrascan 软件是一款集成在 MicroStation 下的 LiDAR 点云处理软件，可以读入 XYZ 文本和二进制文件。Terrascan 软件的主要优点是通过创建工程的形式将大数据量点云分割成小块进行单独处理，缺点是点云可视化的效果较差。其主要的处理功能包括：

（1）显示 2D 和 3D 地理环境下的点云；

（2）分类 LiDAR 点云为 default、ground、vegetation、buildings 或 wires 等类；

（3）交互式分类塔和建筑物等 3D 对象；

（4）通过抽稀工具移除噪声点云；

（5）通过抓点工具数字化点云；

（6）自动探测电力线或建筑物屋顶；

（7）输出高程赋色的栅格影像；

（8）绘制点云投影剖面图；

（9）坐标转换程序；

（10）以文本方式输出分类后的点云。

Terramodeler 软件以三角网的形式创建点云的地形模型，这些模型可被用来设计辅助构建 3D 表面元素、表面可视化、等高线生成、剖面显示、坡度和土方量计算。

Terramatch 软件用来检校激光点云的安置误差角，解决不同航线之间的点云未匹配问题，求解 IMU 和激光扫描仪之间的未对准角，在应用这个软件前需要在 Terrascan 软件里执行初始的预处理工作。

Terraphoto 软件可以融合点云数据到航空影像中，可利用 LiDAR 点云数据创建正射纠正并镶嵌影像，生成真正射影像，并叠加正射影像到地面模型上。

10.3.2　QT Modeler

Quick Terrain Modeler（QTModeler）是 2004 年成立的 Applied Imagery 公司（http：//www.appliedimagery.com/）在 John Hopkins 大学应用物理实验室（APL）开发的一款快速 3D 可视化 LiDAR、合成孔径雷达（Synthetic Apeture Radar，SAR）、多波束声纳以及其他地质空间传感器数据的软件。QT Modeler 软件是目前最佳的 LiDAR 点云可视化软件，但在数据的编辑和变换方面的限制较多。

QT Moderler 可以导入通用 ASCII XYZ 格式、las 格式以及 QT 属性格式的 LiDAR 数据，QT 软件可以显示点云或构建 TIN 模型并为用户进行可视化的渲染。在可视化的图形界面中，用户可以进行缩放、旋转并平移点云，而且可以对点云进行分组编辑、增强、分析、解译、查找、生产和输出。软件的编辑功能包括剪切、修剪和平滑操作，增强功能允许调整光照和叠加影像数据；分析功能可用来模拟洪水、光线分析、高程直方图分析、变化检测、坡度计算等；解译功能可以快速叠加影像、矢量等地理空间信息，通过回波号为点云赋色，与 Google Earth 进行交互操作；查找功能可以帮助用户寻找硬盘中的任何相关的 3D 数据，索引所有的地理空间数据并能在 Google Earth 和 ArcMap 中观看；生产工具用来输出 PowerPoint 注释图、格网参考图、GarminGPS 路线图等；输出工具可以输出 las、ASCII、kml/kmz、shp、dxf、gpx、qtt、qtc、bmp、jpg、GeoTiff 以及 avi 格式的点云和表面模型。

10.3.3　MARS

Merrick & Company 公司（http：//www.merrick.com/Geospatial/Services/MARS-Software）开发的 MARS 有 4 个版本的软件，它们分别是：Mars FreeView、Mars Explorer Evaluation、

Mars Explorer、Mars Explorer QC，软件直接读入 .las 文件，或通过导入工具转换 ASCII 文件成 .las 文件，通过定义文本文件，导入工具允许导入 ASCII 文件，完全版本有如下功能：

（1）无限量地加载机载、地面和移动 LiDAR 数据集；

（2）支持加载 las、影像（RGB、CIR、多光谱、热红外）和 GIS 矢量数据；

（3）批处理生成数字表面模型和高程等高线；

（4）提供支持 WMS 影像（ex. Bing maps）；

（5）自动和手动 LiDAR 点云过滤工具；

（6）允许多核处理达到 PC 机的最佳性能；

（7）支持 LAS 文件的水平和垂直的 3D 坐标转换；

（8）提供横断面和剖面工具；

（9）影像与 LiDAR 点云的融合。

Mars Explorer 支持 64-bit 数据处理，LiDAR 点云数据分类、多核处理以及增强的可视化能力；它提供的点云过滤选项位于界面的下部，一些过滤工具是基于窗口处理的，根据窗口中的最高点和最低点等参数来定义一个窗口的大小，以便于观察并分类点云。此外，可以执行一些缓冲分割，过滤器分类点云是基于前几步分类的点云和定义的参数的。免费版本的 Mars FreeView 与专业版有着同样的用户界面，可以很方便地导入 .las 文件，检测并可视化 LiDAR 点云，但是免费版本只允许用户导入或可视化为处理的点云。MARS Explorer Evaluation 有 30 天的导入/输出、自动数据生产功能。MARS Explorer QC 包含 MARS Explorer 模块并外加自动 LiDAR 质量控制（QC）模块，这个模块会生成一个详细的 QC 报告，从而节省用户的时间和开支。

10.3.4　LiDAR Analyst for ArcGIS

美国 Overwatch 公司（http：//www. overwatch. com/products/lidar_ analyst. php）开发的 LiDAR Analyst 软件主要用于提取机载 LiDAR 特征，以地理空间分析的方法从 LiDAR 数据中自动提取 3D 对象，如裸露的地表、树或建筑物。该产品的关键特征包括：

（1）导入并处理各种格式的 LiDAR 数据；

（2）转换 ASCII 和 shap 文件到 las 格式，剪切 las 文件；

（3）在 3DViewer 中可视化 LiDAR 点云或 TIN；

（4）执行距离、面积、角度和坡度的 3D 测量；

（5）根据提取和用户的要求分类 las 点云；

（6）高精度地提取裸露地表；

（7）提取复杂和多部件的 3D 建筑物形状；

（8）提取单棵树或森林区域；

（9）编辑并提升 3Dshape 文件和地形成果；

（10）自动赋值属性信息（建筑物高度、方位等）；

（11）输出 KML 文件并显示在 Google Earth 中。

10. 3. 5 LiDAR Surface Magic

美国的 Cloud Peak Software，LLC（http：//www.cloudpeaksoftware.com）推出了一套 Surface Magic 激光点云处理软件，这个软件使用了自适应地形的地面点提取算法，用户可以快速、容易地从未分类的 LiDAR 数据中创建裸露的地面模型。它同样提供了非地面的植被和建筑物点云的非监督分类方法，可有效提高地面点的分类精度。Surface Magic 软件与 Cloud Peak Software 公司的 LASEdit 集成在一起，LASEdit 可以执行更复杂的 LiDAR 点云处理方案，如快速地形渲染，交互式编辑点云、TIN 和显示断面图。它的等高线生成、矢量数据叠加、LiDAR 点云的导入/导出功能使得 LASEdit 可以很容易地与 GIS、CAD 软件结合。

第 11 章　移动 LiDAR 系统介绍

地面三维激光扫描仪（Terrestrial laser scanning）已经广泛用来获取高质量的三维城市数据，它对诸如道路细节、城市部件和园林植被的精确三维成图尤其重要。利用航空立体影像或者机载 LiDAR 系统制作城市的三维模型已经非常普遍。航空影像或机载激光点云提供了建筑物屋顶的轮廓，再添加对应的高程信息就可以很容易地提取出 3D 建筑物模型。而地面激光扫描仪可以有效获取建筑物的立面（侧面）几何信息，提高了普通视角的可视化质量，但是地面激光扫描仪需要从多视角获取复杂的空间城市环境，操作繁琐，效率较低，在一定程度上限制了静态地面激光扫描仪获取地物 3D 数据的应用能力。对于航空影像或者机载 LiDAR 而言，其优势主要在于快速获取建筑物顶面的影像或激光点云数据，但描述地物立面信息存在数据量少、结构简单的问题；目前在我国国内使用机载设备的数据采集需要漫长复杂的空域申请过程，这在一定程度上影响了获取数据的速度，获取成本随之大幅提高。将地面激光扫描仪安置在移动平台上就可以快速、高效、低成本地从宽阔的街道上扫描得到高密度的建筑物立面激光点云数据，为后续建立城市三维模型奠定了精确丰富的几何基础，车载 LiDAR 系统已经成为国内外测绘界研究的热点之一。

11.1　移动 LiDAR 简介

移动 LiDAR（Mobile Light Detection and Ranging）是将激光扫描仪、相机和 GPS/IMU 装置安装在地面或水上移动平台用来精细采集、探测、识别与定位道路周边对象（如道路边界、交通标志、电线杆）的移动式激光探测及测距系统，与单纯的 CCD 移动测量系统相比，具有更高的精度且能生产 3D 地图；其搭载平台可以是汽车、火车、轮船，其中车载 LiDAR 系统是主要的应用设备，本文主要以车载 LiDAR 为例介绍移动式 LiDAR 的相关原理、数据处理理论与方法。车载 LiDAR 系统通常由激光扫描仪、CCD 数码相机和 GPS/IMU 导航系统 3 个主要部分组成，作为主要部件的激光扫描仪提供了观测目标的距离数据，这些数据通过 GPS/IMU 或者测速仪/IMU 导航数据可以很容易地转换成扫描地物的三维坐标；在同一时刻采集的来自 CCD 相机的数码影像用来直接叠加到三维激光点云数据上，形成 RGB 色的三维激光点云。车载 LiDAR 系统为 GIS 和其他与制图相关的领域提供了多主题、多维和多分辨率的空间数据，在城市、交通、电力、国土等多个领域有着广泛的应用前景，图 11.1 显示了车载 LiDAR 系统采集数据示意图。

图 11.1　车载 LiDAR 数据采集示意图

11.1.1　移动 LiDAR 系统的组成

为方便介绍移动式 LiDAR 系统，本文以英国 3DLM 公司和德国 IGI 公司联合研制的 StreetMapper 360 车载 LiDAR 系统（简称 StreetMapper）为例展开有关论述。StreetMapper 最初开发是用来测量和记录高速公路数据的数据库，但是近年来在其他领域的应用开始激增。StreetMapper 系统集成了一个或两个 2D 线性激光扫描仪、高性能的动态 GPS/IMU 惯性导航系统、两个高分辨率数码相机以及光学测速仪（odometer）。其中，2D 激光扫描仪可在 100m 的范围内以 360° 的扫描角采集 30 万个激光地物点；GPS/INS（Inertial Navigation System）系统已经广泛地应用于航空惯导领域；两台数码相机的分辨率分别为 7.4μm，拍摄帧率高达 7.5 帧/秒；光学测速仪是利用光学原理来精确记录车辆的行驶速度，可有效提高系统的位置精度。具体系统参数见表 11.1，该系统在不同车速下的激光点云密度如表 11.2 所示。

表 11.1　StreetMapper 360 车载 LiDAR 系统参数

系统指标	参　　数
脉冲重复率	300kHz
测距范围	1.5~300m
精度	10mm
GPS 采样频率	2Hz
IMU 采样频率	256Hz
俯仰角、侧滚角精度	0.004°
航偏角精度	0.01°
相机焦距	24mm
像元大小	7.4μm

表11.2　StreetMapper 系统安装的 Riegl VQ-250 激光扫描仪获取的点云密度

车速/（km/h）	25	40	60	80	100
平均点密度/（点/m²）	1079	674	449	337	270

　　StreetMapper 系统是一个高精度、多传感器的移动测图系统，传感器被放在一个安装在车辆上的内部升降平台上，GPS/IMU、激光扫描仪和相机被安放在一块通过车顶天窗升起的不变形的稳固板上，这样在作业时就可以把传感器和这套系统放在车内，传感器安装的最大高度需要考虑驶过桥梁时的限高，照相机能被设置成指向两侧、指向前或指向后，升降机如图11.2 所示。

图11.2　带升降装置的车载 LiDAR 系统

11.1.2　硬件系统

　　StreetMapper 系统主要由下列部件组成。

　　（1）惯性测量单元。

　　惯性测量单元（IMU）是以 IGI 的光纤陀螺为基础的装置，这种 IMU 能完美地配合大量的机载 Lidar 设备及航空相机使用，它的 roll 角精度低于 $0.004°$，在 StreetMapper 数据中 pitch 角不可能为较短的扫描距离完全利用，但是其高精确性能在 GPS 弱信号区或无信号区产生较精确的位置信息。

　　（2）直接惯性辅助。

　　直接惯性辅助技术是一种惯性导航系统，在 GPS 弱信号区域增强 GPS 信号的技术，当移动平台穿过一个高大建筑物而失去 GPS 信号时，接收机能再一次快速地锁定 GPS 信号，从而保持车载 LiDAR 系统测量位置的准确性。该技术的实验结果表明：当失去信号后，GPS 接收机能提前 5 秒恢复到一个较高的位置精度，在整个测量过程中显示了一个总体精确很高的结果。

（3）GPS 接收机。

该接收机使用 NovAtel OEMV-3 卡，这种接收机不仅支持 GPS 系统，还能支持 GLONASS 系统，并可以持续升级。

（4）TERRAcontrol 计算机。

TERRAcontrol 存储来自惯性测量装置采集的定位数据，包括 GPS 接收机、IMU 和测速仪传感器的原始数据，它也为激光扫描仪、数码相机提供精确的 GPS 时间标记以用于后处理时数据流的同步。操作人员在开始和停止 TERRAcontrol 的操作时，接近实时的 GPS 数据能与不同的扫描仪、相机进行同步的开始和结束操作，导航的原始数据被存储在 PC 卡用于后处理。

（5）激光扫描仪。

StreetMapper 系统安装了奥地利 RIEGL 公司生产的 2D 激光扫描仪，起初是为重工业环境而设计的，同时具有现代测量设备的性能，该扫描仪耐用、可靠性能优良。该扫描仪的脉冲重复率和有效测量频率均为 300kHz，测距精度为 5mm，扫描视场角为 360°。将 2 个 VQ-250 360°的 2D 激光扫描仪安装在与移动平台前进方向成 45°的平台侧后方位置，可为激光扫描仪提供一个向前和向后的视野，从而最小化了遮蔽死角，如图 11.3 所示。

图 11.3　车载 LiDAR 系统中激光扫描仪的安装角度

（6）高速数码相机。

所选用的德国 AVT 公司生产的 Pike 400 万像素的工业用高速数码相机，它以每秒 7.5 帧的速度拍摄实地场景，像元大小为 20μm，最大畸变为 1.2%，图像数据存储在基于配备卡扣式计算机的数据记录仪中。数据格式可以是视频（avi 格式）或者单幅图像文件（.jpg 格式），每幅影像的时间标记非常精确，GPS 时间精度可达 200ns，这为后续处理软件 Terra-Photo 或 PHIDIAS 提供了准确的地理参考影像。彩色影像对地面激光扫描应用而言是非常重要的信息，它在此有 3 种用途：激光点云数据可以和视频文件同时在 TerraPhoto Viewer 中进行显示，视频可呈现实时场景，有助于做数字化采集。"上色"的激光点云数据加强了点云的可视效果，有助于增强地物特征的可识别性。经过地理参考定向的影像数据作为 3D 数据主要数据源，可用于精确的三维模型构建。

（7）光学测速仪。

为促进导航技术在 GPS 信号不足地方的发展，一种光学里程表被安装在车辆上。它比装在车轮上的机械里程表更安全，并且比车轮速度更加精确地接近实际速度。测速仪在良好的 GPS 信号情况下，传感器对整体结果没有影响，在没有 GPS 速度可用的时候可以有效地提升卡尔曼滤波器的整体解算效果。此外，光学测速仪专为恶劣环境（如风雪天气）设计，使路面上的冰、水对最终结果产生最小的影响。

11.1.3　软件部分

（1）任务和路径规划软件。

SM Planner 软件用于路径规划设计，可为基于 GPS 卫星几何分布的测量定位选择最佳测量时间，传统的从 A 到 B 的路径计划算法对勘测工作是不合适的，更多复杂的"邮政助手"算法通过预定边界和最小距离来遍历每一条路的路径结果从而选择最佳路径。由于城市区域在道路作业（包括封闭路段）上有频繁的变化，不能及时反映到离线地图上，当找到封闭路径的时候，软件将启动动态重计算功能。最有效的功能（目前开发情况下）是对 GPS 能见度的预测。一旦一条路径被计划，沿着这条路的 GPS 能见度能够以每 50m 使用预计开始时间和指定海拔屏蔽（基于建筑物和地面高度）被计算，软件将高亮 GPS 卫星几何分布较差的区域，以便通过改变任务计划（开始时间和路径配置）来改善路径计划。规划路线和实际行驶路线显示在地图上。

（2）系统监控软件。

数据被直接加载到 SM 控制软件中，该软件能实时显示每个扫描仪的运行参数，通过触屏方式可设置扫描参数，所有的扫描仪都能在这个小的 GPS/INS 触屏上进行启动和关闭操作，如图 11.4 所示，该软件也能启动 GPS/INS 并显示它们的工作状态，所有的数据被存储在移动硬盘上，作业完毕后可带回到室内处理。

图 11.4　监控系统的显示器

（3）后处理软件。

TerraOffice 软件（含差分 GPS 处理软件 GrafNav 的拷贝）提供所有的加工和处理收集到的导航数据所必须的功能，与常规计算精确位置和方向的传感器平台相比，它能把结果转换到地方坐标系和国家坐标系统。TerraOffice、GrafNav 和 RiWorld 软件联合处理 IMU、差分 GPS 和激光点云数据，数据处理的流程图如图 11.5 所示，首先从 Terracontrol 数据卡中下载导航数据和对数据进行预处理，用 TERRAOffice 提取 GPS、IMU 和 Odometer 数据，然后使用 GrafNav 基站差分处理原始移动 GPS 数据，TERAOffice 软件使用 IMU 和 Odometer 数据以及差分 GPS 数据产生一个 IMU 航迹线，原始的激光数据（＊.lrd）经由以太网下载，再利用 SMProcess 软件转换成 ＊.sdc 文件，在 RiWorld 软件中输入偏向分量值，将 ＊.sdc 激光点云数据与航迹线一起生成一个 WGS84 坐标下的 ＊.las 格式点云，移动 LiDAR 系统的数据处理流程如图 11.5 所示。

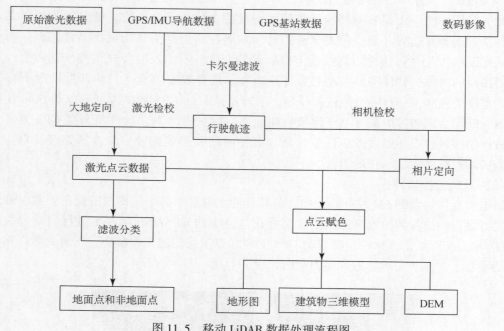

图 11.5　移动 LiDAR 数据处理流程图

11.2　移动 LiDAR 系统的检校

研究区域从福建省厦门市区环岛路长约 200m 的公路选取，为保证采集的激光点云数据具有最高的精度，要求设置静态 GPS 基站的观测点位视野开阔，周围无高压线、无大功率无线电发射塔；接收机采样频率为 2Hz，距离测量车的距离不超过 15km。数据采集前，事先进行了 GPS 卫星的星历预报，选择具有最小 PDOP 值的时段来采集数据；精确量测 IMU 与激光扫描仪之间以及 IMU 与光学测速仪之间的偏心分量值，要求量测精度在 2cm 以内。

测量在正式采集数据前后，分别对车载动态 GPS 和 IMU 装置进行了至少 10min 的初始化。数据采集分为两天完成，第一天以 200kHz 的扫描频率采集主路面两个方向的数据，第二天以 300kHz 的扫描频率分别获取主路面和辅路面两个方向的数据，保证主路面点云数据拥有足够的重叠度。平均车速为 50km/h，扫描后全部环岛路路面的点云的平均密度为 1021 个点/m²。在进入测区之前，先扫描车载 LiDAR 检校场，LiDAR 检校场选择在平坦、硬质的十字交叉路口，激光点云数据采集时的车速控制在 30km/h 左右，扫描频率等同于扫描测区时的频率；先沿一条道路往返扫描一次然后在垂直方向的道路上再次往返扫描一次，检校场的布设如图 11.6 所示。由于 IMU 累积误差的影响，要求直线道路行驶的时间不超过半个小时。

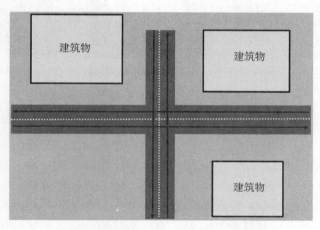

图 11.6　车载 LiDAR 激光点云检校场

11.2.1　激光点云数据的检校方法

（1）GPS/IMU 数据后处理。

GPS/IMU 系统是集成了 DGPS（Differential GPS）技术和惯性导航系统 IMU 技术于一体，可获取运动载体的空间位置和三轴姿态信息的定位定向系统，其主要部件为 GPS/IMU 综合导航系统。GPS 是一个能够在全球范围内进行统一地理基准定位的复杂系统，它的优点是进行快速绝对定位，定位精度高且与时间无关，可以全天候连续作业，缺点是采样频率低且易失锁和周跳；IMU 具有自主导航能力、采样频率高，不需要任何外界电磁信号就可以独立给出载体的姿态、速度和位置信息，抗干扰能力强。但是，IMU 定位误差随时间的延续不断增大，即误差累积、漂移大。尤其是在山区丛林、城市峡谷地区，单独用 GPS 导航会因为卫星信号遮挡而无法实现定位的问题。GPS/IMU 组合能够充分发挥各自的优点，实现在高动态和强干扰等复杂环境下实时、高精度的导航定位，满足飞机、轮船和导弹的导航定位需求。

第一步使用 GrafNav 基线后处理软件将基站 GPS 接收机与车载动态 GPS 接收机同步观测的卫星信号，利用站星际双差模型消除卫星钟差、电离层误差、对流层误差、接收机钟差，再考虑进基站已知的精密坐标便可计算出车载动态 GPS 在任意时刻的坐标位置。另外，数据采集前后分别进行 10min 的系统初始化，通过该软件的正逆双向处理功能使得位置和高程误差降到最低。经过差分处理后试验区域数据的平面精度在 8cm 以内，高程精度在 18cm 以内，个别区域因为失锁或周跳的影响引起误差突变，如图 11.7 所示。

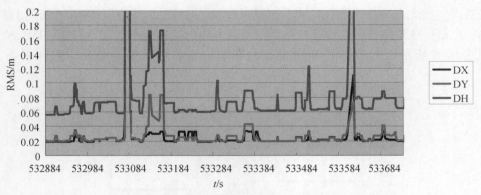

图 11.7　差分 GPS 中误差图

第二步在 AEROOffice 软件中输入 IMU 与激光扫描仪之间以及 IMU 与光学测速仪之间的偏心分量值，将上一步的动态 GPS 差分解的位置和速度信息进行卡尔曼滤波得到更为准确的 GPS 信息，再与 IMU 的姿态信息一起作为初值，输入到松散式的卡尔曼滤波器中滤除高斯白噪声，再次修正 IMU 的误差使得估测结果更优；当 GPS 信号中断时，卡尔曼滤波器仍会利用估测出的 IMU 误差继续修正 IMU 的信息，最终输出激光扫描仪中心的最佳定位定向信息。经过 AEROOffice 软件后处理后试验区域数据的平面精度达到 6cm 左右，高程精度在 10cm 左右，原来发生误差突变的地方经过卡尔曼滤波器后变得很小，整个数据得到了有效平滑，精度大幅提高，见图 11.8 所示。

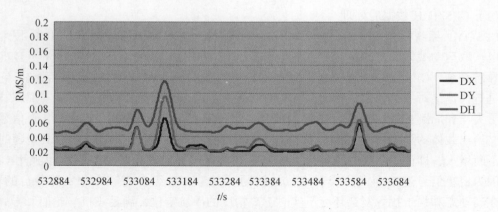

图 11.8　卡尔曼滤波后中误差图

（2）安装误差角的自动检校方法。

StreetMapper 系统的 IMU 与激光扫描仪是紧密固连在一块铝制底盘上的，因为 IMU 与扫描仪从未被拆卸过，因此每次工程只需一次检校即可。二者虽然固连，却仍然存在着微小的夹角——Misalignment Angle（安装误差角）或者称为 Boresight Angle（视轴角）。采用常规的几何方法无法来量取这个角度值，进而采用 LiDAR 检校场检校的方法来确定这个安装误差角。安装误差角一般用 IMU 与激光扫描仪之间的 roll（侧滚角 r）、pitch（俯仰角 p）、heading（旋偏角 h）来表示，其中 heading 角影响墙、建筑物墙面、路灯柱等地物的垂直度，roll 角会引起扫描点云数据沿着车辆行驶方向进行旋转，而 pitch 角能改变地面的水平度。

首先对检校场点云进行自动滤波分类处理，分类为地面点类、模型关键点类、低植被点类、中等高度植被点类等。然后用手工的方法在 Terramatch 软件中检校出一组安装误差角的概略值直到两条相向航线点云相互匹配为止，然后以这组概略值作为初始值调整加载的检校场点云数据，在此基础之上，运行 TerraMatch 的 search tie lines 功能自动在路面、墙面、建筑物表面搜索生成大量的 tie line，以此作为安装误差角的观测值进行迭代运算检校求出更为准确的安装误差角值。最后将手工检校值和软件自动解算值相加即可得到最终准确的检校结果。图 11.9 为检校前（a）、后（b）检校场中不同航线间建筑物的剖面，其中不同灰度点云代表一条航线。将安装误差角的检校值加入到测区数据中，利用检校结果对测区点云进行大地定向。

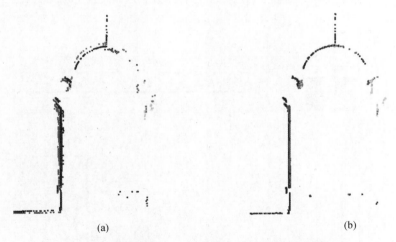

(a)   (b)

图 11.9　检校前（a）、后（b）激光点云房屋剖面

（3）安装误差角的手工检校方法。

为了方便调整 heading、roll、pitch 角，首先选取道路交叉部分含有建筑物的只含两条航带的小块区域作为检校安装误差角的参考区域。对于 heading 角，观察两条重叠航带部分的建筑物在顶面视图上的偏差，经过预估、试调直到两条航带基本重合，偏差最小为止。如图 11.10 所示。关于 roll 角，在两条重叠航带部分的平整路面上切一条垂直剖面，未检校的航带之间会存在两条航带交叉的情况，这就是 roll 角存在的缘故，见图 11.11。同理，经过预估与试调将两条航带扭正并使二者之间的偏差最小，结果可以在建筑物的剖面视图中检查航

带匹配状况。如图 11.12 所示。pitch 角的调整是观看建筑物顶面视图上两条航带之间在汽车行驶方向上的偏离程度，同样经过预估与试调把二者重合在一起，可在建筑物的剖面视图中观察匹配情况。

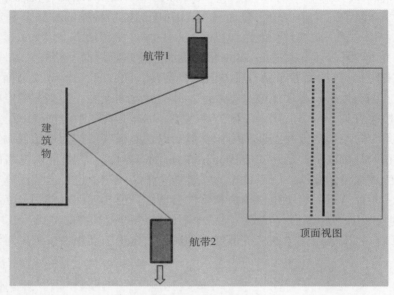

图 11.10　heading 角检校示意图

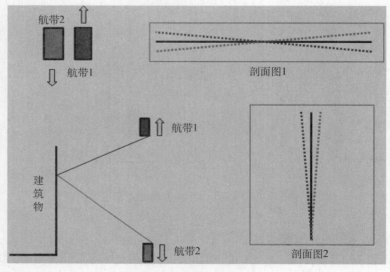

图 11.11　roll 角检校示意图

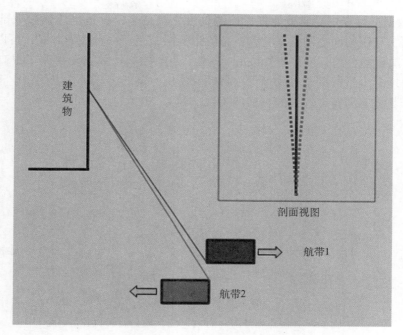

图 11.12 pitch 角检校示意图

（4）地面控制点校正。

虽然安装误差角很好地解决了检校场点云数据的偏差，但是在测区仍然会存在着航线不能匹配的情形，因此有必要利用地面控制点数据进一步提高激光点云数据的精度。在这200m 长公路主干道上施测了 31 个控制点，有 22 个点是沿着白色标记线末端施测的。在未使用控制点调整前，经检测激光点云的平面中误差为 0.052m，高程中误差为 0.135m。在Terramatch 软件中，先在已展好地面控制点的点位上点击该控制点，软件会自动记录此控制点的三维坐标，然后在随后出现的不同航带的白色标记线的同一测量位置单击鼠标，软件同样会记下不同航带上存在误差的点位坐标。因为试验区域狭小，只添加了相距 76m 的两个地面控制点，软件根据这两个控制点构建的曲线改正模型对不同航带的数据进行平移、旋转使之与控制点相吻合。调整后，激光点云的平面中误差为 0.056m，高程中误差为 0.018m，图 11.13 为控制点调整前后各条航带的路面情况，其中不同灰度代表一条航线。由此可见，只利用添加控制点的方法便可有效地改正各条航带的高程误差，提高激光点云的高程精度。鉴于本次试验区域小、控制点较少，未能通过软件的添加 known line 和 ground line 功能做深入的研究。

车载 LiDAR 系统是多种测量导航设备的集合体，这就决定了它的定位误差来源的多样性。在影响 LiDAR 系统的激光测距误差、GPS 定位误差、IMU 姿态误差、扫描角误差、系统检校误差五类误差中尤以 GPS 定位误差和系统检校误差最为关键，系统的检校误差虽然可以通过求解的安装误差角做部分消除，但是安装误差角的求取精度却难以保证完全的准确，这种情况是造成测区各航带点云数据未能匹配的原因之一。此外，测量车在城市街道行驶时经常会遭遇 GPS 信号失锁或周跳的状况，这在很大程度上影响了 GPS 的航迹精度，虽然综合 IMU 数据进行卡尔曼滤波处理后航迹精度大幅提高，但是仍然能造成部分测区的航带偏差。然而，利用地面控制点来完善各条航带的匹配是一种有效的方式，可以使高程精度高达 2cm。本次试验公路长度仅有 200m，只用了两个控制点数据便得到了很高的精度，从工程应用的角度看少量数据难以确保大项目顺利实施。因此，今后作者的研究重心是地面控制点间距和个数与不同精度等级的点云的关系。

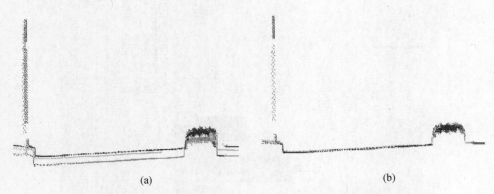

(a)   (b)

图 11.13　控制点调整前（a）后（b）激光点云的道路剖面

11.2.2　相机的检校

相机的检校是指求取数码相机与 IMU 之间的微小夹角（Misalignment angle 或 Boresight angle）——安装误差角，通常这个安装误差角用 IMU 与数码相机之间的 roll（侧滚角 r）、pitch（俯仰角 p）、heading（旋偏角 h）来表示。①导入相机的检校文件。检校文件的内容包括相机的主距、镜头畸变参数等，主要用来进行影像的内定向，也就是用来确定每张影像上像主点的位置。②导入汽车行驶的精确航迹文件。它包含着全部影像在摄影时刻的位置和姿态参数。③添加连接点。连接点是指两幅或两幅以上影像上在重叠区域内的同名像点，用来确定相邻像对的相对位置关系，它决定着相对定向的精度。所添加的连接点一般是明显的已知点，也可以添加诸如明显地面的标志、房屋等空中点。连接点确定了像点与对应物点之间的几何关系，通过摄影测量的共线方程和物点的直接大地定位方程共同联立解求数码相机与 IMU 之间的安装误差角 heading、roll、pitch，如式（11.1）所示。

$$\begin{bmatrix} X \\ Y \\ Z \end{bmatrix} = \begin{bmatrix} X_0 \\ Y_0 \\ Z_0 \end{bmatrix} + s \cdot R \cdot \begin{bmatrix} x' \\ y' \\ z' \end{bmatrix} \tag{11.1}$$

式中，X、Y、Z 为地面点的平面和高程坐标，X_0、Y_0、Z_0 为相机投影中心的坐标，S 是比例因子，R 是像平面坐标与地面坐标系统的旋转矩阵，x'、y'、z' 表示像点坐标。

区域网的约束平差。将航迹文件中包含的各相片的 6 个外方位元素作为初始值，同时代入相机的检校值，通过全区域的统一平差运算，解求各相片更加精确的 6 个外方位元素，同时确定了各立体像对在地面测量坐标系中的位置和姿态，从而完成像方坐标系到物方坐标系的转换。相机检校完毕后，就已经完成了相机的绝对定向，此时的相片与激光点云数据应该吻合在一起。

11.3 移动 LiDAR 系统的应用

移动 LiDAR 采集的数据拥有相关的空间几何信息，既能显示地物坐标又可量测地物的尺寸，可自由灵活地获取城市、森林、地表等方面的激光点云和影像数据，不像机载 LiDAR 系统一样受空域限制；因采集距离相对较短且受空气影响小，所以激光点云的定位精度很高，用途很广，以下列出了作者在实践工作中实施的一些移动式 LiDAR 测量的实例。

11.3.1 大比例尺地形图更新和道路附属设施的提取

StreetMapper 车载激光 LiDAR 系统单趟扫描道路的点密度每平方米高达 400 多个点，而机载 LiDAR 系统的最高密度只有每平方米 3 个点，如此高的密度促使激光点云数据的显示具有很高的清晰度。另外，对点云赋予相对应的数码影像的 RGB 色彩值，可以提高人眼在颜色、大小、形状、纹理方面对道路周边地物及附属设施提取的识别能力，结合定向的清晰影像数据，能够方便地提取诸如道路标志牌、交通灯、检修井、人行道等道路的附属设施和周边像房屋、墙体、电力线、通信线、植被、等高线等地形地物特征。这种快速、高效、低成本采集空间数据的新型测量手段能够用来进行原有城市大比例尺地形图的修测，为 GIS 的地理数据库的更新和数字城市的建设提供了有力保障。图 11.14 为从车载 LiDAR 激光点云和数码影像数据中采集的北京某城区道路两侧 1：500 大比例尺地形图，其中图的左半部分显示了反射强度下的激光点云与矢量图形叠加的效果。

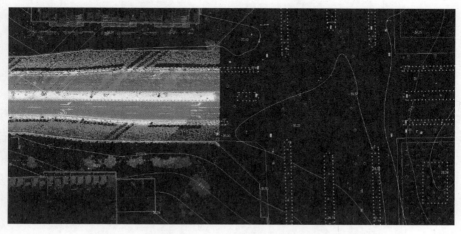

图 11.14　基于激光点云的道路两侧大比例尺地形图

11.3.2 制作高精度的 DEM

只含一个激光扫描仪的车载 LiDAR 系统单趟扫描结果的点间距可以达到 5cm，两趟或多趟的扫描点云间隔将会更小。基于如此高密度的点云数据，可以快速地以三角网的形式表示成高精度的 DEM。这种 DEM 不仅可以用于道路设计的路线选择、计算挖填土石方量、地貌分析、计算侵蚀和径流等，而且可以用于洪水淹没分析、在大坝安全监测中检查土石坝的洞穴、暗缝、软弱夹层等，以便做到早发现早处理可能存在的隐患，预防灾害和事故的发生。图 11.15 是利用间距为 0.07m 的地面点生成的武汉汉江大堤的数字高程模型。

图 11.15 格网间距为 0.07m 的精细 DEM

分别对汉江堤坝实施相向的两次激光点云扫描，为比较两次扫描数据的结果，垂直车辆行驶方向等间隔选取 5 个点，沿道路行驶方向每隔 20m 选取一组点，共计 100 个点的高程值，比较结果如图 11.16 所示，其中最大高程差值为 0.054m，最小高程差值为-0.067m。

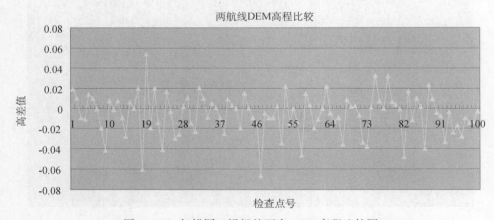

图 11.16 扫描同一堤坝的两次 DEM 高程比较图

11.3.3 三维建筑物模型构建

地面三维激光扫描仪已经广泛地应用到静态物体的表面三维信息的获取中，但是扫描过程中需要多次搬站、建立数据拼接标志，操作繁琐、机动性差、效率低下，仅适用于小范围的数据采集。而车载 LiDAR 系统能够在行驶过程中扫描其周边建筑物的立面（侧面），同时在 GPS/INS 惯导系统的支持下可以以三维激光点云的形式来描述各地形地物表面的信息。由于激光点云的数据量巨大，在当前硬件和软件条件下很难存储、分析与显示这些数据，同时为了现有三维数据接口的需要，有必要根据激光点云数据提取建筑物的可视化三维模型。图 11.17 显示了利用车载激光点云数据提取的济南高新区附近楼房的三维模型图。

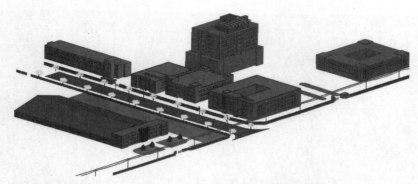

图 11.17 由车载 LiDAR 点云数据构建的三维建筑物模型

11.3.4 电力行业的应用

鉴于 StreetMapper 车载 LiDAR 系统的 360°全视角和较高的测量精度，完全可以用来快速、精确地量测头顶的电力线路。通常情况下，是用全站仪来测量电力垂链线的最低点距离地面的高度，实际上当电线杆不完全垂直或者人眼的视差问题有时并不能准确确定电线的最低点，就会导致过高地估计了这个最小距离。而用车载 LiDAR 的激光点云数据提取的数字输电线模型在图上是可以准确确定的。除了对输电线路的图上量测功能外，还可以使用 Terrasolid 软件直接拟合输电线并提取线路、线杆或高压电线塔的矢量三维模型。图 11.18 为重建的福州某地部分输电线路模型。

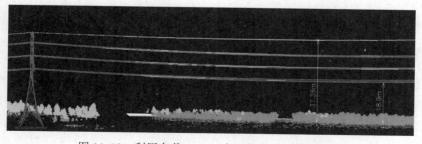

图 11.18 利用车载 LiDAR 点云提取的电力线模型

11.3.5 铁路检测

铁轨主要用于分散火车机体带给地基表面的压力，随着自身的质量、速度的动态循环加载以及长期遭受到极端自然天气的侵蚀，某些路段的铁路地基因此可能出现下沉，这就为铁路安全带来了很大的隐患。车载 LiDAR 所获取的激光点云中包含丰富的几何信息，可根据生成的 DEM 来分析当前铁道附近水流方式，确定哪些地基可能处在雨水侵蚀严重的风险之中；激光点云数据还可以用来检测铁路周边区域植被覆盖、水土流失以及各种电力通信线路的运行状况，及时发现潜在的影响铁路安全的问题，保障铁路的顺畅通行。图 11.19 为沈阳某轻便铁路铁轨矢量与分类后的激光点云的叠加图，其中铁轨的宽度为 1.520m。

图 11.19 点云分类数据与提取的铁轨的叠加图

11.4 移动 LiDAR 点云分类方法

传统的车载系统分类方法是面向所有的激光点云数据，其重要的缺陷在于：分出的路面不连续、分类精度低、分类之后无法分出类间的实体从而不利于后续的三维建模。考虑到首先提取出路面，可以避免将激光数据投影到水平面时地物与路面的叠置，也就是去除路面后，更利于区域分割与地物按实体划分。因此，本文提出的分类思路是先分出路面，在此基础上进行其他地物的分类以及划分类间实体。

11.4.1 路面分类

根据车载系统的结构和扫描方式，激光发射参考点与正下方路面点的距离可计算得到，和车高加上激光发射参考点与车顶的距离有关。在激光数据与 POS 进行融合解算过程中，根据 POS 实时记录的高程、角度数据以及仪器平台的高度推算激光扫描仪发射点的高程，由此确定路面和非路面分离的阈值。此步骤利用激光数据的高程信息进行判别，可以大致将路面点分离出，并减少后续判断的数据量。城市中，道路在垂直于车行方向比较平坦，故同一扫描线上，相邻激光点连线斜率近似，趋近于0。以人机交互的方式提取出此条扫描线上的所有路面点，由式（11.2）计算相邻点斜率关系。

$$k = (Z_n - Z_{n-1}) / \sqrt{(X_n - X_{n-1})^2 + (Y_n - Y_{n-1})^2} \tag{11.2}$$

由于扫描线上大部分相邻点的斜率都集中在 $[-0.05, 0.05]$ 区间内，分析其他扫描线数据，也可得到类似结果。故可利用同一扫描线两相邻路面点斜率较小的特点进行二次判别，以提高分类精度。

先以 POS 数据从高程方面判断路面点。在激光扫描数据融合解算中，三维点云是由激光扫描点与 POS 轨迹融合解算而得，故可根据点云数据点 $N [X_n, Y_n, Z_n, T_n, R_n]$ 的 UTC 时间 T_n，查询得到 T_n 时刻 GPS 的相位中心位置 $G_{POS} = [X_g, Y_g, Z_g]$，以及俯仰角 θ，已知 GPS 与激光信号发射参考点的相对位移 $\Delta D = [D_x, D_y, D_z]$，由此可由下式求得激光发射参考点的空间三维坐标 $L_{POS} = [X_g+D_x, Y_g+D_y, Z_g+D_z]$，数据采集车正下方路面点的高程 $Z_0 = Z_g + D_z - D\cos\theta$。通过高程阈值 d 分类路面点，但树木树干的根部和护栏的底部也可能被划分为路面点，需根据斜率对待定点集合 U 进行第二次判断。对扫描线进行逐条分析，路面点与其前一个点的斜率可通过斜率阈值 k 判别路面点而滤除微小地物。对于平坦的地形 d 的取值小，对于倾斜程度大的地形 d 的取值就大，可以采用人机交互的方式来确定阈值。在垂直于车行方向的扫描线上，选取街道路面的高程最低点和最高点之间的高差作为高程阈值，将高差和平面坐标代入到式（11.2）可以求出 k。

11.4.2 其他地物分类

去除路面后，原本在空间上接连在一起的地物，由于失去了路面的联系，呈独立分布的格局，形成不同的实体单元，并在空间上呈现了聚类中心不同的特点。根据这一空间分布特征，本文使用格网化与区域分割的方法进行一个个实体的划分。又由于各类实体的空间统计特征（如外包围盒面积、实体高度等）有较明显的区别，基于此本书能够对实体进行分类。因为每个独立地物都可以看成一个不能再划分的实体单元，每个激光点的属性信息应该同时有类别编码（CategoryID）和一个区别于同类其他地物的实体编码（ObjectID）。如不先进行实体的划分，直接根据激光点的空间位置关系分类，只能区分点的类别属性，而不能指出点属于此类别地物的哪个实体，则不利于后续的建模以及城市公共设施管理。所以本书先将每一个独立地物划分为一个实体单元。然后以实体单元为单位，判断其类别。本书的工作只分析了典型的城市地物，对于一些更复杂的城市地物的分类还有待进一步研究。分类流程如图 11.20 所示。

（1）格网化与区域分割。

去除路面点后，将激光扫描数据投影到水平格网中，并根据格网中的点数二值化。具体操作为：统计格网中点的数目，当点数小于阈值时，可将此格网区域视为噪声区域或者无数据区域，将格网赋值为0，反之将此格网视为有效格网，赋值为格网中点的数目（非零正整数）。根据此方法将激光扫描数据二值化（零与非零正整数）。经过二值化后，可以把每一

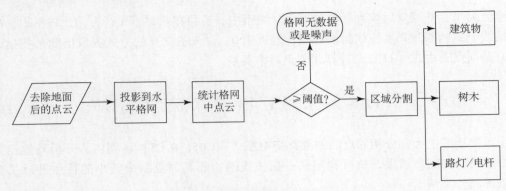

图 11.20　其他地物的分类流程

个格网看作二值灰度图像的一个像元。本文根据二值图像的非连续性进行阈值分割，将邻近的有值格网划分为同一区域。每一个区域相当于一个实体。本书采用种子填充算法的思想来设计算法以实现区域分割。

（2）地物分类。

本书地物分类主要针对城市环境中的路面、建筑物、树木和路灯 4 类。其中路面在上一步操作中已经分离出，以下分析其余 3 种地物类型的空间特征统计的几项指标。

● 属于建筑物的实体：在城市街道数据采集过程中，车载 LiDAR 系统不能采集到建筑物背对街道一面的数据。故投影后点云的排列呈"["状或其中一部分；点云数据外包围盒面积较大；建筑物实体的最大高程与最小高程之差远高于树木与路灯；实体中点的密度也是最大的。

● 属于树木的实体：点云投影后的外包围盒长宽比约为 1：1；实体面积与高度可按照街道树木实际情况确定；高度一般比建筑物低；并且在不同高程区间，点云数目差异很大，呈下少上多的趋势，树干部分点云数目少，树枝叶部分点云数目多。

● 属于路灯的实体：点云投影后外包围盒面积最小；实体高度可根据实际情况设定；在不同的高程区间，最上部分点云数据最多，其他部分点云数据几乎相同（带广告牌的路灯中间数据也较多）。

从某街道点云数据中的 3 类地物各取一典型地物实体进行分析，格网边长为 0.6m，得到表 11.3 的统计特征，以验证上述规律。

按照以上不同地物的特性可将实体分类。统计实体内部点云最大高程 H_{max}，最小高程 H_{min}，即可得到实体的最大高差 $\Delta H = H_{max} - H_{min}$；外包围盒面积 S；外包围盒长宽比 K；实体点云的总数 N，实体包含的格网数 M，各实体按高程分 5 段，统计每段点数 N_1、N_2、N_3、N_4 和 N_5，实体点云密度 ρ，$\rho = N/M$。将这些值作为实体分类依据。

表 11.3　地物空间特征统计结果

特　　征	房　　屋	树　　木	路　　灯
外包围盒面积/格	2640	90	6
地物高度/m	32.37	3.21	2.06
地物网格数/个	695	57	6
实体总点数/个	71786	4248	326
点密度/（个/格）	103.29	74.53	54.33
外包围盒长宽比	5.45	1.05	3.01
高程点数比例（由下到上5阶段）	1：7：7：2：3	1：4：17：16：26	2：4：2：1：4

11.4.3　点云分类精度

为评估本方法的精度，选取实验区的部分数据以人机交互的方式进行分类，然后对比得到分类精度结果如表11.4所示，使用本方法得到的分类结果有较高精度，可以为后续的矢量提取和建模提供有效的数据支持。分类结果不仅较准确地分出了几类典型的城市地物，还划分出了类间的实体，如本研究区中行道树，从而可以对地物同时进行类别编码和实体编码，为后续的三维建模工作提供了良好的数据基础。

表 11.4　车载 LiDAR 点云分类精度

地　　物	总点数	误分点数	未分点数	误差率/%
房屋	71786	231	1247	2.1
树木	4248	11	98	2.6
路灯	326	0	26	7.8

第 12 章　三维激光扫描技术在滑坡
监测中的应用

　　滑坡灾害作为主要的自然灾害种类，威胁着山区居民的生命和财产安全。滑坡灾害的预防预警研究工作也一直备受关注。近年来，为了预测滑坡灾害和尽量减小滑坡造成的破坏，科研工作者为揭开大型水库滑坡形成机理及滑动规律做了很多调查研究工作，但各种自然因素和人为因素对库岸稳定性错综复杂的影响，使得水库滑坡的预警工作还是以监测为主要手段，特别是处于变形速率发展较快的滑坡，其变形监测极其重要。

　　变形监测技术可以分为两类：① "点" 式监测（GPS，伸长仪，全站仪，激光、雷达测距仪）；② "面" 式监测（摄影测量、卫星和地面雷达干涉测量、机载激光扫描测量和地面激光扫描测量）。常用的滑坡体监测方法如表 12.1 所示。总的说来，点式监测技术能够获得较高精度的测量数据，但由于只能获取少量已知确定点的信息而非整个滑坡形态故有较多局限性。此外，地面型三维激光扫描仪数据的采集不需要布设监测点，较之传统的监测手段更能快速、准确地反映滑坡的表面形态，进而获取地表变形值。对于处于加速变形至剧变破坏阶段的滑坡，这种实时、 "面" 式、高精度的监测对于滑坡灾害的预测预报显得尤为重要，其不受干扰、全天候的特点，可及时准确提供连续可靠的数据，进而为滑坡灾害的预报发挥关键作用。相比于传统的测量技术，三维激光扫描仪在地形采集方面更加方便、有效。作为一种新兴的监测技术，三维激光扫描仪被应用在了岩石边坡特征分析、岩体崩塌监测的一些实例当中。岩体边坡表面的变形监测结果可以通过不同时间采集的激光点云数据集的比较分析得出。

12.1　滑坡体的激光点云预处理方法

　　研究区金坪子滑坡位于金沙江乌东德梯级河段下游右岸，位于云南省禄劝县和四川省会东县交界的金沙江干流上。金坪子滑坡上距乌东德水电站坝址约 900m，遥感解译体积约为 $6.2 \times 10^8 m^3$，其稳定现状、变形趋势及可能失稳方式及规模关系到乌东德水电站梯级开发的成立及河段内坝址的选择，备受各界关注。通过综合查勘、地质调查与地质测绘、钻探与洞探、物探测试与岩土试验、变形监测等综合技术手段进行的研究，金坪子滑坡大致可分为五个区域（图 12.1）。其中，以Ⅱ区变形尤为显著，Ⅱ区上距乌东德坝址约 2.5km，主要为崩、残坡积体，目前仍处于变形过程中。从 2004 年 10 月起，金坪子滑坡监测工作开始启动，在地表变形监测中，包括水平位移监测和垂直位移监测，变形剧烈的Ⅱ区设有 17 个监测点。

图 12.1　金坪子滑坡分区图

表 12.1　常用的滑坡体监测方法

监测方式	监测方法	监测内容	监测结果	监测周期	主要优缺点	场址条件
监测滑坡体表面变形	宏观地质观测法	利用钢卷尺等简单仪器测量滑坡体的滑移	滑坡体外部宏观滑移量	定期监测	简单直观，资料可靠，但精度低、速度慢，资料须经过校核后使用，但受天气和地形的影响较大	滑坡体的高度、坡度及岩石破碎情况可以满足监测人员在其坡面上工作的基本要求
	GPS 监测	监测滑坡体上部某些固定点的位置变化	通过滑坡体上部某些固定点的滑移量推断滑坡体的整体滑移	长期连续监测	自动化程度高、精度高、可远程接收数据，但受周围环境影响严重、误差源多	可在滑坡体顶部安装 GPS 基站
	三维激光扫描监测	定期扫描滑坡体得到其点云，并构建其DEM	通过比对滑坡体表面不同时期的DEM 推断其变形量	定期监测	精度较高、可获得直观的滑坡体三维变形信息，但体积质量较大、受地形影响较大、扫描的角度范围有限、点云数据中含大量噪声	在滑坡体坡面有少量植被或无植被的条件下，三维激光扫描仪可以扫描到整个坡面
	无人机遥感监测	定期航拍滑坡体，得到 DOM、DEM	通过对比不同时期的航拍信息，推断滑坡体的变形情况	定期监测	机动性高、适应性强、费用低，但受天气和通信状况影响较大	滑坡体非滑动的一侧有稳定固定点即可
	位移传感器监测	监测滑坡体上部某些固定点的位置变化	获得滑坡体上部某些固定点的滑移量，推断滑坡体的整体滑移	长期连续监测	自动化程度高、精度高、可远程接收数据，但量程有限	滑坡体非滑动的一侧有稳定固定点即可

监测方式	监测方法	监测内容	监测结果	监测周期	主要优缺点	场址条件
监测滑坡内部结构	地质雷达监测	对滑坡体进行地质雷达探测得到其地质剖面	通过地质剖面分析滑坡体内部节理面的分布位置、产状等信息	定期监测	抗电磁干扰能力强、可直接提供实时剖面记录，但受地形影响较大、剖面记录的解译具有多解性	要求滑坡体坡度较缓、高度较低、坡面较平滑，便于地质雷达工作
	钻孔倾斜仪监测	监测滑坡体内部的位移变形	通过监测确定滑坡体内部滑裂面的位置、厚度和滑动方向	长期连续监测	精度高、灵敏度高、便携性强、投入成本较低、可远程接收数据，但是量程比较小、钻孔容易被滑坡变形破坏、受掩体岩性影响较大	要求滑坡体岩石破碎程度低，便于钻机钻孔及钻孔倾斜监测仪的安放

现场采集获得的点云数据经过初处理，包括点云坐标配准、点云的裁剪拼接、滤波和点云赋色等，使之成为有组织的点云数据，去除或降低了噪点、孤点、异常点和降低植被对地形测量的影响。由于滑坡范围大，点云数据海量，在数据处理过程中我们将滑坡Ⅱ区分为14个子区进行处理，以解决数据量过大不能计算的问题。点云滤波是数据初处理中的重要部分，对监测结果有直接的影响，研究在三维点云滤波中采用了 2.5D 滤波方法：用规则排列的网格（XY 平面内）划分某范围内的三维点云，每一个网格单元内拥有若干三维点，用网格中 Z 坐标值最低的一个点代表这一网格中的所有点。本书研究中，采用的滤波网格大小为 0.4m×0.4m。经过初处理的点云数据，在 GIS 平台进行进一步的后处理。利用 GIS 平台的空间分析与数据管理优势，点云数据可得到更丰富的分析，监测结果可更直观、明了地体现出来。数据后处理的内容包括：ASCII 数据矢量化、插值生成 DEM、DEM 比较法、变形趋势分析、土方差量分析、断面分析等，如图 12.2 所示。

在 GIS 平台上，点云数据矢量化后以 Polypoint Shapefile 的格式参与 GIS 平台上进行的计算分析。矢量化后的海量数据点，除了包含三维坐标 X、Y、Z 之外，还可能含有反射强度信息、激光束振幅信息等，视后期数据分析需要而进行选择。通常，可以通过多种方法对点云数据进行滑坡变形分析，如数字高程模型的比较，固定点的比较和断面比较。滑坡位移的量化与滑坡引起的体积量的改变，可通过 DEM 的比较实现。对于大型山体滑坡，本书采用了以 1m 作为栅格大小生成每期地形的 DEM。由于遮挡，DEM 的不能直接比较，被遮挡的区域不参加计算。

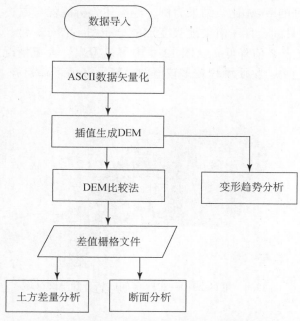

图 12.2 滑坡体激光点云的处理流程图

12.2 激光点云滑坡体位移分析方法

12.2.1 DEM 比较

在经过滤波处理后，结合数据采集时的参数选择、数据量较大的考虑，将Ⅱ区"切分"成了若干矩形小区域，如图 12.3 所示。采用滤波精度为 0.4m，DEM 栅格精度为 1m。以

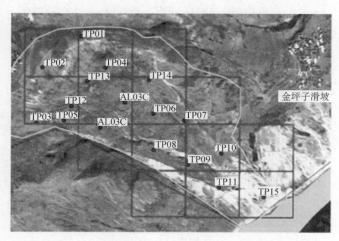

图 12.3 Ⅱ区数据分区

2010—2011 年监测数据的 DEM 比较结果为例，经上述分析流程与方法，得到了 2010 年 5 月 30 日到 2011 年 7 月 1 日间金坪子滑坡地表变形的分布图（图 12.4）。其中，浅色区域代表 Z 值升高；深色区域代表 Z 值降低。从图 12.4 中可以看出，大概情况为：Ⅱ区前缘、后缘陡坎下部呈 Z 值上升趋势；物质堆积较多较厚的中部呈 Z 值下降趋势。

■ 抬升区域
■ 下降区域

图 12.4　Ⅱ区 2010—2011 年间的抬升和下降区域

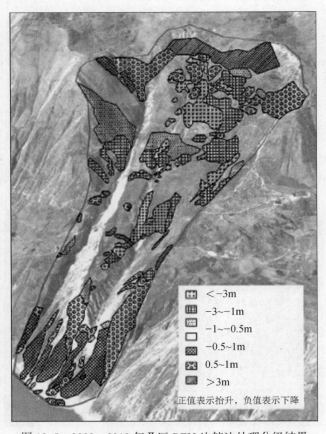

⊞　<-3m
⊞　-3~-1m
⊡　-1~-0.5m
□　-0.5~1m
⊠　0.5~1m
▨　>3m

正值表示抬升，负值表示下降

图 12.5　2009—2010 年Ⅱ区 DEM 比较法处理分级结果

由于深沟、距离远等因素造成某些区域原数据缺失，数据缺失严重的地方可能引起该处计算处理结果不可信，故将数据有可能不可信的区域去除，余下结果数据有很高的可靠性。去除不可信区域后，根据栅格计算结果，按垂直向 Z 值分级，共分6级（图12.5）。分级节点：$-3m$，$-1m$，$-0.5m$，$0.5m$，$1m$，$3m$。呈 Z 值下降趋势的区域，在图12.5中用点、竖线图例表示；变化在$-0.5\sim0.5m$的区域没有颜色显示；呈 Z 值上升趋势的区域，在图12.5中用圆、网格、斜线图例表示。去除不可信区域后，根据栅格计算结果，推算出从2010年5月到2011年7月，金坪子滑坡Ⅱ区的侵蚀或下降区域的土石方量约为66188m^3，抬升、堆积的土石方量约为52877m^3，二者差值13311m^3。

12.2.2 固定点比较

本书实例选择了传统监测点TP8作为固定点比较方法的验证。以2009—2010年数据为例，在消除植被点以后，以观测点TP8坐标（X、Y）为圆心，分别选取3m、2m、1m为半径区域内的点，对区域内点统计分析，得点的 Z 值平均值；比较前后两次扫描结果处理得到的 Z 值平均值，即认为是近一年来该观测墩的垂直位移（表12.2）。考虑坡面坡度等因素，推测观测墩的水平位移，与Ⅱ区观测墩全站仪监测结果对比。采用 $R=1m$ 的处理结果，得到2009年到2010年TP8的 Z 值降低了0.549m，与近年来地面全站仪TP8监测数据0.450m相比较，相差0.099m。

表12.2 观测墩点（TP点）激光扫描 Z 值结果（m）

点 号	2009年 Z 值	激光扫描2010年 Z 值			激光扫描2009年 Z 值
		$R=1m$	$R=2m$	$R=3m$	$R=3m$
TP8	1180.592	1180.526	1180.230	1180.151	1181.075

12.2.3 断面分析

滑坡前缘的变形是整个滑坡区域变形最大的部分，本书运用断面比较的方法主要分析了滑坡Ⅱ区前缘的三个断面，采用基于DEM的分析方法，通过载入断面线的矢量文件和扫描前后两次的DEM，比较前后两次做出的断面线。通过两次断面线的比较，可以看出滑坡前缘的变形趋势。经过处理分析及计算，从图12.6可以看出，Sec1中，断面前部为河沙堆积处，出现 Z 值上升趋势，整个断面看上去像是在沿着滑动方向往前推进，并且略向上抬升。Sec1断面的变化位移较大，最大的地方达到了7~10m，可能由于该位置上没有坚硬、完整的岩石，多为破碎、易流走的石砂，容易被搬运而造成较大的变形反应。

本书中通过对金坪子滑坡Ⅱ区时间跨度三年的激光扫描监测，结合初处理和GIS平台的数据后处理，形成了一套数据处理流程，将数据分析引入到GIS平台，得到了很好的效果。通过分析比较监测结果，我们看到三维激光监测技术可以基本表征滑坡表面的变形情况，提供定量分析，适用于调查大中型滑坡较大变形发展趋势；对于大中型滑坡，该方法可以实现高效、大面积监测。一到两天、一到两人的现场工作量，大大节省了人力和物力；由于滑坡

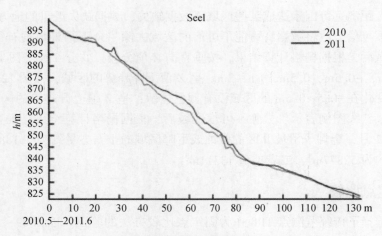

图 12.6 断面位置示意图与断面图 (Sec1)

面积较广，采集过程难以严格控制、环境扰动大、植被遮挡和滤波等原因，以及在数据坐标转换过程中产生误差等，对于大型滑坡和有一些植被覆盖的滑坡体，监测结果无法达到毫米级（仪器本身的精度），初步分析精度可以达到厘米级别；在危岩体、岩质边坡和无植被滑坡体变形监测中效果较好的三维激光扫描监测技术，在有植被覆盖的滑坡体监测中有一些精度局限性。本书采用了 2.5D 的滤波方法，在无高精度监测结果的要求下，是一种简单、高效的滤波方法，适用于大型、有稀疏植被覆盖的滑坡监测分析。地面三维激光扫描技术应用到滑坡灾害监测领域中，无疑有着广阔的潜力。但具体应用到滑坡的变形监测与预测预报时尚存在许多实际问题有待解决，需要继续研究。本书仅仅提供一种尝试和参考。随着三维激光仪的改进、监测方法的完善、新滤波方法的出现等，激光扫描技术将会越来越多地应用到岩土工程监测中，成为一种常规监测手段。

第 13 章　三维激光扫描技术在震害建筑物提取中的应用

2008 年 "5·12" 汶川特大地震之后，北川县城变成一片废墟，80% 以上的建筑物垮塌。快速地获取震害损毁建筑物信息是地震应急与灾情评估的重要环节，可为地震应急救援提供信息支持。遥感技术因其快速、宏观的优势在震害评估中得到广泛的应用，近几年来研究较多。总体来看，根据是否应用震前影像可分为两类，第一类是只应用震后影像来提取震后损毁建筑物信息，例如用高分辨率的卫星、航空影像和 SAR 影像提取建筑物的震害状况；第二类是应用震前震后影像变化监测从而提取震害变化信息。两类方法都能较好地提取建筑物信息，但是由于光学影像受成像方式的影响，影像只能反映建筑物的屋顶信息，缺乏侧面墙体信息，而 SAR 影像受影像分辨率、缺乏震前影像的影响，两类方法的提取精度都受到限制。三维激光扫描技术可直接获取地面地物目标的三维坐标信息，构建地物目标的三维数据模型，迅速地建立数字地面模型，实现三维场景重建。地面激光雷达技术能反映地物目标的侧面信息，相比机载 LiDAR 反映的信息更加深入，已经在建筑物轮廓及角点提取、地表破裂、滑坡灾害调查等方面起到了广泛的应用。

13.1　震害建筑物提取规则

面向对象方法是近十几年来发展的一种信息提取方法，该方法不再基于常规分类方法中的像元为基本单位，而是将具有相同特征的像元聚集成一个大的多边形对象，以对象为基本单元，结合影像中的不同地物信息的光谱特征、纹理特征、几何形状特征及其他特征，将具有相同特征的对象进行合并，从而实现完整地物目标的提取，解决了常规分类方法中 "同物异谱，异物同谱" 的问题。面向对象主要分为三步，第一步为影像对象分割，即多尺度分割；第二步为构建不同地物目标规则集；第三步为影像分类或信息提取。

13.1.1　多尺度分割方法

影像分割方法很多，如棋盘分割、四叉树分割、基于光谱差异的分割、多尺度分割等。影像中地物目标的大小不同，单一尺度的分割方法不能满足不同地物目标的要求，因此对不同的地物目标需设置不同的分割尺度，即多尺度分割方法。多尺度分割是根据影像中不同地物目标的尺度大小，采用不同的分割尺度，按照地物大小的相对比例将影像分割成为不同的对象层，大小相近的地物目标构成一个对象层，影像由分割而成的多个对象层构成。分割过程中保证影像分割形成的所有对象间的平均异质性最小，影像的平均异质性可用光谱异质性和形状异质性来表现，其中形状异质性包含光滑度和紧致度，从而使分割对象保持一定的光滑边界和形状紧凑性。影像分割对象的大小取决于分割尺度的大小，设定的尺度值越大，分割生成的对象数目越少且面积越大；反之，设定的分割尺度越小，分割生成对象的数目越多且面积越小。因此影像分割最重要的一步是选择合适的分割尺度值，它直接影响下一步信息提取的精度。

13.1.2　LiDAR 点云对象特征

特征规则集的构建是将不同地物目标的特征进行逻辑化运算，从而构成合理的提取规则。地物目标的特征可分为波谱特征与空间特征。不同的地物目标在影像上表现为不同的波谱特征，在影像中经过量化则表现为像元值或灰度值，因此，计算机解译识别不同图像信息的主要依据为图像灰度的差异。影像的空间特征信息反映地物目标的形状大小、结构、构造等特征，主要有长度、面积和纹理信息等。在影像特征分析及信息提取过程中，对象特征主要细化为光谱特征、纹理特征、几何特征、上下文特征等。在 LiDAR 点云数据中，还包括回波次数、回波强度等特征。

（1）反射强度特征。

任何地物目标都有发射、吸收、反射电磁波的能力和性质，这是遥感的信息源。LiDAR将激光投射到不同的地物目标上，地物目标经过吸收、反射、投射等过程形成点云数据，经反射回的点云数据具有不同的强度，即回波强度特征。描述点云对象强度特征的参数主要有最大值、最小值、均值、中值、频率最大值等。

（2）回波次数特征。

激光照射到不同的地物目标时产生的回波次数也不同，不易穿透的地物目标一般会产生一次回波，如建筑物墙体，而易穿透的地物目标由于激光能穿透过去故能产生多次回波，如一般植被可通过回波次数的多少将高大植被剔除。根据点云数据的回波次数特征一定程度上可区分不同的地物目标。描述回波次数特征参数主要有第一次回波、最后一次回波、所有回波次数、回波次数均值。

（3）几何形状特征。

影像目标的形状特征在影像中主要用几何特征来反映，描述几何特征的参数主要有影像目标的面积、周长、边界比、长宽比、形状指数、密度等。

（4）上下文特征。

遥感影像中，上下文特征一般指在空间分布上研究目标与周围相邻的其他目标之间形成的关系特征。如房屋建筑物沿道路分布，房屋建筑物对象与道路对象的某些特征不同，因此根据其差异便可区分不同的对象。再如相邻建筑物的材料不同，因此其光谱特征也不同，根据光谱特征的差异设定阈值，即可区分不同材料的建筑物，这些均可作为上下文特征来进行不同对象的分类识别。

13.2　震害建筑物提取方法

选择北川县城地震遗址为研究区域，研究区被多条地表破裂带横贯，北川县城是汶川地震中破坏最大、伤亡最多的极重灾区，80%以上建筑物垮塌，县城周边发生大面积山体滑坡，因为地震破坏巨大，老县城已无法继续使用，北川地震遗址仍旧保持着震后原来的形态，采用 Riegl 公司的 VZ-1000 地面三维激光扫描仪对地震遗址进行扫描，获取地面 LiDAR 点云数据，经过点云噪声剔除与数据配准预处理后构建地震遗址激光点云三维模型。采用天宝天鹰 X100 无人机获取研究区的真彩色航空影像。

图 13.1　北川县城地震遗址

　　基于 LiDAR 点云数据的震害建筑物信息提取从技术流程上来分主要有四部分，第一部分为数据预处理，数据采集过程中容易受到周边环境的影响而产生噪声点，这些噪声会影响目标识别与分割的精度，因此要对数据进行噪声去除滤波处理，同时获取的点云密度过大，影响处理的效率，要对数据进行点云抽稀；第二部分为特征插值，根据点云数据的特征分别插值生成单一波段；第三部分为分割，设置合适的阈值进行分割；第四部分为规则集的构建，基于插值生成的特征波段构建规则集，实现震害信息的提取，提取技术流程如图 13.2 所示。

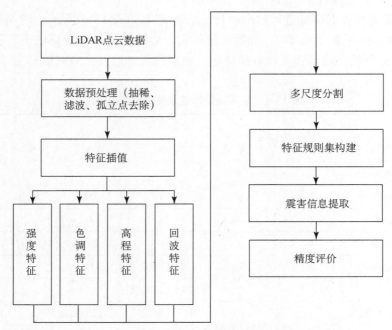

图 13.2　面向对象的震害建筑物提取流程图

LiDAR 点云数据包含了地物信息高程、回波强度、回波次数、光谱等特征，并且点云数据表现为孤立的点，因此在基于点云数据进行阈值分割之前，首先要将点云数据独立的点根据其不同的特征进行插值，生成表现为单一特征的连续的波段图层，其插值的特征图层主要有首次回波、最后一次回波、所有回波、回波次数、高程、强度等，插值生成的各波段将作为下一步特征规则集构建的基础图层。

本书采用多尺度分割对图像进行分割，设置波段不同的参与权重，地物高程特征、回波次数特征波段的权重分别设置为 10，其余波段设为 0，设定分割阈值为 20 对图像进行分割，从而得到不同的地物目标对象，分割结果如图 13.3（a）所示。可见顶部完好建筑物可被较好地分割出，分割之后，以分割的对象为单位构建不同的特征规则集提取震害建筑物信息。本书针对震害建筑物构建提取规则集，构建如下规则集：

第 1 步，当激光照射到建筑物、植被上都会产生相应的回波，背景信息的回波次数均值为 0，根据回波次数，剔除平均回波次数较小的地物信息，研究区平均回波次数如图 13.3（b）所示，平均回波次数范围为 [0, 2.459]，设置回波次数为 0 的为背景区域，图中灰黑表示区域。植被的回波次数通常会多于 1 次，完好建筑物的回波次数通常为 1 次，而损毁建筑物由于局部倒塌，其回波次数会多于 1 次，因此根据回波次数可将完好建筑物与损毁建筑物、植被区分。第 2 步，设置首次回波高程均值，根据高程特征，剔除部分植被背景信息，首次回波高程均值范围 [0, 634.26]，多次试验，建筑物高程均值范围在 [500, 560] 范围内提取效果较好，结果如图 13.3（c）所示。第 3 步，计算 NDVI，根据 NDVI 大小剔除植被信息，NDVI 范围为 [0, 1]，试验得出范围在 [0.25, 0.5] 时植被剔除效果较好。第 4 步，计算对象紧致度，将形状不规则的对象合并为背景为其他地物类型。结果分布如图 13.3（e）所示。最后运行整个规则集，分类结果如图 13.3（f）所示。

以对象为单元对提取结果进行精度评价，分析结果如表 13.1 所示，建筑物提取总体精度为 92.3%，Kappa 系数为 0.873，分类结果稳定，建筑物漏分错分率较低，说明基于面向对象 LiDAR 点云的震害建筑物提取效果良好，满足地震遥感评估的需求。

表 13.1　震害建筑物提取结果精度分析

	类别	建筑物	树木	植被	背景	其他	总和
	分类图像						
参考图像	树木	280	6	0	2	17	305
	植被	3	62	39	102	3	209
	背景	0	0	0	88	21	2570
	其他	0	0	12	73	1713	1798
	总和	283	73	2515	344	1776	4991

建筑物提取精度				
制图精度	漏分	用户精度	总体精度	Kappa 系数
91.8%	8.2%	98%	92.3%	0.873

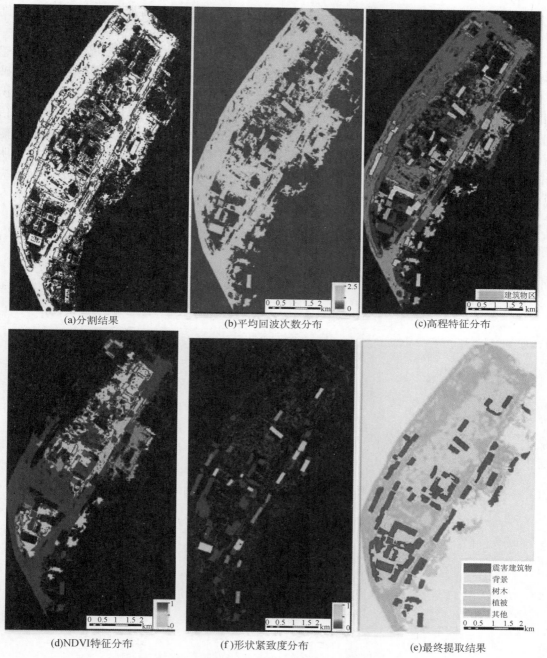

图 13.3　震害建筑物提取的规则集与提取结果

　　基于面向对象方法的震害信息提取在高分辨率光学影像中已得到广泛的应用，而在 LiDAR点云尤其是地面 LiDAR 点云数据中应用的较少。本文基于面向对象的思想采用地面 LiDAR数据对北川地震遗址进行震害建筑物识别，在介绍了点云基本特征的基础上，详述面向对象的方法思路，以北川老县城地震遗址为研究区域，通过点云特征分解分析，构建规则集，获取震害建筑物分布信息，建筑物识别结果精度较高。

地震造成的建筑物破坏形式复杂多样，在影像表现上存在较大的差异，尤其在光学遥感影像中，由于其成像方式的约束，光学遥感只能获取建筑物的顶部信息，而在地震建筑物破坏区域，存在很多建筑物坏而不塌、屋顶保持完好的现象，因此实现高精度的震害建筑物识别困难较大；地面 LiDAR 点云不仅能获取建筑物的屋顶信息，而且能获取建筑物的侧面信息，使得建筑物的三维信息及 LiDAR 的特征参数如回波次数、回波强度等能反映建筑物侧面的特征均能参与到信息提取中，在一定程度上提高了震害建筑物提取精度，同时也证明 LiDAR 技术作为新兴的遥感技术手段也能较好地应用于地震应急与震害评估中，为遥感应急救援与评估增添新的可用数据源。

附　　录

实验 1　Riegl VZ-400 激光扫描仪操作方法

1. 在笔记本电脑上操作扫描仪的方法。

（1）图实 1.1 显示了使用电源线、网线连接电脑和 Riegl VZ-400 激光扫描仪的方法。

图实 1.1　网线、电源线与 Riegl VZ-400 激光扫描仪的连接图

（2）用电源线连接电脑与扫描仪，通电后扫描仪自动启动并进行位置自检。

（3）对中整平扫描仪，俯仰和横滚角控制在±0.4°以内（图实 1.2）。

图实 1.2　Riegl VZ-400 激光扫描仪整平参数

（4）在扫描仪的 LAN&WLAN 下查看网络 IP 配置，并在电脑的本地连接中设置相应的 IP 地址（0~255 间的值，不能与扫描仪相同以免地址冲突）、子网掩码和网关。LAN0 和 LAN1 选项设置相同的 IP。扫描仪与电脑的 IP 地址设置分别如图实 1.3 和图实 1.4 所示。

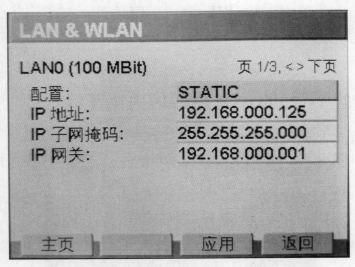

图实 1.3　Riegl VZ-400 激光扫描仪设置的网络 IP 地址

图实 1.4　笔记本电脑中设置的网络 IP 地址

（5）在 Riscan Pro 软件的 Tool 栏下→Option 选项→New Project→Communication 下检查 IP 地址是否与扫描仪一致，选择相机型号为 Nikon D90，如图实 1.5 所示。

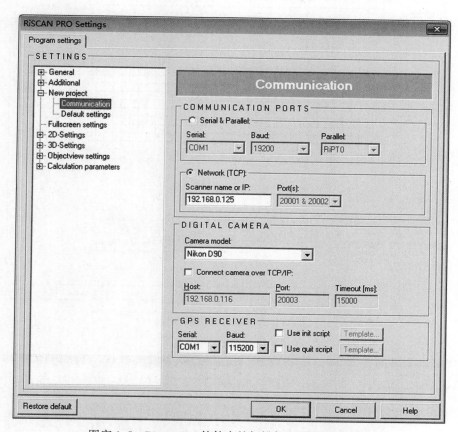

图实 1.5　Riscan Pro 软件中的扫描仪和相机配置参数

（6）Project→New Project（工程路径全英文设置），右击 SCANS→New scanposition 新建 scanpos1，右键 Scanpos001→New single scan，OK 确定。

（7）进入粗扫页面（scanner configuration），在 Pose estimation 先设置为 FAST，Measurement program 中设置为 HIGH SPEED，SCANNER TYPE 中点击 Overview 或 Panorama，点击 Calculate 计算全景扫描时间。取消 Image acquisition 复选框，在 Online view 中选择 2D view。点击 OK，在 Current scanner configuration 中检查参数，无误后点击 OK，粗扫页面如图实 1.6 所示。

（8）精扫页面设置。在粗略全景扫描数据上右键→new single scan，在 scanner configuration 中改变 Pose estimation 为 ACCURATE，设置合适的 Resolution（deg）　（一般设置为 <0.1deg≈0.02m）激光点云数据间隔并按"="键计算扫描时间，Alt 键+鼠标左键选择目标区域，选中 Image acquisition 复选框，点击 OK，如图实 1.7 所示，在 Current scanner configuration 中检查参数，无误后点击 OK。开始扫描拍照。

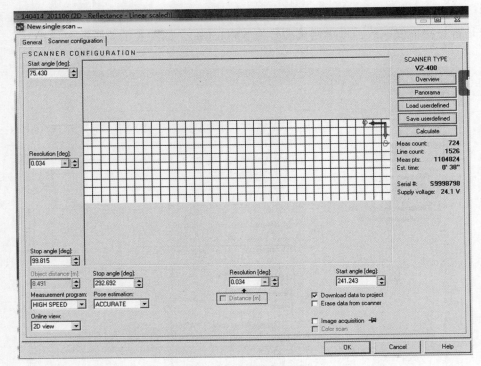

图实 1.6　粗扫页面参数配置

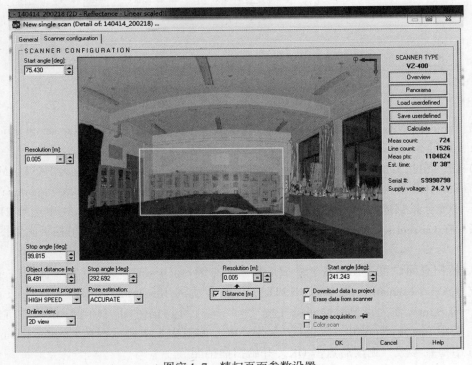

图实 1.7　精扫页面参数设置

（9）扫描完成后，在扫描仪中选择→系统→关机选项，如图实 1.8 所示，关闭扫描仪，不要使用"Power"键强制关机。

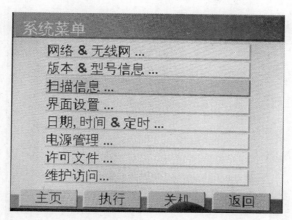

图实 1.8　Riegl VZ-400 扫描仪关机界面

（10）拔下电源线、网线，将扫描仪与其一起放入仪器箱。

2. 直接操作扫描仪的方法。

（1）对中整平扫描仪，俯仰和横滚角控制在±0.4°以内。

（2）在扫描仪主显示屏上，点击"主页"→"相机"自动读取相机信息（显示曝光时间、光圈等），如图实 1.9 和图实 1.10 所示，点击"图像"按钮会拍摄一幅相片。

（3）点击"设置"→"测量程序"→"LONG RANGE"或"HIGH SPEED"，在"设置"→"状态"下观察扫描仪温度和电量情况。

（4）在"扫描模式"下选择需要的扫描参数，如 Panorama 80 0.08°=14cm，如果搬到新站点，选择"新建站点"并通过方向键设置扫描站点名称。参数设置完毕后，按屏幕下方"START"按钮即可开始扫描和拍照。

（5）在上步全景扫描完成后，如果想指定区域扫描，则在主页中选择上步已经扫描的点云 2D 图像，选择"执行→载入"上步扫描的点云 2D 图像，按 ENTER 键高亮显示选择区域，按方向键调整左右两侧选择区域大小，完成后再按 ENTER 键，退回到"主页"。

（6）数据扫描完成后，点击"设置"→"文件浏览"→"媒体"－"Projects"文件夹，选中已扫描的工程文件夹（*.riproject），点击"标记"→"执行"→"拷贝"，再次点击"媒体"按钮出现 U 盘文件夹，按"插入"按钮，提升："'复制项目到/media/usb?'信息吗？"点击 OK 后变为"拷贝 ..cts/*.riproject"，等待直到出现"1 项目复制成功!"的信息出现，此时复制完毕，拔下 U 盘拷贝到电脑中处理即可。

（7）在 Riscan Pro 软件中，新建工程，在 SCANS 文件夹下→New scanposition 新建 scanpos1，右键选择"import"到 U 盘文件夹中选择第 1 站扫描的 *.rxp 文件；在 SCANPOSIMAGES 下右键"import"选择 U 盘文件夹中的对应照片，即可完成照片导入。其余站点用同样的方法导入相对应的数据。

（8）扫描完成后，在扫描仪中选择→系统→关机选项，关闭扫描仪，不要使用

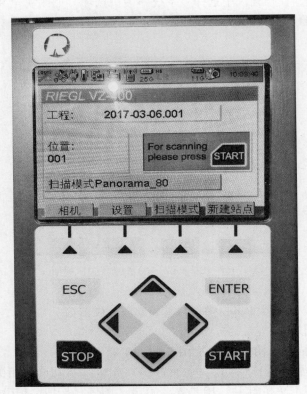

图实 1.9　Riegl VZ-400 扫描仪主页面

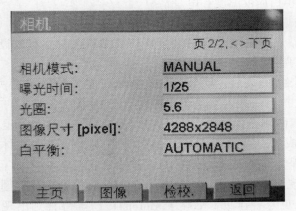

图实 1.10　Riegl VZ-400 扫描仪相机参数设置

"Power" 键强制关机。

（9）拔下电源线、网线，将扫描仪与其一起放入仪器箱。

实验 2　　激光点云的多站配准方法

1. 一定在 3D 视图模式下打开每站的视图，在 reflectance→Linear scaled 中设置 Minimum 和 Maximum 的 values 为 −25 ~ 5，即设置反射强度信息（intensity），可以点击左下方的 calculate minimum/maximum 选项来设置显示效果，设置参数如图实 2.1 所示。

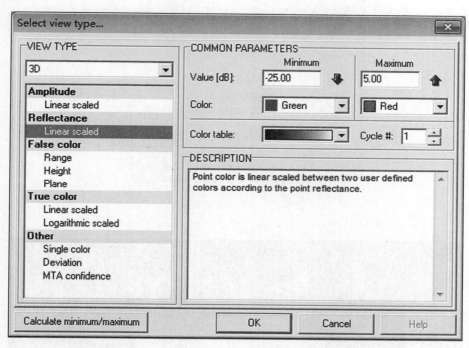

图实 2.1　点云属性设置窗口

2. 先打开 2 站扫描数据，使用工具栏上的 ▥ 变为垂直排列窗口。Registration→Coarse Registration→Manual，点击 View A：视图（由白色变黄色），再点击第 1 站激光点云数据，View A 由白色变为灰色。同样的方法操作 View B 视图，加入第 2 站激光点云数据，粗配准参数如图实 2.2 所示。

在第 1 站扫描数据上寻找特征点位（如反射光片中心点），按住 shift 键并单击该点，点位变为白色点，然后在第 2 站扫描数据上寻找与第 1 站对应的同名点位，同样按住 shift 键并单击该点，点位变为白色点，选择效果如图实 2.3 所示。在 Coarse Registration 选项框中，点击 ➕ 号，加入选中的第 1 对同名点，白色点变为白色。

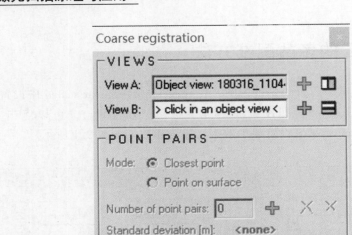

图实 2.2　粗配准选择站点

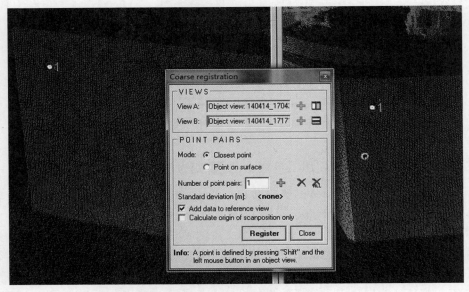

图实 2.3　两站点云中选择的同名点

3. 最少选择 4 对同名点（同名点要与 View 对应），点击 Register 按钮，出现 select Type View 对话框，点击 OK，Register 按钮上方就出现了配准精度——Standard deviation：0.007572，两站配准误差如图实 2.4 所示。出现图实 2.5 左侧图所示的界面，点击 OK 即可，要求两种配准误差控制在 0.1m 以内。同时，在图实 2.5 右侧 Object inspector 中出现了 SCANS（2）中出现两站配准在一起的站名。

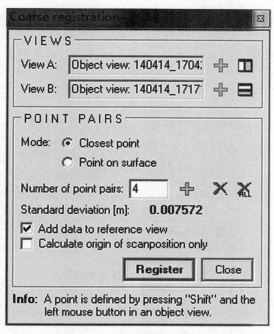

图实 2.4　两站点云配准误差

图实 2.5　保存配准好的站点点云视图

4. 点击 Close，就会在 View1 中发现这 2 站数据配准在一起了。在右侧 OBJECTS→SCANS 下点击每站数据的颜色，通过变换这两站的颜色检查匹配结果。关闭该视图，弹出是否保存对话框，点击 Yes，命名为 pos1-2，保存配准结果视图过程如图实 2.5 所示。

5. 在左侧 Views 中出现 pos1-2 的配准后的数据，打开即可。站 1 和站 2 配准完成后，选择站 2 和站 3 配准，此时选择粗配准界面的 View A 时选择已配准好的站 2，在 View B 中选择站 3，配准的结果是站 3 点云配准到了站 2；依此类推，配准站 3 和站 4 数据，最终完成各站粗配准工作。

6. 精配准开始，选择 Registration→Multi Station Adjustment→Prepare data，在 Data 项中选择要精配准的数据 140414_ 170421 和 140414_ 171719，选择拟配准站点点云数据如图实 2.6 所示。

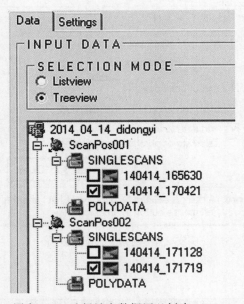

图实 2.6　选择站点数据用以创建 polydata

以上进行了粗配准，只有粗配准了才能进行精配准，否则精配准不起作用。RiscanPro 软件对粗配准精度要求很高，最好粗配准误差都控制在 0.1m 内才可以。菜单栏中 Registration→Multi Stations Adjustment→Prepare data，在 Data 选项卡中选择要精配准的站点数据，在 Settings 中选择 Plane Surface Filter，Max. Plane Error 该参数用于确定两个点是否代表一个平面 patch，这里设置 5 倍的最大的粗配准误差，Max. edge length 是指最大的点云间隔（在两站点最远点处），一般该值要远远大于 Max. Plane Error 的值，Min. range 是指扫描的最小距离（1m），Reference range 是指两个扫描站点的距离，一般要设置大点值，Split angle 用于控制生成 mesh 的分离度，设置为 20° 即可。点击 OK 后，在左侧栏中各扫描站点下 POLYDATA 下出现对应的矢量拓扑数据，创建点云 polydata 的参数设置如图实 2.7 所示。

图实 2.7　创建点云 polydata 时设置的参数

7. 将刚才生成的 4 站 Polydata 数据拖入新的视图中，4 站 Polydata 数据就叠加在一起，此步后要用软件狗。菜单栏 Registration→Multi Station Adjustment→Start Adjustment，输入参数后，再 input 右键 Deactivate 取消不需要配准的站点，右键 Lock Postion and Orientation 锁定 1 个基准站点（取消√，并变灰色），依据具体情况选择固定平面坐标或是旋转角度值，其余站点为调整用的自由站点。

8. 在右侧 Parameters 面板中设置平差参数，Search radius 是指 5 倍最大站点间的粗配准误差，如 0.06m * 5 = 0.3m，如果该值过大（超过 3m），建议减少该值的设置，因为过大的数值容易造成过度调节；Max. tilt angle 设置 5°左右；Min. Change of error1 即为最大误差的一半，如 0.06m/2＝0.03m，如果该值过大（超过 1m），建议减少该值的设置，因为过大的数值容易造成过度调节；Min. Change of error2 即为 1/4 最大误差，如 0.06m/4＝0.015m，站点点云的平差参数设置如图实 2.8 所示。然后点击 Analyse 观察左下角误差直方图中两侧最大误差，如果右侧预测误差降低，点击 Calculate 开始平差。

9. 查看 Statistics 中的估计误差 Error（stdDev（m）），如果平差后的误差并未降低，则点击 Undo last 或 Undo all 撤销平差结果，反之表明平差过程有效，可继续调整参数。点击 analyse 按钮查看左下角误差直方图中两侧最大误差，重新设置右侧的平差参数，最后点击 Calculate 按钮进行平差。可以下调 Min change of error1 和 error2 项的数值进行多次平差，直到观察视图中各种点云配准结果达到满意为止。

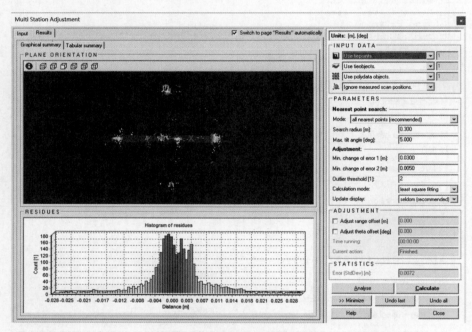

图实 2.8　MSA 平差参数设置窗口

10. 最后在点云视图中，空格（进入选择模式 Selection Model）并选择墙面等屏幕点云，在工具栏右侧有 show only selected area 项，查看点云配准结果，点云配准检查结果如图实 2.9 所示。

11. 打开配准后的点云数据，点击工具栏中的 Toggle selection 工具选择全部点云数据（选中后为红色），再在工具栏中选择 Create new polydata object 工具，在左侧栏中 OBJECTS→POLYDATA 中就会出现 polydata 数据，在其上右键→export 选择要输出的点云格式即可。

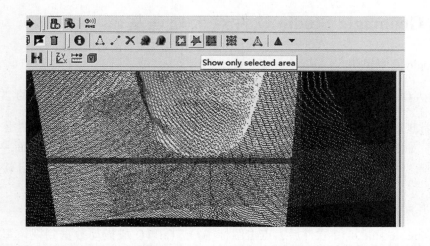

图实 2.9　MSA 点云平差结果显示

实验 3　Geomagic Studio 软件点云处理基础

1. Geomagic 点编辑阶段。

（1）启动 Geomagic 软件，点击左上角 Geomagic 图标 ⌬，点击右下角的"选项"按钮，选项—常规—用户界面—Ribbon 界面中选择"高级"选项，Geomagic 软件才会出现全部编辑工具，如果选择"基本"选项则只有少数基本工具，在常规—用户界面—语言和字体中可以选择当前语言为"中文简体"还是"英语（美国）"，确定后重启软件则完成选择。

（2）打开素材 swug3-5. wrp 文件。

启动 Geomagic studio 12 软件后，点击图标 🐾 或 Ctrl+O 或拖动数据到视窗里（也可拖到模型管理面板），打开 swug3-5. wrp 文件。

（3）着色点。

点击图标 ⦿⦿ Shading，为了更加清晰、方便地观察点云形状，将点云进行着色。

（4）断开组件连接。

点击图标 ⦙⧉，弹出选择非连接选项的对话框，在"分隔"选择"低"，然后点击确定，退出对话框后按 Delete 删除选中的非连接点云。

（5）手动注册 1。

点击点云 10 后按住 Ctrl 选中点云 20，再按 F2 只显示这两个数据，点击对齐工具栏下的图标 ⚛，弹出手动拼接对话框。在定义集合里，固定框中选 10；浮动框中选 20，选中 n 点注册。h 点注册界面如图实 3.1 所示。

图实 3－1　n 点注册

将上面两个窗口内的模型旋转到相同的方位（按住鼠标滚轮），放大模型（滚动鼠标滚轮），在左右窗口中分别点击三个相同的点，如图实 3 - 1 所示，系统将根据指定点进行匹配。系统自动匹配完后，点击左下角"注册器"，进行注册（精细注册一次），最后点击"确定"，退出命令。注意：退出命令后系统未自动建组，请检查手动注册对话框中，"添加到组"是否勾上。

（6）手动注册 2。

点击组 1 后按住 Ctrl 选中点云 30，再按 F2 只显示这两个数据，点击对齐工具栏下的图标，弹出手动拼接对话框。在定义集合里，固定框中选组 1；浮动框中选 30，选中 n 点注册。

将上面两个窗口内的模型旋转到相同的方位（按住鼠标滚轮），放大模型（滚动鼠标滚轮），在左右窗口中分别点击三个接近相同的点，系统将根据指定点进行匹配。系统自动匹配完后，点击左下角"注册器"，进行注册（精细注册一次），最后点击"确定"，退出命令。再次手动注册将组 1 和 40 拼接在一起。

（7）全局注册。

选择对齐工具栏，点击图标 ，弹出全局注册对话框，点击应用后确定。该命令将对点云进行精细拼接。

（8）联合点对象。

选择点工具栏，点击图标 ，弹出联合点对话框，点击应用后确定。该命令可将多个点云模型联合为一个点云，便于后续的采样、封装等。

（9）体外孤点。

点击图标 ，弹出体外孤点对话框，将敏感性设置为 100，点击应用后确定，按 Delete 删除选中的红色点云。该命令表示选择任何超出指定移动限制的点，体外孤点功能非常保守，可使用三次达到最佳效果。

（10）减少噪音。

点击图标 ，进入减少噪音对话框，选择"自由曲面形状"，点击应用后确定。该命令有助于减少在扫描中的噪音点到最小，更好地表现真实的物体形状。

（11）统一采样。

点击图标 ，进入统一采样对话框，在输入中选择绝对间距里输入 0.5mm，点击应用后确定。在保留物体原来面貌的同时减少点云数量，便于删除重叠点云、稀释点云。

（12）封装。

点击图标 ，进入封装对话框，直接点击确定，软件将自动计算。该命令将点转换成三角面。注意：当生成三角面后呈现黄色，表示我们的三角面方向反了，需调整模型的方向（使用三角面修复工具里的翻转法线）。

2. Geomagic 多边形编辑阶段。

（1）打开素材 swug4-1. wrp 文件。

启动 Geomagic studio12 软件后，点击图标 [图标] 或 Ctrl+O 或拖动数据到视窗里（也可拖到模型管理面板），打开 swug4-1. wrp 文件。该模型为鞋模的凹模，细纹较多，点云复杂。

（2）封装处理。

点击图标 [图标]，进入封装对话框，直接点击确定，软件将自动计算，将点转换成三角面，如图实 3.2 所示。

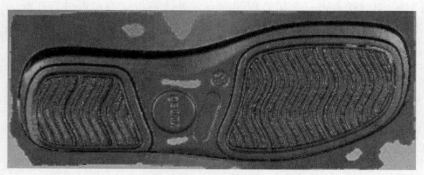

图实 3.2　鞋样多边形模型

（3）全部填充。

点击图标 [图标]，进入全部填充对话框，在取消最大项中输入 1，点击应用后确定，软件将自动填充所选的孔洞。

操作命令说明：

取消选择最大项：根据边界周长大小进行排列，输入 n，则取消 n 排在前面的 n 个孔。

忽略复杂孔：勾上后则不填充复杂边界的孔洞。

最大周长：表示当孔的周长小于输入值时，才会被填充。

自动化：设置选择填充的孔的规则。

（4）填充单个孔。

点击图标 [图标]，选择填充方式 [图标] 的第二个图标（部分填充），在缺口处点击 1，再点击 2，然后选择需填充的边界，软件将根据周边区域的曲率变化进行填充，按 ESC 键退出命令，如图实 3.3 所示。注意：[图标] 第一个图标是填充封闭的孔洞，第二个图标是填充未封闭的孔洞，第三个图标则是桥连两片不相关的边界。[图标] 第一个图标是我们常用的以曲率方式填充（默认），第二个表示以切线方式填充，第三个表示以平面方式填充。同样的方法填补其他的部分边界，如图实 3.3 所示。注意：单个填充孔时点击右键，有选择三角形、选择边界、使区域变形、删除浮点数据、剪切平面功能。

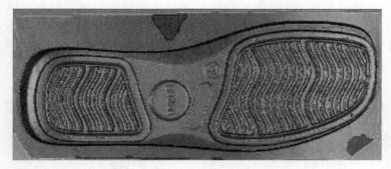

图实 3.3　填充孔

（5）去除特征。

使用多折线选择工具（Ctrl+U）选中中间字母，点击多边形工具栏下的去除特征图标 ，软件将自动去除凸起部分，按 Ctrl+C 取消选择（取消红色区域）。同样的方法，将鞋样点云的印有"42"的凸台和右上角的小凸起去除，如图实 3.4 所示。

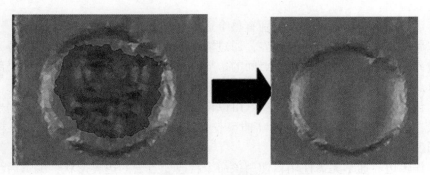

图实 3.4　去除特征

（6）网格医生。

点击多边形工具栏下的网格医生图标 ，软件将自动选中有问题的网格面，点击应用后确定。

操作命令说明：

操作：包含类型和操作，类型里有删除钉状物、清除、去除特征、填充孔几种处理方式，自动修复包含所有处理方式；操作里可选择对红色选中区域的处理方式，比如删除红色区域、创建流型（删除非流型额三角形）、扩展选区（扩大红色区域）。

分析：表示选中的三角面属于哪种错误类型及多少。

走查：可逐个显示有问题的三角面。

（7）编辑边界。

点击多边形工具栏下的编辑边界图标 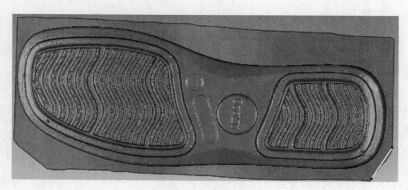，弹出编辑边界对话框。首先选中"部分边界"单选框，在直边首尾处点击两点，再单击鼠标选中绿色需编辑的边。设置控制点为原来的 1/3、张力为 0.1 后，点击执行。选择拾取点模式，分别在斜角端点点击，再点击"执行"，系统将边界拟合成具有 2 个控制点的直边。同样的方法将剩余几条边界进行优化，处理后的模型，如图实 3.5 所示。

图实 3.5　编辑边界

操作命令说明：

定义：设置编辑边界的模式，分别有整个边界、部分边界、拾取点模式。

整个边界：直接选中需编辑的边界，通过输入控制点数量和张力使边界变得光顺。

部分边界：通过选择两个点和两点间的边界，再输入控制点数量和张力使局部边界变得光顺；拾取点则通过手动指定控制点的位置和数量，对边界进行编辑。

编辑：包含控制点和张力。控制点：可以设置选中边界的控制点数量，控制点越多越接近边界原状，控制点是控制曲线走势（曲率变化）的点；张力：设置越大边界越平直，类似于平滑强度。

注意：编辑边界通常无需使用，使用该命令将改变点云的边界形状，编辑后将影响后续逆向造型。

（8）简化。

点击多边形工具栏下的简化多边形图标 ，弹出简化多边形对话框，将"减少到百分比"设为 70 后，勾选"固定边界"，点击应用后确定。

操作命令说明：

设置：减少模式用于选择简化模式，一是按三角形数量变化（三角形计数），二是根据公差大小（公差）。目标三角形计数显示当前状态下的三角形数量，减少到百分比则用于直接设定百分比进行简化，固定边界表示简化时尽量保持原有的多边形边界。根据公差大小进行简化时，需设置最大公差和较小三角形限制。最大公差用于指定顶点或位置移动的最大距离；较小三角形限制用于指定简化后的三角形数量。

高级：用于设置简化时的优先参数，一是曲率优先，二是网格优先。曲率优先表示在高曲率区域尽可能保留更多三角面，网格优先则要求简化时尽可能均匀分布网格。

注意：在显示面板下的几何图形显示勾中"边"，可显示模型的三角边。简化多边形和细化多边形是相对的。

（9）松弛/砂纸。

点击多边形工具栏下的松弛图标，弹出松弛对话框，强度调至第2格，勾选"固定边界"，点击应用后确定。松弛针对整个模型，而砂纸用于局部优化。

操作命令说明：

参数：平滑级别用于设置松弛后多边形表面的平滑程度，强度则是设置松弛的力度，曲率优先表示在高曲率区域尽可能不进行松弛，固定边界表示松弛时尽量保持原有的多边形边界，显示曲率敏感度则在多边形模型上实时显示曲率变化图。

偏差：以色谱图的形式显示每块区域松弛后的偏差，也可对色谱图进行编辑（自定义颜色段、最大最小临界值、最大最小名义值、小数位数），如图实3.6所示。

统计：用于模型松弛后偏差的统计，最大距离表示松弛后偏差的最大距离；平均距离表示松弛后偏差的平均距离；标准偏差根据松弛后每个点的偏差求出。

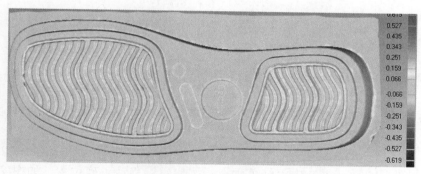

图实3.6　偏差图

（10）保存文件。

到此通常的扫描数据处理就完成了，在左边管理器面板中右键点击合并点1（三角面），选择"保存"，弹出保存对话框，输入文件名，保存类型选择STL（binary）文件后，点击保存按钮。

3. Geomagic NURBS 曲面创建阶段

（1）打开素材 swug5-4. wrp。

启动 Geomagic Studio12 软件后，点击图标 ，打开 swug5-4. wrp 文件。该模型为钣金件点云，包含了8万个三角形。

（2）精确曲面。

点击精确曲面工具栏下的精确曲面图标 ，弹出新建曲面片布局图对话框，点击确定进入形状编辑状态。

（3）探测轮廓线。

点击精确曲面工具栏下的探测轮廓线图标，弹出探测轮廓线对话框。点击"计算"，系统将自动计算高曲率带，若系统没探测出高曲率区域，则使用蜡笔工具手动选择高曲率区域（规划曲面片划分），选取完后点击"抽取"，进行轮廓线提取。最后效果如图实3.7所示。

图实 3.7　轮廓线探测

（4）编辑轮廓线。

点击精确曲面工具栏下的编辑轮廓线图标，弹出编辑轮廓线对话框。点击"细分"后，再点击"接受"。点击收缩图标，再选中深红色点之间的轮廓线，单击将其删除。发现该凹槽另一端也有这个情况，同样方法将其去除掉。

点击绘制图标，再选中深红色顶点，按住左键移动正确位置，如图实3.8所示。查看所有轮廓线，移动顶点，使轮廓线到高曲率带的中间。

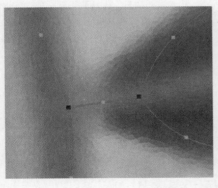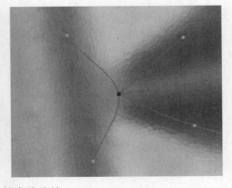

图实 3.8　轮廓线收缩

（5）松弛轮廓线。

点击精确曲面工具栏下的松弛轮廓线图标，系统将自动松弛全部轮廓线。

（6）细分/延伸。

点击精确曲面工具栏下的细分/延伸轮廓线图标，弹出细分/延伸轮廓线对话框，选中"延伸"复选框，选择所有倒圆的轮廓线，点击延伸。系统将沿着轮廓线的两边延伸出黑色的网格线，如图实 3.9 所示。

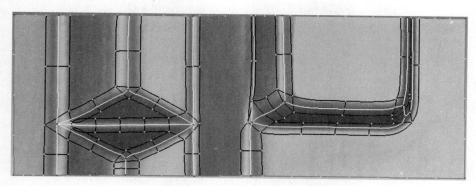

图实 3.9　延伸轮廓线

系统弹出已检查到相交轮廓，放大图形，发现左边出现交叉线，点击"修理曲面片"图标，拖动绿色的节点将其分开，如图实 3.10 所示。

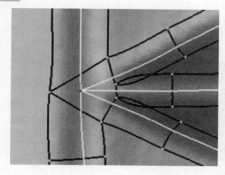
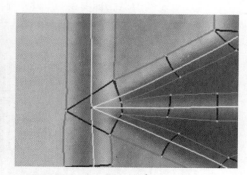

图实 3.10　修理曲面面片

（7）构造曲面片。

点击精确曲面工具栏下的构造曲面片图标，弹出构造曲面片对话框，选中"自动估计"，点击应用后确定。

（8）移动面板。

点击精确曲面工具栏下的移动曲面片图标，弹出移动曲面片对话框，首先单击选中一块曲面片，再依次点击曲面片的四个端点。看见上面的顶点数 1，下面 1，左边 4，右边 6，需要将对面的变为一样，且倒圆边不能改变。选中"添加/删除 2 条路径"，右边类型选择"栅格"，点击 4 个顶点的轮廓线，将其顶点数变为 6，点击"执行"系统将对曲面片进行重新排布，如图实 3.11 所示。如果选择 4 个顶点后，顶点数不对称，则在"添加/删除 2 条路径"下，点击某一顶点来使得对边顶点数相同。使用同样的方法对其余曲面片进行重新排列。最后效果图如图实 3.12 所示。

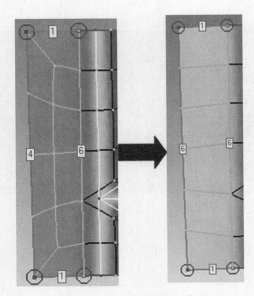

图实 3.11　移动面板添加 2 条路径

图实 3.12　移动面板工具编辑曲面的结果

（9）松弛曲面片。

点击精确曲面工具栏下的松弛曲面片图标，系统将自动松弛高曲率和褶皱较多曲面片。

（10）构造格栅。

点击精确曲面工具栏下的构造栅格图标 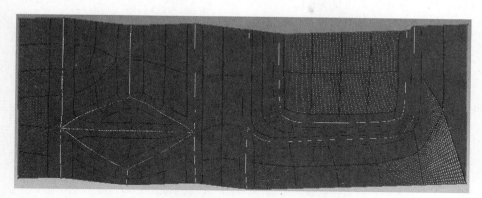，弹出构造栅格对话框，点击应用后确定，生成的格栅如图实 3.13 所示。

图实 3.13 构造格栅

（11）拟合曲面。

点击精确曲面工具栏下的拟合曲面图标 ，弹出拟合曲面对话框，选择"常数"拟合方法，控制点输入 12，表面张力输入 0.25，点击应用后确定，拟合的曲面如图实 3.14 所示。

图实 3.14 拟合的曲面

（12）保存曲面。

在左边管理器面板中，右键点击"钣金"，选择保存。保存时选择相应目录并输入名字、类型选择 STEP-ap203 或 IGES。STEP 标准是为 CAD/CAM 系统提供中性产品数据而开发的公共资源和应用模型，使用任何的主流三维设计软件 Pro/E、UG、CATIA、Solidworks 等都可以直接打开。IGES 是实现 CAD 或 CAM 系统间数据交换的规范，用户使用了 IGES 格式特性后，可以读取从不同平台来的 NURBS 数据，例如：Maya、Pro/ENGINEER、SOFTI-MAGE、CATIA 等软件。

实验 4　Geomagic Studio 软件的三维建模方法

1. 打开 LargeStone. ply 点云数据，在"采样比率"中选择 100%，如图实 4.1 所示，如果选择其他采样率会减少点云的数目。

图实 4.1　初始点云文件选项

2. 选择"点着色"工具 为点云赋色，增强点云的显示。

3. 在左侧栏中的"显示"面板下，选择"动态显示百分比"为 25%，方便在旋转点云时提高刷新显示的速度，同时也可修改"点显示尺寸"，勾选"对象颜色"再取消可以变换点着色的颜色。

4. 选择"体外孤点" ，"敏感度"设置很大则会选中大量对象表面的点，本例中设置为 0.1，然后点击工具栏中的"删除"键或按 Delete 键删除。

5. 选择"非连接项" 来选择偏离主点云的点组，"分隔"项有低、中间、高 3 个选项，表示点数距离主点云多远处的点云被选中，一般选择低；"尺寸"表示占总点云数的百分数，确定后删除非连接项点云即可。

6. 选择软件视图右上角的视图模式选择顶视图模式 ，旋转调整点云数据的视角，通过左键选择矩形 、椭圆 、画笔 、索套 、多边形 工具选择欲编辑的点云数据，选择软件上方的修剪命令 裁剪掉非选择区域的点云（类似于反向删除工具），删除冗余点后的点云如图实 4.2 所示。

7. 对于点云数据空洞问题，Geomagic Studio 软件提供了上方工具栏中的填充孔 和添加点工具，这两种工具适合小范围和平面点云的填充。使用"填充孔"工具之前，使用选择工具选择空洞周围点云，再点击该工具则能填充该空洞；选择"添加点"工具后先选择"定义平面"选项，再选择"三个点"选项，在空洞周围点击 3 个点并点击"对齐"来

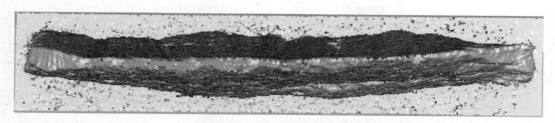

图实 4.2　删除冗余点后剩余的点云

确定一个平面，然后选择"拾取点"工具在空洞内添加所需的点云。添加完毕后，通过旋转工具旋转视图检查添加效果。

8. 选择"减少噪声"工具 ，"参数"编辑框内包括"自由曲面形状"、"棱柱形（保守）"和"棱柱形（积极）" 3 个选项，现介绍如下：

"自由曲面形状"适用于以自由曲面为主的模型，选择这种方式可以减少噪声点对曲面曲率的影响，是一种积极的减噪方式，但点的偏差会比较大。"棱柱形（保守）"适用于模型中有锐利边角的模型，可以使尖角特征得到很好的保持。"棱柱形（积极）"同样适用于模型中有锐利边角的模型，可以很好地保持边角特征，是一种积极的减噪方式，相对于"棱柱形（保守）"的方式，点的偏移值会小一些。"平滑度水平"指平滑级别越大，处理后的点云数据越平直，但这样会使模型有些失真，一般选择比较低的设置。"迭代"可以控制模型的平滑度，如果处理效果不理想，可以适当增加迭代次数。"偏差限制"用于设置对噪声点进行的最大偏移值，由经验而定，一般可以设在 0.5mm 以内。"体外孤点"编辑框内，"阈值"设定系统探测孤点时选择孤点的极限，阈值越大，选择的点数越少。"选择"根据系统所设置的阈值，通过计算得出模型中在阈值中的点，并以红色加亮显示。"删除"删除选中的"包括孤立点"在内的立点，并将孤立点包括在内。在点击确定后，删除那些噪声点，删除噪声后的偏差图如图实 4.3 所示。

图实 4.3　删除噪声点后的点云偏差图

在操作过程中分别选择这 3 种模式并在"显示偏差"栏下对比 3 种模式的点云偏差，

这里选择"棱柱形（保守）"模式处理，点击 OK 后会自动选择噪声点，点击 Delete 键删除这些噪声点。

9. Geomagic Studio 中有 4 种采样方法，分别为统一采样、曲率采样、栅格采样和随机采样，建议采用曲率采样模式，Percentage 点数百分比设置为 90%。

（1）统一采样：使平坦曲面上的点数目减少呈一致，但以规定密度减少曲面上的点数目，是最常用的采样方法，也是该实验采用的方法。

（2）曲率采样：减少平坦区域内的点数目，但保留高曲率区域内的点以保留细节，通过设置一定的百分比来采样。

（3）栅格采样：创建间隔均匀的点集合以减少有序点对象内的点数目，忽略曲率与原来的密度，通过设置一定间隔来采样，适合无序的点云数据。

（4）随机采样：从无序的点对象中随机移除一定比例的点，通过设置一定的百分比来采样，适合模型特征比较简单、比较规则的无序点云数据。

本例中，选择"曲率采样"，设置保留 80% 的点云。

10. 将最后一步编辑的点云另存为一个新的点云文件以备后续返回查找和编辑之用。

11. 选择"封装" ![icon]命令生成多边形（三角网）模型，点击确定即可自动进入多边形模块。

12. 创建流形命令 ![icon]Manifold 极其重要，用于删除模型中非流形的三角形数据，有两种方式创建流形：

（1）"创建流形"→"打开"命令适用于片状而不封闭的多边形模型。

（2）"创建流形"→"封闭"命令将为一个封闭的模型创建流形。

本例中的多边形为未封闭模型，因此选择打开"开流行"删除非流形三角形。

13. 填充孔功能用于在缺失数据的区域里来创建一个新的平面或曲面来填充。可以执行全部填充和部分填充。全部填充一般用于简单结构体，对于复杂物体一般采用部分填充。根据不同的要求选择基于曲率、切线和平面的填充方式。在填充孔前，先删除杂乱、尖锐、孤立部分的三角形，曲率是针对曲面对象来匹配到周围网格的，本例中先使用填充单个孔—曲率填充方式来填充对象的底部，也可使用 ![icon]内部孔、边界孔和搭桥方式来填充孔，填充孔后的多边形模型如图实 4.4 所示。

图实 4.4　填充孔后的多边形模型

14. 去除特征是一个用于快速去除对象上的肿块和压痕的命令。这个命令基本等价于先删除选中的几何形状再基于曲率填充空隙。用选择工具如套索工具来选取压痕，点击去除特征 图标，从选取的多边形上去除压痕。选择 砂纸工具使得多边形表面更加光滑，编辑后的多边形如图实 4.5 所示。

图实 4.5　使用去特征和砂纸编辑后的多边形模型

用简化多边形命令来减少多边形模型的三角片数量。简化多边形将在曲率较小的区域减少三角片而在曲率较大的区域保持三角片的数量，虽然减少三角片的数量但会保持对象的形状。首先在显示对话框内勾选显示边，则可显示多边形网格的边线，这样就可以更直观地观察多边形的压缩程度。其次，选择需要简化的多边形区域，点击简化多边形命令 ，打开简化多边形对话框，勾选固定边界选项，并定义目标三角形数或减少到某个百分比，本例中百分比设置为 20%。

15. 采用网格医生命令修复多边形缺陷。单击网格医生命令 ，进入网格医生编辑对话框。此命令可以自动探测并修复多边形网格的缺陷，如非流形边、自相交、高度折射角、尖状物、小组件、小通道、小孔等。在分析编辑框中显示了模型的缺陷数目，在视窗上，模型的这些缺陷同样会高亮显示，若需详细查看，可使用走查中的前进后退键，详细查看后，点击"应用"—"确定"即可完成所有修复工作，也可单独选择 并点击"应用"按钮来修复多边形，图实 4.6 中显示了需要修复的多边形。

16. 选择上方工具栏 中的"直线化边界"命令，点击欲直线化边界上的 2 个端点，再点击欲直线化的线段，点击右侧的"执行"按钮来直线化该边界，以同样的方法边界化 4 条边界线。另一种直线化边界的方法是执行 "修改"—"编辑边界"命令，打开编辑边界对话框，一般情况下，选择部分边界，通过设置控制点和张力来拉直边界。通过点击边界点先定义一个点，再点击第二个点，控制点输入为原来点数的 1/3，张力为 0.1 来平滑边界。如果边界为直线边界，则通过设置点数为 2，张力为 0 的方式来直线化边界。

图实 4.6 网格医生中需要修复的多边形

17. 选择"裁剪"→"用平面裁剪" 命令，从"定义"中选择"拾取边界"命令选择已定义的边界或者选择"三个点"选项通过 3 点定义面的方式定义平面，调整位置度让平面准确环绕对象底部位置，点击"平面截面"→"删除所选择的"→"封闭相交面"来封闭底面，封闭底面后的多边形如图实 4.7 所示。

图实 4.7 封闭底面后的多边形

18. 如果要为模型建立基座，选择软件上方工具栏中"边界"→"移动"→"伸出边界"，选择底部边界，在"深度"选项中输入拟搭建的平台高度，如-1m，并勾选"封闭底部"选项，再点击"应用"按钮自动生成平台基座。

19. 在"工具"模块下，选择"纹理贴图"→"生成纹理贴图" 命令，在最大纹理图中选择"无限制"，在最大纹理尺寸中设置为 512 或 1024 的分辨率，点击确定即可。继续点击"纹理贴图"→"投影图像"。通过"加载图像"选择纹理图像，在"修改图像"中可以对图像进行翻转操作。在"n 点注册"选项里，观察右侧多边形模型和加载的图像，分别选择至少 3 个同名点将图像配准到模型上，点击应用配准二者，再点击确定即可。同样的方法将其他侧面的图片配准到对应位置。图实 4.8 为贴纹理后的模型。

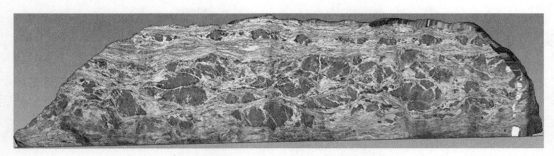

图实 4.8　贴纹理后的 3D 模型

20. 纹理映射完成后，在文件→另存为中输出为 *.obj 格式，即可在其他软件中继续修改完善。

实验 5　三维激光点云赋色实验

三维激光点云的赋色是利用激光点云与照片上寻找同名点的方式完成相片在点云上的定向，然后将定向后相片上的 RGB 色赋予激光点云。在无 Riscan Pro 软件狗的条件下，只能通过反射片（reflector）来校正相机。

具体的操作步骤如下。

（1）在软件左侧栏 SCAN 文件夹下 ScanPosXXX 下寻找扫描的激光点云数据，Riegl 激光点云数据是以年月日时分秒命名的，如 140414_ 171719 代表 2014 年 04 月 14 日 17：17：19，双击该点云数据 VIEW TYPE 中选择 2D，在 Reflectance 选项下选择 line scaled，确定后打开点云的栅格形式，点云栅格图上可以看到红色圆圈部分，即表示高反射率的反射片，如图实 5.1 所示。

2. 在软件左侧栏中，选择要显示的激光点云数据，在点云上右键选择 Find reflectors 项，打开寻找反射片的参数选项，默认参数即可，如图实 5.2 所示。

图实 5.1　激光点云 2D 图上的反射片

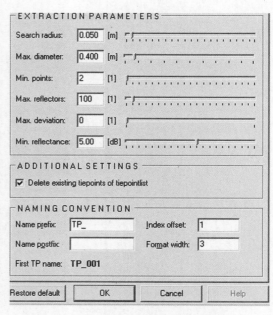

图实 5.2　反射片搜索的设置参数

3. 点击 OK 后，找到的反射片如图实 5.3 所示。在 2D 点云视图中，在工具栏上选择 ![icon] show/hide all tie points→show TPL SOCS 选项，出现"+TP_ 001"等字样，即为点云上的 Tie Points，Shift 键+左键点选寻找到的假反射片，然后在打开的 TPL（SOCS）中的 Tie Point 列表中自动选中这些反射片点，![icon] invert tie points selection 后反选未选中的反射片点，在工具栏中点击 ![icon] 剔除这些假反射片。如果自动寻找的反射片点不在反射片中心，则需要按住 Shift 键+鼠标左键单击选择反射片点，右键选择 Delete Selected tiepoints 删除该反射片点，然后在反射片中心点上右键选择 Create tiepoint here，在 Name 中修改反射片点名，确定即可添加。以同样的方法完成添加所有站点的反射片中心点的 tiepoint，至此激光点云上的同名点选择完毕。最终确定的反射片中心如图实 5.4 所示。

Corresponding tiepoints:				0	Avg. radial deviation [m]:		0.0000				
Standard deviation [m]:			0.0000		Avg. theta deviation [m]:		0.0000				
					Avg. phi deviation [m]:		0.0000				

▲ Name	Link	Ref...	Finescan	ReflT...	Size	Points	Ampli...	Reflec...	X	Y	Z
🔍☑ TP_001		0			0.046	53	65.992	25.07	0.874	2.290	-0.230
🔍☑ TP_002		0			0.040	39	65.147	24.35	0.985	2.398	0.329
🔍☑ TP_003		0			0.045	24	61.003	20.32	0.862	2.373	-1.095
🔍☑ TP_004		0			0.019	7	57.696	17.12	0.948	2.335	-1.369
🔍☑ TP_005		0			0.005	2	47.125	6.36	1.030	2.355	0.600

图实 5.3　自动搜寻的反射片位置

图实 5.4　最终确定的反射片中心

4. 在左侧栏中选择激光点云并以 3D 格式 line scaled 模式打开，而后在菜单栏 View→Image browser，选择每扫描站点下 ScanPosXXX 下的影像，查看相片与点云的对应关系，如图实 5.5 所示，找到覆盖反射片的相片并记下相片的编号。

图实 5.5　查看反射片所在的点云对应的相片

5. 从左侧栏 SCANS→SCANPOSXXX→SCANPOSIMAGES 中打开上一步中点云对应的相片，在相片工具栏中选择 🔲 show reflectors-〉show TPL SOCS，点选后出现"+TP_ 003"等字样，这时出现的"+TP_ 003"等字样不能与反射片中心重合的现象，这是因为影像与点云未完全校正。为了在相片上添加对应点云 tiepoints 的同名点，左键单击相片上反射片中心，即可出现"+"字，然后右键选择 Add Point to TPL，在命名点名后点击确定。按住 shift 键，在距离两点对稍远处，鼠标左键框选某一反射片上的一对点云和相片上的 tiepoints 点，选中后这对点变为红色，右键选择 Link tiepoints together 将两个点连接在一起，此时在视图右上角出现 2 tiepoints selected，这对点在连接后会有少许的微动，添加连接点后的相片如图实 5.6 所示。以同样的方法为所有相片上的反射片添加 tiepoints 点。

6. 在所有影像里添加 tie point 点对后，在软件左侧栏中 CALIBRATIONS→MOUNTING 上有 MountCalib01，在 re-adjustment of camera mounting 选项卡中会出现添加的 tiepoints 点，在 Calculation mode 中选择 modify rotation and translation，点击 Start re-adjustment，在右侧出现配准结果 new<10pixels 为最佳结果，点击 OK，Matrix 中就出现计算的相机到点云的变换矩阵，如图实 5.7 所示。

图实 5.6　添加的相片和点云连接点

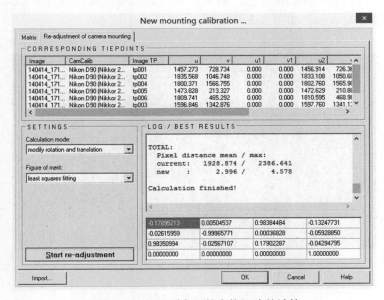

图实 5.7　相机到点云的变换矩阵的计算

7. 在 MountCalib01 右键选择 Assign to image，在 image Selection 下选中 FILTER BY SCANPOSITION，选择 All 所有照片（或单选某些照片），点击 OK 即将变换参数赋给相片。在照片上右键→Attributes→Calibration，可选择相应的 Mounting Calibration。

在左侧栏中的点云数据上，右键选择 color from images，如图实 5.8 所示，选择要为该站点点云赋色的对应影像 OK，为点云赋色开始，赋色后的点云图标由 ▨ 变成 ▨。

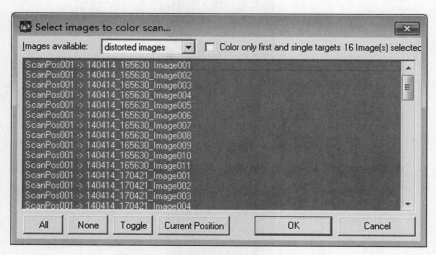

图实 5.8　某站点云赋色中选择的相片

8. 打开该站点云，选择 true color→linear scaled，点击 OK，即可显示赋色后的点云。以同样的方法为所有站点点云赋 RGB 色，如果所有站点已经配准，则可全部显示扫描对象的赋 RGB 色后整体的效果图，如图实 5.9 所示。

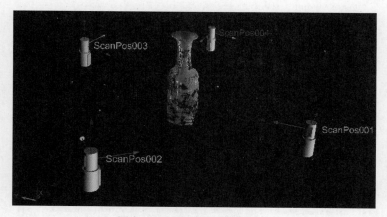

图实 5.9　赋色后的激光点云

实验 6　2D 对象绘图

下面以绘制实物顶视图、侧面图为例讲解 MicroStation V8i 软件绘制 2D 对象的基本操作。

1. 在 MicroStation 软件上方的 Active Line Weight 工具 **≡ 1 ▼** 中选择线宽为 1。选择 MicroStation 软件左侧 Drawing 工具栏下的 Place Block 工具精确绘制矩形，首先单击矩形起点，然后拖动长边直至其变粗为止，在视图下方 X 栏中输入长度 30（此时勿要点击左键!），然后向下拖动鼠标在 Y 栏中输入长度 18，单击鼠标左键完成矩形绘制，如图实 6.1 所示。

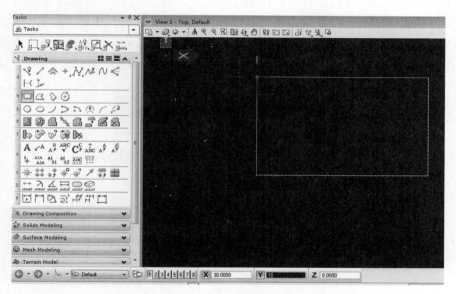

图实 6.1　矩形精确绘制

2. 以矩形中心为圆心绘制半径分别为 4 的圆。首先，在左侧 Drawing 栏中选择 Place Circle 工具，再按 F11 键激活 Accu Draw 工具（X、Y、Z 坐标工具），移动鼠标到矩形宽边中心位置，鼠标会自动搜索宽边中心，按 O 键捕捉该点，然后按 Enter 键锁定 X 轴，在 X 轴方向平移至平行于近似长边中心位置，此时鼠标会自动搜索长边中心，在长边中心按 O 键将原点改变至长边中心，再沿 Y 轴回退到矩形中心；按 Enter 键锁定 X 轴或 Y 轴方向，再在下方 X 或 Y 坐标处输入半径 4，点击鼠标左键完成第 1 个圆形绘制。

3. 下面以捕捉矩形中心的另外一种方法来绘制第 2 个半径为 7 的圆形。单击软件右下方的精确捕捉工具 **⟨图标⟩**，选择 Button Bar 进入 Snap Mode 工具栏，单击 Center Snap（仅捕捉一次圆心）或双击 Center Snap（永久捕捉圆心）**⟨图标⟩**，点击左侧 Drawing 工具栏中的

Place Circle 工具，在矩形边缘（若放到矩形内部则不能捕捉中心）会捕捉到矩形的圆心（中心），点击左键并按 Enter 键锁定 X 轴，在 X 框内输入半径 7，单击鼠标完成圆形绘制。如果不想调出 Snap Mode 工具栏，则只需要按 F11 键并紧接着按 C 键也可捕捉矩形的中心。此外，其他快捷捕捉键有最近点（N）、关键点（K）和交点（I）。

4. 下面在矩形图的下部绘制实物的侧面图。在软件左侧栏 Drawing 工具栏中选择 Place Smartline 工具，按 F11 键并按 O 键捕捉矩形左下角，按 Enter 键锁定 Y 轴，在 Y 框中输入 28 并单击左键，再按 Enter 键锁定 X 轴，此时不要输入 X 轴长度，只需要移动鼠标到上面最外侧圆右侧任意交点即可捕捉关键点，单击鼠标左键确定 X 轴长度；按 Enter 键锁定 Y 轴，在 Y 框中输入高度 15 并单击，然后再按 Enter 键锁定 X 轴，同样的方法选择上面矩形的内侧圆形的任意交点捕捉并单击即可画出顶部宽度；按 Enter 键锁定 Y 轴输入长度 7 并单击，在视图右侧的 Place SmartLine 属性窗口中选择 Segment Type 为 Arcs 开始画弧线（图实 6.2），移动鼠标自动捕捉 2 个圆的圆心并单击确定新圆心，转动鼠标到另一侧半圆位置单击确定，通过 Enter 键锁定寻找关键点的方式绘制左侧对称部分图形，生成的实物顶视图和侧视图如图实 6.3 所示。

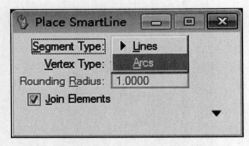

图实 6.2　Place SmartLines 属性对话框

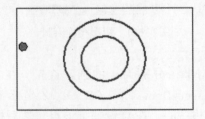

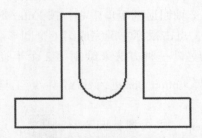

图实 6.3　精确绘制的实物顶视图和侧视图

5. MicroStation 软件中的左键操作是用于选择或确定作用的，右键表示重置或结束并返回当前命令模式，在菜单栏中 Workspace→Preference→Input 对话框中选择 Allow ESC key to stop current command 复选框，表示按下 ESC 键后结束当前命令并返回选择命令。

6. 下面以绘制罐体剖面图为例说明如何精确绘制椭圆。首先利用左侧栏 Drawing 工具栏中的 Place Smartline 工具绘制任意一条长度为 40 的直线，然后通过 F11 获取焦点、Enter 键锁定和捕捉功能绘制该直线下方的同样长度的一条平行直线。选择左侧栏 Drawing 工具栏中的 Place Halfellipse 绘制半个椭圆工具，点击上方直线左侧端点作为输入的第 1 个顶点，移动鼠标到下方直线右端点，则视图下方的 Y 轴出现两直线的垂直距离，按下 "/" 除法键除以 2 并回车得到该垂线的中心，按 F11 获得焦点，按 O 键放置原点，左移动鼠标自动出现刚才垂线的 1/2 距离，再次按下 "/" 除法键除以 2 得到 1/4 垂线距离，该处作为椭圆的第 2 个点，点击下方直线的右侧端点，即为椭圆的第 3 点，如此可完成 1/4 半径椭圆绘制；同理可以绘制出左侧的 1/4 半径的椭圆。绘图结果如图实 6.4 所示。

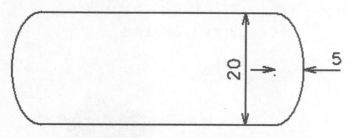

图实 6.4　1/4 半径罐体剖面图

7. 下面解释旋转坐标系的使用方法。首先选择左侧栏 Drawing 工具栏中的 Place Smartline 工具，按 F11 键激活精确制图 AccuDraw 工具，按 O 键捕捉圆心位置，按 RQ 键激活旋转坐标系键，旋转坐标系并捕捉圆上一点并按 O 键，再按空格键转换 AccuDraw 的坐标模式到角度距离模式，按 Enter 键锁定该角度，输入距离 15；此时，按 "~" 键转换 Smart-Line 类型由 Line 变为 Arc 模式，单击该点作为圆心，再次单击变换选择圆心作为新的圆心，在角度值框中输入 -120°，在新弧的半径里输入 10 并单击，再次半径延伸的位置单击绘制右侧小圆弧；再次选择大圆的圆心，转动鼠标捕捉已绘制的弧线左侧端点，在 AccuDraw 精确绘图工具栏中输入小弧半径 10 并单击下方左侧弧点闭合整个弧线完成绘制工作，闭合弧线如图实 6.5 所示。

8. 下面介绍使用 V 旋转坐标画阀门的方法。首先选择左侧栏 Drawing 工具栏中的 Place Smartline 工具，沿 Y 轴方向输入 20 画出一段线段，此时，改用 O 键选择第 1 个线段点作为绘图原点，沿水平方向移动输入数值 40，此时的坐标系已经倾斜，按下 V 键将倾斜坐标系转换为垂直方向坐标系，如图实 6.6 所示。按 Enter 键锁定 Y 轴，用鼠标捕捉第 2 个点，再次捕捉第 1 个点完成阀门绘制。

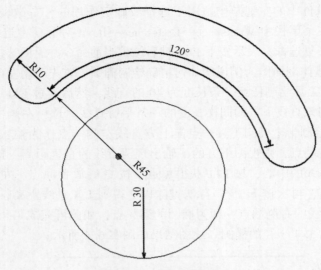

图实 6.5　闭合弧线图

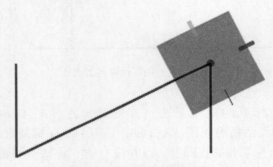

图实 6.6　倾斜的坐标系

实验 7　3D 对象的绘图基础

1. 首先介绍 MicroStation V8i 软件新建 3D 对象模板的方法。打开 MicroStation V8i 软件，点击对话框右上角的新建图标 ，在新出现对话框最下方有个 seed 文件路径，选择 seed3d. dgn 作为三维建模的种子文件，内含三维建模的功能。

2. 命名新建的三维文件后将其打开，然后出现 MicroStation V8i 软件的主界面，包含 Top（顶视图）、Isometric（轴侧视图）、Front（前视图）和 Right（右视图）4 个不同观察角度的视图，如图实 7.1 所示，可以从这 4 个视图来判断分析三维模型，但是最为常用的是 Top 视图，三维模型可以通过 Shift 键+鼠标滚轮的方式来控制三维模型的旋转显示，这种旋转方式在绘图过程中不会中断绘图，这种旋转方式的旋转中心为该视图的中心，而在该视图上方的工具栏中 1 Rotate View 的旋转中心可以通过调整十字形的位置来设置。

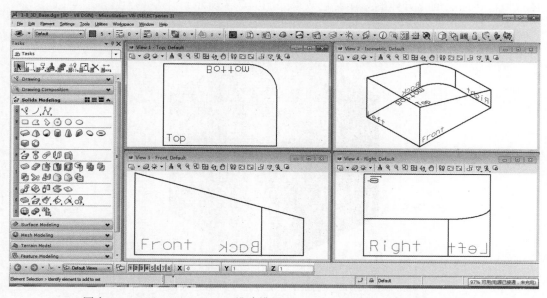

图实 7.1　MicroStation V8i 三维建模的 Top、Isometric、Front 和 Right 视图

3. 下面介绍使用 AccuDraw 精确绘图工具进行最简单的立方体的绘制过程。AccuDraw 精确绘图工具中常用的绘图坐标系模式有 T（Top 旋转模式）、S（Slide 旋转模式）和 F（Front 旋转模式）。首先，选择 MicroStation 软件左侧工具栏中 Drawing 下的 Place SmartLine 绘制智能线工具，单击绘制正方形的第 1 个顶点，按 T 键进入顶视图模式，按 Enter 键锁定 T 坐标系中的红绿垂直线，在 AccuDraw 中输入 2 绘制边长，绘制 4 个顶点后回到原点闭合该正方形，绘制过程如图实 7.2 所示。

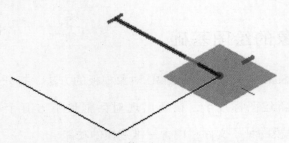

图实 7.2　T 坐标模式下的正方形绘制过程

4. 任意选择正方形的一个顶点，改变坐标模式到 F 或 S 模式下，通过 Enter 键锁定功能和在 AccuDraw 工具中输入边长数值的方法分别绘制正方体的 4 个侧面，注意使用 F 或 S 坐标模式时需要沿着坐标面绘制对应方向的侧面，不要绘制到另一种坐标模式的侧面上，另外一定要绘制闭合的正方形才能形成面，绘制完成后，通过旋转功能来检查 3D 正方体绘制正确与否，通过视图上方的工具栏 Display stylelist·⬛中的 Illustration 的 Default 着色模式显示立体效果，所绘制的正方体的立体着色效果如图实 7.3 所示。

图实 7.3　绘制的正方体的立体着色效果

5. 下面在正方体上方绘制一条绕开它的管道。首先按 F11 激活 AccuDraw 坐标工具，在正方体底面边的中心上按 O 键捕捉原点，再按 Enter 键锁定 X 轴，输入 5 单击确定，用以确定与正方体底面同面的一个点。从该点出发，再按 Enter 键锁定 X 轴并捕捉正方体底面边的中点，按 O 键捕捉该点，再次按 Enter 键锁定 X 轴，在 AccuDraw 工具栏中的 X 框中输入 2，即表示从正方体回退 2，单击鼠标确定该点，绘制过程如图实 7.4 所示。

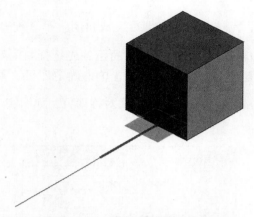

图实 7.4　管道点的绘制过程

6. 按 F 或 S 键将坐标视图竖起来，移动鼠标到正方体顶面任意一位置自动捕捉一点，按 O 键平移原点，从此处再次按 Enter 键锁定 X 轴，在 AccuDraw 工具栏中的 X 框中输入 2，绘制高出正方体 2 高度的一点；按 F 键旋转视图，再次按 Enter 键锁定 X 轴，移动鼠标到正方体顶面任意一位置自动捕捉一点，按 O 键平移原点，再次按 Enter 键锁定 X 轴，输入 2 值表示前出正方体距离为 2；再次按 Enter 键锁定 X 轴，移动鼠标到正方体底面任意一位置自动捕捉一点，按 O 键平移原点，再次按 Enter 键锁定 X 轴，输入 2 值表示下方伸出正方体距离为 2；最后沿 Y 轴方向确定一点则完成立体管道的绘制，绘制结果管道如图实 7.5 所示。

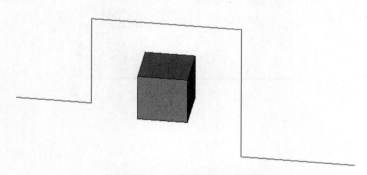

图实 7.5　三维管道绘制结果

7. 其他的变换坐标视图的快捷键还有 E（Cycle 旋转）自由旋转坐标系，RX 键（旋转 X 轴 90°）、RY 键（旋转 Y 轴 90°）、RX 键（旋转 Y 轴 90°），根据个人情况掌握即可。三维（3D）对象的立体绘图不同于二维（2D）平面，从熟悉的 2D 平面转换到 3D 空间需要一个练习熟悉的过程，这样才能将视觉空间变换到 3D 坐标空间！

8. 下面了解一下基本的 3D 对象编辑功能，现有上下两个相同的六边形，使用 3D 对象编辑工具将其封闭成 3D 实体模型。第 1 种封闭方法是使用 AccuDraw 坐标工具变换坐标视图完成，首先选择软件左侧的 Drawing 工具中的 Place Block 工具，点选要封闭面的一个点，按 F 或 S 键变换坐标视图，点选对角顶点即可完成封闭。第 2 种方法是利用旋转工具，使用 3Points 法，勾选 Copies 选项，如图实 7.6 所示，先选择封闭好的矩形，再选择矩形一条边上的 2 个端点将矩形复制并旋转到对应位置单击确定即可。第 3 种方法使用镜像工具，选择 Vertical、Horizontal 或 Line 进行镜像对称即可，如图实 7.7 所示。

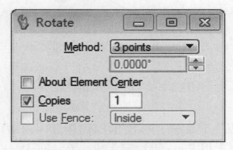

图实 7.6　旋转属性对话框

图实 7.7　镜像旋转对话框

实验 8　3D 位置精确绘图

本节介绍利用 AccuDraw 精确坐标绘图工具绘制 3D 零件的方法，加深对前一节课 3D 建模过程的理解和熟悉，如图实 8.1 所示。

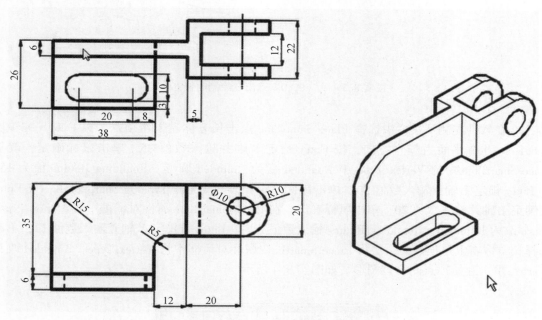

图实 8.1　绘制的零件设计图

1. 首先，在软件左侧工具栏中的 Solid Modeling 下选择 Slab Solid 工具 准备绘制长方体，按 F11 键激活 AccuDraw 精确绘图工具，按 M 键调出 Multi Data Point Key in 坐标输入工具，可以在其中输入（0，0）或（，）来表示从（0，0）坐标点开始绘图，如图实 8.2 所示。将鼠标移动到红线上并按 X 键来锁定 X 轴，在 AccuDraw 中的 X 框内输入长方体的长度 38，单击鼠标确定；按 Y 键来锁定 Y 轴，在 AccuDraw 中的 Y 框内输入长方体的宽度 26，单击鼠标确定；在 AccuDraw 中的 Z 框内输入长方体的高度 6，单击鼠标确定，完成绘制指定的长方体，如图实 8.3 所示。

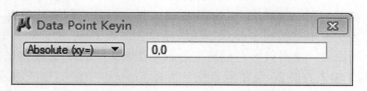

图实 8.2　Data Point Keyin 输入坐标工具

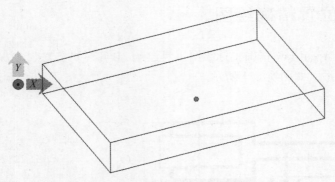

图实 8.3　从（0，0）点出发绘制的长方体

2. 在软件左侧工具栏中选择 Place SmartLine 点击长方体左上角顶点，按 F 或 S 键转换 AccuDraw 坐标平面为竖直方向，按 Enter 锁定 Y 轴并输入数值 35，单击鼠标确定；改变 Place SmartLine 中的 Vertex Type 中 Rounded 变为 Rounded 圆形，Rounding Radius 值为 15；按 Enter 锁定 Y 轴并输入数值 50，单击鼠标确定；改变 Vertex Type 为 Sharp 直角，按 Enter 键锁定 Y 轴并输入数值 20，单击鼠标确定。在 Place SmartLine 属性对话框中将 Vertex Type：Sharp 改为 Rounded，Rounding Radius 输入数值 5，按 Enter 键锁定 X 轴并输入数值 12；单击选择长方体右上角顶点，再次将 Place SmartLine 属性对话框中将 Vertex Type：Rounded 改为 Sharp，单击起始顶点闭合该图形。如图实 8.4 所示。

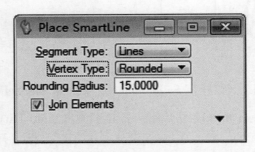

图实 8.4　Place SmartLine 工具属性对话框

在软件左侧工具栏 Solid Modeling 工具下选择 Solid By Extrusion 推拉/挤压 工具，在新建的图形上推出厚度为 6 的立体实物，绘制的零件如图实 8.5 所示。

3. 在软件左侧工具栏中选择 Place SmartLine 工具，在新绘制实体顶部右上角按 F11 键并按 O 键作为原点，按 T 键转换坐标到 Top 坐标模式，再 Enter 键锁定 X 轴并输入数值 8，按 O 键确定为绘制原点，单击鼠标左键确定为起始绘制点。按 F 键转换坐标面为竖直，按 Enter 键锁定 Y 轴并输入数值 20 绘制竖直线，再按 Enter 键锁定 Y 轴并输入数值 20 绘制横线，按 "~" 键转换 SmartLine 中的 Segment Type：Lines 变为 Arcs，半径点击竖直线的中点即可，向上继续点击圆弧上面的点完成圆弧的绘制，按 "~" 键将 Segment Type：Arcs 变为

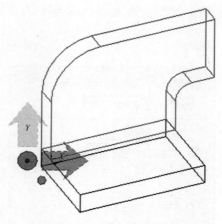

图实 8.5　零件绘制过程 1

Lines，单击起始点封闭该图形。在软件左侧工具栏 Solid Modeling 工具下选择 Solid By Extrusion推拉/挤压工具，在新建的图形上推出厚度为 5 的立体实物，绘制的部件如图实 8.6 所示。使用工具栏中的镜像工具来复制并生成对称的实物，注意选择 Make Copy 选项，按 T 键变换 AccuDraw 坐标到顶坐标模式。软件左侧工具栏中的 Solid Modeling 下选择 Slab Solid 工具，在两个弧形实体之间绘制宽度为 2 的长方体。

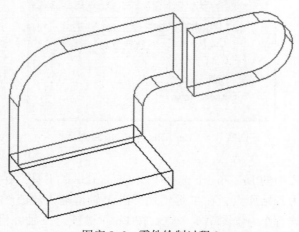

图实 8.6　零件绘制过程 2

4. 在软件左侧工具栏中的 Solid Modeling 下选择 Union Solid 工具，按 Ctrl 键并单击建立的上述 5 个 3D 实体为一个实体。软件左侧工具栏中的 Drawing 下选择 Place Circle 工具，在图实 8.7 中输入 Diameter 直径为 10，按 F11 键和 O 键捕捉弧形实体右侧的圆弧中点，然后移动鼠标到其圆心位置，按 F 键变换到 AccuDraw 到竖直坐标面，单击鼠标确定将圆心绘制到弧形实体上。

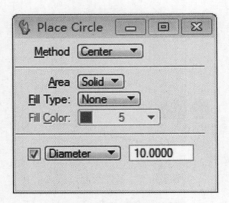

图实 8.7　圆心属性对话框

5. 软件左侧工具栏中的 Solid Modeling 下选择 Cut Solid by Curves 工具 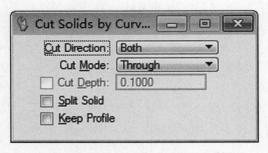，先选择绘制的 Solid 实体，再选择绘制的圆心作为 Cutting Profiles，其属性设置为 Cut Mode：Through 穿透模式，如图实 8.8 Cut Solids by Curves 单击鼠标穿透 2 个圆弧实体，再单击鼠标确认上述操作。

图实 8.8　Cut Solids by Curves 对话框

6. 软件左侧工具栏中的 Drawing 下选择 Place SmartLines 工具，在长方体顶面右顶点上按 F11 键并按 O 键作为起始原点，在 T 键模式下沿 X 轴框输入数值 8 并按 O 键，再沿 Y 轴框输入数值 3 并按 O 键后作为绘图第 1 个点；按 Enter 键锁定 X 轴并沿 X 轴框输入数值 20，按 "~" 键变换 SmartLines 的 Segment Type：Arcs，输入半径 5，在另一侧半圆处单击绘制半圆形；按 Enter 键锁定 X 轴并输入数值 20，按同样的方法绘制另一侧的半圆并封闭该图形。软件左侧工具栏中的 Solid Modeling 下选择 Cut Solid by Curves 工具 ，先选择绘制的 Solid 实体，再选择绘制的新图形作为 Cutting Profiles，其属性设置为 Cut Mode：Through 穿透模式，生成 3D 零件图。在视图 View 上方的 Display Style List 工具下选择 Illustration 模式，并旋转视图 View 上方的 Adjust Bright View Brightness ☀ ▾工具调整灯光效果，如图实 8.9 所示。

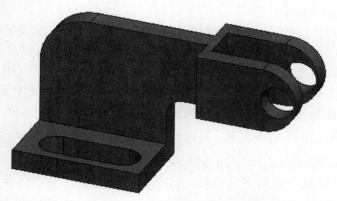

图实 8:9　生成的零件 3D 实体着色图

7. 软件左侧工具栏中的 Solid Modeling 下选择 Fillet Edges 倒角工具 ⬚，设置要倒角的半径为 1，选择实体上的线对象进行倒角操作，倒角后的 3D 零件如图实 8.10 所示。

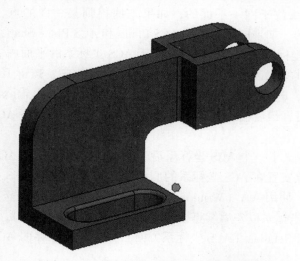

图实 8.10　倒角操作后的 3D 零件立体效果

实验 9　辅助坐标系基础

1. MicroStation 的坐标系。

世界坐标系（GCS）是一个全局坐标系，系统并不显示出来。辅助坐标系（ACS）相当于 AutoCAD 中的 UCS 坐标系，是用户自定义坐标系，在绘图轴不与世界坐标系轴平行或垂直时，由用户进行自由定义。精确绘图坐标系像一把灵活定位的尺子，用于精确的参数化绘图。虽然世界坐标系并不显示，但是可以通过在精确绘图工具中按下 P 或 M 键来输入坐标的方式确定世界坐标系的点位，如按下快捷键 P，输入（0，0，0）来确定世界坐标系的原点。如果视图中部分图形未完全显示，可以点击视图左上角第一个图标 ⊡ ▼ 的下拉菜单中的 Clip Back 和 Clip Front 来显示。与 P 键每次输入点都需要按键不同，只需按快捷键 M 一次，即可在其中多次输入不同点的坐标，对于原点（0，0）可以直接输入"，"来简化输入。

2. ACS 坐标系的使用。

在 AccuDraw 工具中，按下快捷键 RA（Rotate ACS）通过设置 ACS 坐标系的 X 轴和 Y 轴即可定义 ACS 坐标系。若 ACS 坐标系下的精确绘图方向轴不可用，单击右下角状态栏中 🔒 来选中 ACS Plane 选项即可获得 ACS 轴系的方向，此时，在未捕捉任何点的前提下绘出的图是与 ACS 坐标系位于同一平面的，如果先捕捉到某一面的点，则绘出的平面是与 ACS 坐标系平面平行的。如果同时选中了 ACS Plane 和 ACS Plane Snap，无论是否先捕捉点，都会自动投影到 ACS 坐标系平面，即绘图均位于 ACS 坐标系的平面内。如何将 ACS 坐标系定义世界坐标系呢？其实很简单，还是在 AccuDraw 工具栏中，按下 RA 键，再按多点输入键 M，先输入（0，0，0）或（，）来定义 ACS 的坐标原点，再输入 X 轴位置（333，0，0），X 坐标值非 0 即可，最后输入 Y 轴位置（0，4444，0），即可将 ACS 坐标定义到世界坐标系下。

当用 RA 快捷键定义了一个 ACS 坐标系后，紧接着将鼠标放到 ACS 原点上，然后按下 O 键将精确绘图的原点安置在 ACS 坐标系的原点上，否则保存的 ACS 坐标系的原点会跑到原来精确绘图的原点；使用 WA（Write to ACS）快捷键保存该 ACS 坐标系，可以按照同样的方法保存多个 ACS 坐标系以备后续直接调用。按下 GA（Get ACS），根据需要选择 Origin（ACS 坐标系原点）和 Rotation（ACS 坐标系方向）完成调用保存的 ACS 坐标。保存的 ACS 坐标系可以在菜单栏 Ultilities→Auxiliary Coordinates 或工具栏 🛒 ▼ 中显示，通过双击 ACS 坐标系的名称或右键 Set Active View 来调用。🛒 用来通过平面定义 ACS 坐标系，🛒 用来通过点来定义 ACS，🛒 是根据视图来定义 ACS 坐标系。

对应非世界坐标系下物体的画法有两种方式：一种是旋转视图，一种是锁定 ACS 坐标系平面。第 1 种方法：在定义完 ACS 坐标系后，点击视图上方的工具栏 🔄 ▼ View Rotation：

Rotate View，在 Methods 中选择 3points，按照右下角状态栏的提示分别输入自定义视图的原点、X 轴和 Y 轴，倾斜的地物就会旋转到世界坐标系下。第 2 种方法：在定义完 ACS 坐标系后，直接使用快捷键 LP（Lock ACS grid Plane）将精确绘图的坐标轴与自定义的 ACS 坐标系平行，而后即可方便地使用 T、S、F 键绘制倾斜地物。

按 F11 激活 AccuDraw 窗口，"Shift+?"键激活 AccuDraw shortcut 功能，其中包含了精确绘图的各种快捷键、描述和命令值。AccuDraw 工具一般仅能变换 90°锁定轴，可以先按空格键把 XYZ 模式变换到角度、距离模式，再在菜单栏 Setting→AccuDraw 中 Coordinates→Unit Roundoff Angle 中设置锁定的角度值（如 30°），则绘制线时会以 30°为间隔锁定。如果取消选择 Coordinates→Indexing 下的 Axis 和 Distance 选项，则锁定轴的功能会被消失。

3. ACS 坐标系的使用实例。

（1）现有一个框架结构需要进行封闭，如果直接使用 AccuDraw 精确绘图功能中的 T、F 和 S 键功能变换坐标系模式，则无法用矩形封闭该框架结构的面，此时使用 ACS 坐标来解决这个问题。按 F11 键激活 AccuDraw 精确绘图功能，按 RA（Rotate ACS）键，首先定义 ACS 坐标系的原点，选择 4 点，再选择 3 点作为 X 轴的方向，最后选择 2 点作为 Y 轴的方向。ACS 坐标系定义完毕后，再使用软件左侧的 Drawing 工具栏中的 Place Block 安置矩形封闭框架的斜面，定义的 ACS 坐标系和封闭结果如图实 9.1 所示。

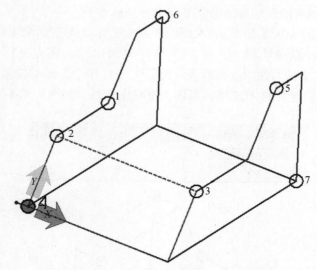

图实 9.1　定义的 ACS 坐标系和封闭的斜面

（2）如果此时调用 T、F、S 键变换 AccuDraw 中的坐标模式，再次绘制矩形封闭斜面时会失效，这时只需要点击软件下方状态栏中的 Active Locks 锁 🔒 工具，打开并点击 ✓ ACS Plane 选项即可恢复定义的 ACS 坐标系。以同样的方法可以封闭 123 面、15 面、67 面和 56 面，封闭面后的结果如图实 9.2 所示。

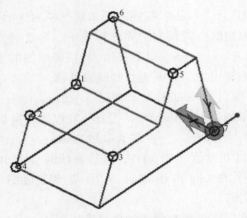

图实 9.2　封闭面后的立体框架

（3）如果选择了 Active Locks 锁 🔒 工具下的 ✔ |ACS Plane Snap，则所绘制的任意平面都会固定到自定义的 ACS 平面上，即使捕捉了已有点，也会被投影到自定义的 ACS 坐标系面上。当使用 ✔ ACS Plane 时，如果捕捉了已有点，所绘制的平面会固定已选点所在的平面，如果未捕捉任何点，所绘制的平面安置在自定义的 ACS 坐标面上。如果取消选择 ACS Plane 和 ACS Plane Snap，则所绘制的矩形会恢复到世界坐标系下。

（4）在定义了新的 ACS 坐标系后，如何将 ACS 坐标系恢复到常用的世界坐标系下呢？按 F11 键激活AccuDraw精确绘图工具栏，按下 M 键调出输入多点坐标工具，在其中输入（0，0，0）作为 ACS 坐标系的原点，输入（55，0，0）作为 X 轴的位置，输入（0，2，0）作为 Y 轴的位置，则新定义的 ACS 坐标系即为世界坐标系，如图实 9.3 所示。

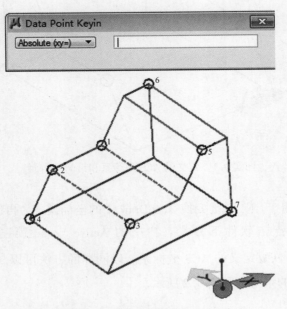

图实 9.3　恢复定义的世界坐标系

（5）ACS 坐标系的保存和调用。当需要保存多个 ACS 坐标系时，先按 F11 键激活 AccuDraw工具，按 RA 键后再按 O 键将原点也定义在 ACS 坐标系的原点，然后再定义 ACS 坐标系的 X 轴和 Y 轴，按 WA（Write to ACS）键出现保存界面，如图实 9.4 所示；如果不使用 O 键定义 ACS 坐标系的原点，则保存的 ACS 坐标系的原点将跑到原 ACS 坐标系的原点上！如果要调用 ACS 坐标系，只需在激活 AccuDraw 工具的前提下，按 GA（Get ACS）键，出现调用 ACS 坐标系的界面，如图实 9.5 所示，此时需要同时选中 Origin 和 Rotation 选项。

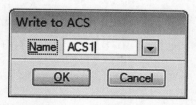

图实 9.4　保存 ACS 坐标系

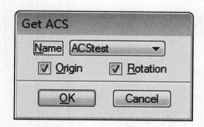

图实 9.5　调用 ACS 坐标系

实验 10　辅助坐标系高级编辑技术

1. 如果绘制非世界坐标系（GCS）的 3D 对象，如何使用自定义的 ACS 坐标系和 T、S、F 坐标模式绘制对象？现有 2 个不同方向的立方体，其中一个可用位于 T、S、F 坐标模式的世界坐标系，另外一个倾斜立方体需要重新定义一个 ACS 坐标系。先在倾斜立方体面上定义 ACS 坐标系，然后在激活 AccuDraw 精确绘图工具下，按下 LP（Lock ACS Grid Plane）键锁定 ACS 坐标系，同时在锁定 🔒 工具下选中 ACS Plane Snap 选项，绘制的各种图形就可以位于定义的 ACS 坐标系平面内，如图实 10.1 所示。如果不需该功能了，则再次按下 LP 键即可取消。

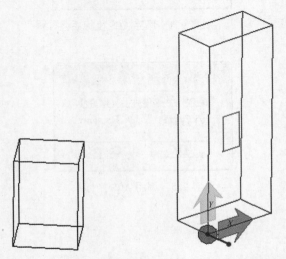

图实 10.1　在 LP 模式下绘制的 ACS 坐标系图形对象

2. 调用 ACS 坐标系的方法除了 GA 键外，还有软件上方工具栏中的 Auxiliary Coordinates 工具或者菜单中→Utilities→Auxiliary Coordinates 命令，在图实 10.2 中可以双击定义 ACS 坐标系（如 ACS1）或在 ACS 坐标系上右键选择 Set Active View 激活 ACS 坐标系。

3. Auxiliary Coordinates 对话框中可以选择 Import ACS 工具 ，打开先前保存过 ACS 坐标系的 .dgn 文件，点击 OK，双击该 ACS 坐标系的名称即可在视图中调用出来。

4. Auxiliary Coordinates 对话框中的 Define ACS by Face 工具是通过定义面来定义 ACS，如：绘制一个矩形面，使用该命令后先选择一个元素，再选择矩形面的直角即可定义 ACS 坐标系；Define ACS by Points 工具是通过点来定义 ACS 坐标系，使用该命令先定义原点，再分别定义 X 轴和 Y 轴；Define ACS（Aligned with View）工具是通过视图工具

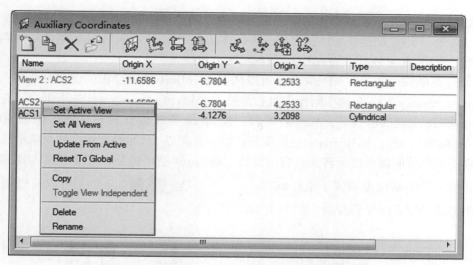

图实 10.2　Auxiliary Coordinates 辅助坐标系

来定义 ACS，如选择 Top 顶视图，点击该命令后单击视图即可定义 ACS 坐标系。

　　5. ACS 坐标系的显示与关闭。打开视图中左上方的 View Attributes 观看属性工具，点击该图标 ACS Triad 即可打开或关闭 ACS 坐标系。

　　6. 按 F11 键激活 AccuDraw 精确绘图工具，按快捷键"Shift+?"用来显示所有的快捷键命令，如图实 10.3 所示。

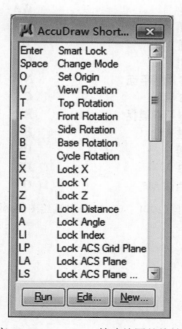

图实 10.3　AccuDraw 精确绘图的快捷键

7. 此外，AccuDraw 精确绘图快捷键也可以通过菜单→Utilities→Key in 工具输入，键入快捷键的命令，如按 T 键的命令为"AccuDraw Rotate Top"，输入后回车即可同样调用该 T 键的功能。图实 10.4 显示了 AccuDraw 精确绘图的快捷键。

8. 通过菜单 Setting→AccuDraw 命令可以调用 AccuDraw 精确绘图的设置对话框，如果勾选 Operation→Sticky Z Lock 选项则操作时总是锁定 Z 轴；在 Coordinates 选项卡中，在勾选了 Axis 和 Distance 选项的前提下，Angle：0°时，按 Space 空格键旋转轴总是在 0°或 90°旋转；如果将 Angle 改为 15°，则按 Space 空格键旋转轴总是能以 15°间隔旋转；如果取消选择 Axis 选项，则不再以等间隔角度旋转而是自由旋转。按 Space 空格键是在 *XYZ* 坐标与距离角度模式之间切换，在距离角度模式下 ▭ 0.0000　↺ 0.0000° 可以通过输入角度和距离的方式确定点的坐标位置。如图实 10.5 所示。

Enter	智能锁	RE	旋转元素
Space	更改模式	RV	旋转视图
O	设置原点	RX	绕 X 轴旋转
V	视图旋转	RY	绕 Y 轴旋转
T	顶视图旋转	RZ	绕 Z 轴旋转
F	前视图旋转	?	显示快捷
S	侧视图旋转	~	切换工具设置
B	底视图旋转	GT	转到工具设置
E	环视图旋转	GK	转到键入
X	锁定 X	GS	转到设置
Y	锁定 Y	GA	调用 ACS
Z	锁定 Z	WA	写入 ACS
D	锁定距离	P	点键入（单个）
A	锁定角度	M	点键入（多个）
LI	锁定索引	I	捕捉交点
LP	锁定 ACS 网络平面	N	最近点捕捉
LA	锁定 ACS 平面	C	捕捉中心点
LS	锁定 ACS 平面捕捉	K	捕捉等分数
LZ	锁定粘性 Z 轴	HA	冻结精确绘图
RQ	快速旋转	HS	切换精确捕捉
RA	旋转 ACS	HU	暂停精确捕捉
RC	旋转到当前 ACS	Q	退出精确绘图

图实 10.4　AccuDraw 精确绘图快捷键

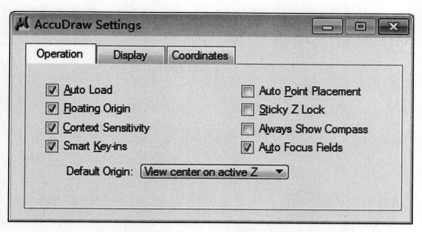

图实 10.5　AccuDraw 精确绘图对话框

实验 11　3D 对象的精确绘制

三维模型可以由点、线、面和体 4 种元素组成，一般通过面拉伸挤压或直接绘制体元素来实现。为了形象清晰地说明三维模型的绘制方法，下面通过三维书桌的绘制实例进行详细的阐述。

1. 首先，在右侧的 Solid Modeling 工具栏中选择 Slab Solid 实心长方体工具，按照右下角状态栏提示，通过定义起点、长（2m）、宽（1m）和高（0.05m）4 项元素绘制一个长方体作为桌面。

2. 为了获得弧形的桌面，拟在长边下方 0.1m 处绘制一条圆弧。选择 Solid Modeling 下 Place Arc 绘制弧形工具，在 Method 中选择 Start、Mid 和 End 方法，先用 F11 键激活 AccuDraw，按下 O 键将原点放置在长方体桌角点上，Enter 键锁定轴线，再沿着桌体宽度线在 AccuDraw 中输入 0.1m，单击作为 Start 点，再自动捕捉到桌体长度线的中点作为 Mid 点，同样的方法确定 End 点，弧线绘制完毕。使用右侧工具栏最上方的 Manipulate-Main Task 工具栏中的 Mirror 工具，选择 Make Copy 框，选择弧线，点击桌面宽度线中点，将弧线镜像到桌对面，如图实 11.1 所示。使用 Solid Modeling 工具栏中 cut solids by curve 工具，Cut Direction 中选择 Both，Cut Mode 中选择 Through，通过选择 Solid，选择 2 条弧线，单击即完成用弧线裁剪桌体的工作。

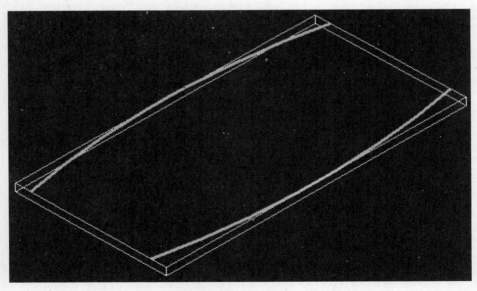

图实 11.1　桌面长边处绘制的 2 条弧线

3. 为了绘制桌腿，选择 Solid Modeling 中的 Place SmartLine 工具，单击桌角点，再

通过宽度线中点使用 O 键往对面桌宽度线方向外推 0.2m 并单击，再连接起该宽度线的另一个桌角点。利用左上角 Manipulate-Main Task 中的 Move 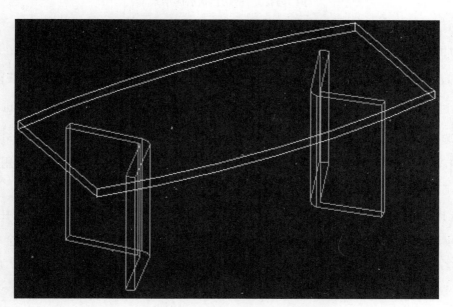 工具将绘制的桌腿线往对面桌宽度线外推 0.2m。因为桌腿线过于靠近桌边，利用左上角 Manipulate-Main Task 中的 Modify Element 工具内缩 0.1m。

4. 选择 Solid Modeling 中的 Surface by Extrution 工具，将桌角线拉伸为面。为了增加厚度，选择 Solid Modeling 中的 Solid by Thicken Surface 增添 0.05m 的厚度。再通过 Move 工具将桌腿下移 0.2m 到桌面底部。通过镜像工具在对面复制一个桌腿，如图实 11.2 所示。

图实 11.2　添加桌腿后的桌体

5. 为了在 2 条桌腿间安放一块 2/3 桌腿长度的挡板，选择 Solid Modeling 中的选择绘制矩形工具，从桌腿上部中间点沿一条直线捕捉对面桌腿中间点，按下 O 键作为原点并捕捉到桌腿下部中间点，按 F11 激活 AccuDraw 工具，按下"/"，输入数字 3，再按下"Shift+*"键，输入数字 2，单击即可得到 2/3 桌腿长度长的挡板。选择 Solid Modeling 中的 Solid by Extrusion 工具，选中 Both Direction 工具往两侧各拉伸 0.025m。利用 Place Arc 工具在挡板一角绘制弧形，选择一角点作为起点，捕捉到中点后按下 O 键并往上移动 0.1m 单击作为中点，捕捉另一角作为终点绘制该曲线。使用 Cut Solids by Curves 剪切挡板下部，剪切结果如图实 11.3 所示。

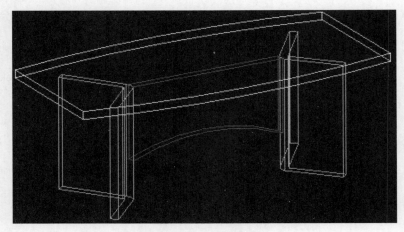

图实 11.3　剪切挡板后的结果

6. 为了在桌面中间上绘制类似桌面形状的一块装饰面板，选择 Solid Modeling 中的 Extract Faces/Edges 工具，在 Extract 中选择 Faces，选择桌面体 solid，单击即可获得提取出的面。通过选择 Solid Modeling 中的 Move Parallel 工具缩小提取的面。使用 Cut Solids by Curves，选择 Split Solids 和 Keep Profile（保留提取的面）项，剪切面板。使用 Solid Modeling 中的 Modify Solid Entity 工具降低剪切的中间面板块的高度 0.01m，再使用 Solid by Extrusion 工具将提取的面拉伸成厚 0.01m 的面板。

7. 选择 Solid Modeling 中的 Fillet Edges（倒角）工具进行倒角操作，按住 Ctrl 键，选择桌面四周的 4 条边，单击完成倒角工作。如果单独选择每条边进行倒角，则会增加很多不必要的线。选择视图上部工具栏中的 Display Style List：Illustration Default，最终的桌体三维效果如图实 11.4 所示。

图实 11.4　桌体的三维模型效果图

实验 12　3D 模型的高级编辑技术

1. 首先介绍一下绘制斜长方体的方法。选择 MicroStation V8i 软件左侧的 Solid Modeling 工具栏→Slab Solid 工具，在视图中出现 Slab Solid 的属性，如图实 12.1 所示，取消 Orthogonal 直角选项后就能绘制斜长方体，如：先按 T 键转换到顶视图坐标模式下绘制斜长方体的底面矩形，此时移动鼠标会发现高度是可以随意改变的，然后按 F 键转到垂直坐标模式下，先沿着 Y 轴输入高度 10，再沿 X 轴输入宽度 5，则可绘制出长度为 11.1803 的斜长方体，如图实 12.2 所示。如果使用 AccuDraw 精确绘图工具的距离角度模式，那么同样需要先绘制地面矩形，再按 Space 键转换 XYZ 坐标模式到距离角度模式，在距离框 ▭ 中输入长度 11.1803，再输入角度 45°，即可确定斜长方体。

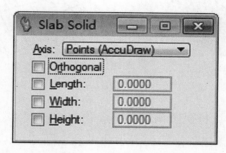

图实 12.1　Slab Solid 属性

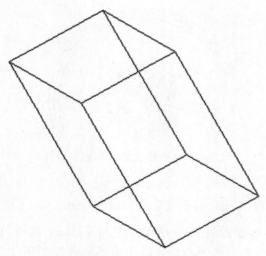

图实 12.2　绘制的斜长方体

2. 在绘制规则的体元时，可以直接在其属性框中输入对应的参数（如长方体的长、宽、高），然后只要确定位置和角度即可。又如，绘制棱台 ⬠ 工具，选中 Orthogonal 选项可以绘制正多边形的棱台；如果绘制斜棱台，则可取消 Orthogonal 选项，先绘制底部的多边形，在确定高度后，通过旋转鼠标生成斜棱台，如图实 12.3 所示。

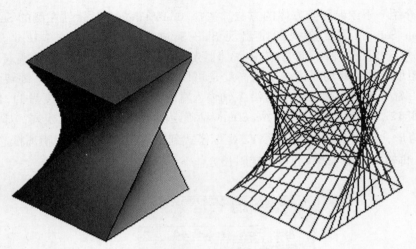

图实 12.3　斜棱台（着色和线框模式）

3. 绘制圆环体 ⬭ 工具，将视图调整到 Top 顶视图模式下，输入起点位置，输入圆环体中心位置，旋转角度并调整内外半径的大小即可确定圆环体，如图实 12.4 所示。其余的体元绘制方法可以自己试验画出，不再赘述。

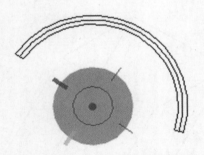

图实 12.4　在顶视图下绘制的圆环体

4. 选择软件左侧 Solid Modeling 下的 ✏ Solid by Extrusion 工具来建立扭曲的 3D 实体，Solid by Extrusion 的属性框如实图 12.5 所示，在 Spin Angle 旋转角中输入模型旋转的角度 45°，点击底面多边形的每条边的中心点可以生成不同类型的扭曲 3D 实体；按 F11 键激活 AccuDraw 精确绘图工具，按 C 键在多边形的外围寻找多边形的中心，然后拉伸生成扭曲模型，如图实 12.6 所示；如果设置 Spin Angles 为 180°，则会生成上下漏斗形状的扭曲体。

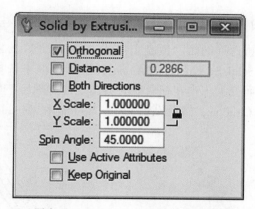

图实 12.5　Solid by Extrusion 属性框

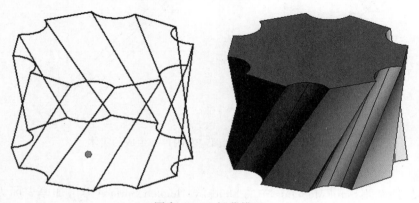

图实 12.6　扭曲模型

5. 选择软件左侧 Solid Modeling 中的 Solid by Revolution 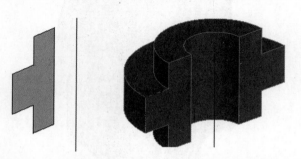工具，选择剖面后再选择旋转轴的 1 个端点，然后选择旋转轴的另一个端点，在 Solid by Revolution 属性对话框中可以设置 Angle 来建立是否闭合的旋转体，只要点击一次，如果多点击会再次旋转设置的 Angle 值，图实 12.7 显示了 Angle 为 90°时的旋转实体，左侧为剖面、旋转轴，右侧为旋转体。

图实 12.7　剖面、旋转轴（左侧）和旋转体（右侧）

6. 选择软件左侧 Solid Modeling 中的 Solid by Extrusion Along 工具可以沿着剖面和路径绘制实体，先选择路径再选择剖面，生成实体的过程如图实 12.8 所示，左侧为路径、剖面，右侧为生成的实体。Solid by Extrusion Along 属性对话框中选择 Scale 可以设置剖面比例，剖面大小会随着路径而变大，当在拐弯处时会出现冲突现象；如果剖面是圆形，则可以直接在属性对话框中选择 Circular，然后设置 Inside Radius 和 Outside Radius 的数值即可。

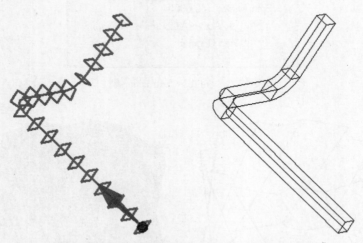

图实 12.8　路径、剖面（左侧）和生成的实体

7. 选择软件左侧 Solid Modeling 中的 Solid by Thicken Surface 加厚表面为实体工具，如使用 Surface Modeling 中的 Surface by Extrusion 工具从底面推拉出 Surface 表面，再使用加厚表面工具可以推拉 Surface，如图实 12.9 所示。

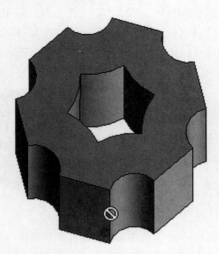

图实 12.9　加厚表面后的实体

8. 选择软件左侧 Solid Modeling 中的 Taper Face 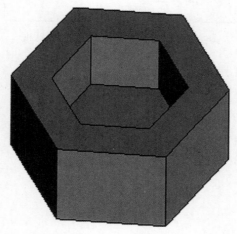变倾斜面工具，选择 Solid 实体，选择剖面，单击鼠标后出现视图坐标模式，可以按 T、F、S 键拖拉鼠标方向，并在 Taper Face 属性对话框中设置 Draft Angle 值完成变倾斜面工作。

9. 选择软件左侧 Solid Modeling 中的 Shell Solid 抽壳工具，选择 Solid 实体，在 Shell Solid 属性对话框中设置抽壳厚度，如果厚度设置过大，就会导致抽壳失败！选择欲抽壳的面，单击鼠标抽壳完成，如图实 12.10 所示。如果欲抽壳开顶面和底面，则在选择面时使用 Ctrl 键多选面即可完成。如果在 Shell Solid 对话框中勾选了 outward 选项，那么抽壳后的实体半径会向外抽壳变大。

图实 12.10 抽壳结果

10. 选择软件左侧 Solid Modeling 中的 Draw on Solid 工具，在其对话框中包含 Draw line（画直线）、Draw Block（画矩形）、Draw Circle（画圆）、Imprint Circle（投影面）和 Offset Edges（偏移边界），如图实 12.11 所示，分别实现在 Solid 实体上加线、矩形、圆、投影面到实体和偏移边界线到实体内部或外部。

图实 12.11 Draw on Solid 对话框

11. 选择软件左侧 Solid Modeling 中的 Modify Solid Entity 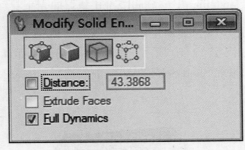工具，在其对话框中包含 All（全部）、Face（面）、Edge（边）和 Vertex（顶点）工具，如图实 12.12 所示，分别实现调整 Solid 实体的全部相关的点、面、线和顶点功能。

图实 12.12　Modify Solid Entity 对话框

实验 13　3D 模型的渲染

（1）首先绘制一个有地板和两面墙体的房屋立体剖面图，在一侧墙体上通过前面实验掌握的 AccuDraw 精确绘图方法绘制一个矩形，在地板上绘制一个球体，如图实 13.1 所示。

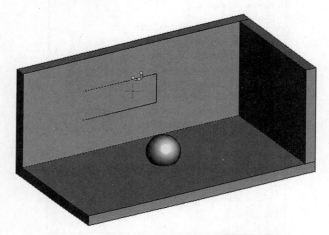

图实 13.1　构建的渲染实验的实体

2. 影响渲染的有材质、光源和渲染方法 3 个方面。通过菜单栏 Tools→Visualization 打开可视化工具条，如图实 13.2 所示，其中包括 Render 渲染、Light 灯光、Cameras 相机、Materials 材质、Material Projections 材质投影、RPC Tools 三维模型插件、Populate 批量放置 RPC 模型或 Cell。

图实 13.2　3D 模型可视化工具

3. 点击 Apply Material 应用材质功能，出现 Attach Material 对话框并选择 Open Palette 打开调色板工具，出现 Open Palette 对话框，如图实 13.3 所示；在其中选择对应的材质，点击 Material 选项可以选择材质的类型，在 Query Material 对话框中选择 Attach 附加工具，选择 Bloks&Bricks. pal（块和砖）材质，鼠标点击欲映射纹理的墙面，当墙面外围变成黄色虚线时，鼠标单击该墙面并点击确定即将已选择的材质映射到墙面；鼠标单击球体，当球体出现黄色虚线框时，单击鼠标确定为球体赋予 Glass&Plastic. pal （玻璃及塑料）材质，如图实 13.4 所示。

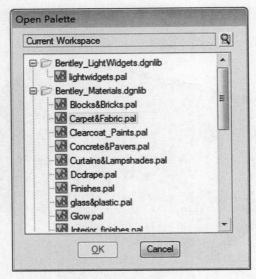

图实 13.3 Open Palette 对话框

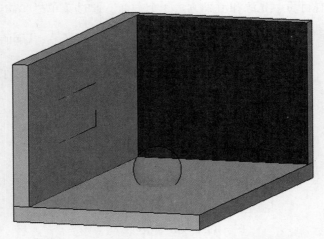

图实 13.4 使用 Apply Material 工具映射的纹理

4. 当需要自定义纹理时，则需要选择Material中的 Define Material ![icon]工具，出现 Material Editor 材质编辑器对话框，在其中选择 New Material ![icon]工具并重命名为 "Window"，单击右侧的 Pattern Pattern ![icon]▼工具，出现 Open Image File 打开影像文件对话框，选择已编辑好的图片文件，在随后出现的 Pattern for Wall 对话框中使用默认的 Units：Surface 选项，则以一幅图像为墙体赋纹理后将铺满整个墙面，如图实 13.5 所示；Material Editor 材质编辑器对话框，在其中选择 New Material 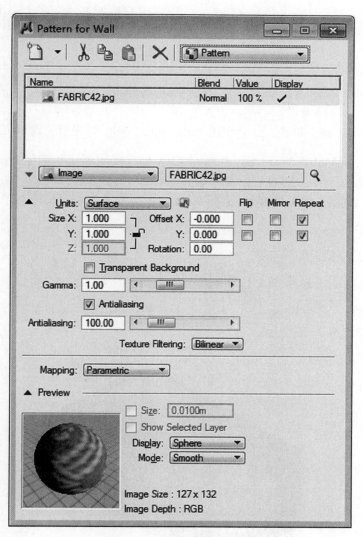工具并重命名为"Wall"，如果选择 Units：Millimeters 并在其下方 Size X：和 Y 中输入材质的大小（如瓷砖 600mm×600mm），选择 Material Editor→Material→Attach 工具为墙体赋予自定义的单块大小的纹理图案。

图实 13.5　在定义材质对话框

5. 如果已赋纹理出现反转现象，选择 Materials 中的 Dynamically Adjust Map 工具，选择 Rotate Map 旋转纹理工具，鼠标单击选择欲调整的纹理侧面，选择 Pivot Point 旋转点，选择待旋转的起点，移动鼠标定义旋转量，旋转纹理到合适角度即可。

6. 点击 Light 工具中的 Place Light 工具，在出现的 Place Light 工具中有 Point Light 点光源、Spot Light 聚光灯、Area Light 、Directional Light 方向光、Sky Opening 开放式天空光源，Point Light、Spot Light、Directional Light 对应的放置效果为

、 、 ，而 Area Light 和 Sky Opening 是需要自定义原始面并设置方向的。

7. 在渲染之前关闭视图上方 Adjust View Brightness 中的 Default Lighting 功能，以避免与 Render 工具光源冲突。点击 Render 工具，在出现的对话框中选择 Luxology Render Setting Luxology 渲染设置，然后单击 Light Setups 灯光设置对话框，其中有 Brightness、Ambient、Flashbulb、Solar、Sky Dome 选项，如果要使用这些选项，请在右侧的 Properties 中勾选 On 按钮；下方还有自定义的各种光源如 Point Light 和 Spot Light，可以在其中设置对应的光照参数。如果选择使用 Solar 光源，在 Solar Position 选项下的 Type 中选择 Time&Location，在 Select Position by City 选择所在城市，通过 Define North 工具定义北方向，设置拟渲染的时间等参数。

8. 点击 Begin Luxology Render 工具开始渲染，渲染后的结果会显示在预览框中。关闭 Render 对话框后，选择 Illustration：Default 着色模式可以观察到设置的灯光效果（含点光源和聚光灯），如图实 13.6 所示。

图实 13.6　渲染后的灯光效果图

实验 14　激光点云建筑物三维建模方法

　　地面三维激光点云数据量大，由于遮挡等原因会有建筑物部分点云丢失，因扫描仪在地面扫描，因此楼顶点云会缺失。三维激光点云这些特性导致了点云三维建模不同于传统的建模方式，其建模难度要高于传统的方法。另外，在为模型赋纹理前，要在 Photoshop 软件中编辑纹理，消除遮挡物，达到建筑物纹理的实际最佳效果；对于形成透明图层的图片不能直接存为 ∗.jpg 格式（底色会形成白色），而是要存储为 ∗.png 格式；为了能减少数据量同时符合 3D 模型规范要求，一般要在 Photoshop 软件中设置图像的长宽分辨率为 2 的倍数且小于等于 512。以下步骤展示了点云三维建模的一般方法。

　　1. 点击 MicroStation V8i 软件工具栏中的 ▾Point Cloud 工具，菜单 File→Attach 来添加点云数据，文件类型一般选择 ∗.las 格式，点击 OK 键后，选择保存成 MicroStation 自己的点云格式 ∗.pod 格式。在随后出现的 Point Clouds 对话框中，单击取消选择 Snap、Locate 和 Anchored 选项 ，以免在后期的绘制 3D 模型过程中捕捉到不需要的点。单击 Point Cloud 工具栏 Presentation 工具，在 Point Cloud Presentation 中的 Style 项选择 Elevation 或 Intensity，Colorization 项选择 Soft Hue 或 Greyscale 项，图实 14.1 显示了灰度模式下的反射强度信息的平房激光点云。

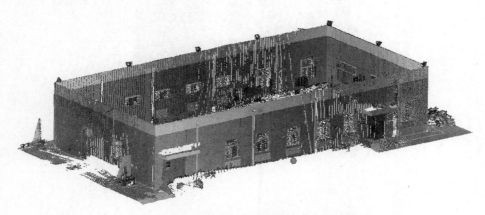

图实 14.1　带反射强度的平房激光点云

　　2. 点云数目很多，直接捕捉单点绘制对象轮廓可能造成轮廓不在实际地物的平面上或导致轮廓形成非标准几何形状。另外，由于点云配准误差的存在和实际建设的房屋很难达到完全的直角，为此选用左侧 Solid Modeling 工具中的 Place SmartLine 工具直接绘制建筑物的轮廓。先在 Top 视图中显示点云，然后使用 SmartLine 沿着房屋屋顶的边缘绘制房屋轮廓，如图实 14.2 所示。因为绘制顶部轮廓时并未考虑绘制时的深度，因此需要使用 Front 或 Right 视图左上方 Manipulate-Main Task 工具条中的 Move 工具调整该轮廓到建筑物的顶部,移动过程如图实 14.3 所示。在 Front 或 Right 视图中,选择左侧 Solid Modeling 工具栏中的 Solid by Extrution 工具挤压顶部轮廓到地面形成 3D 实体模型,如图实 14.4 所示,通过"Shift+鼠标左键"旋转轴侧视图观察所建模型与激光点云的拟合状况。

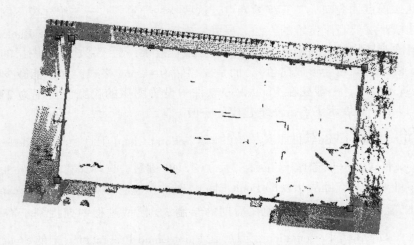

图实 14.2　沿建筑物屋顶边缘绘制的屋顶轮廓线

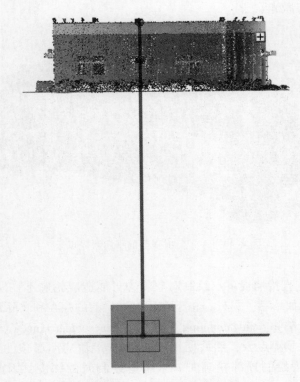

图实 14.3　移动轮廓线到屋顶处

图实 14.4 所绘制的建筑物 3D 主体模型（黑实线）

3. 对于建筑物的其他 3D 细节部分，先将视图转换到顶视图模式，在顶视图建筑物主体处通过 RA 键定义 ACS 坐标系，并选中软件下方的 Active Locks 工具中的 ACS Plane 选项，再次点击视图中的按钮，可以发现视图旋转后 ACS 坐标系的轴将平行于视图，如图实 14.5 所示。

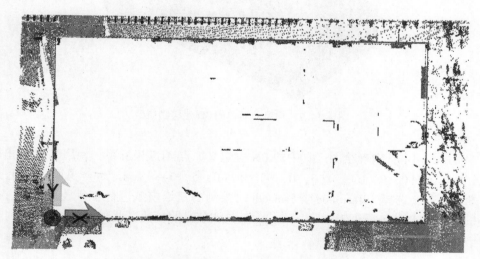

图实 14.5 在建筑物屋顶定义的 ACS 坐标系

4. 在顶视图模式下，绘制建筑物附属的各个房檐。在软件左侧的 Solid Modeling 工具中选择 Place Block 绘制矩形工具并使用 N（捕捉最近点）功能将绘制的矩形房檐附加到建筑物主体上，并为矩形赋值不同于建筑物主体的颜色。变换到 Front/Back/Left/Right 视图下，通过新定义的颜色找到刚绘制的房檐，使用 Move 工具将其下移到房檐的垂直位置，通过 Solid by Extrusion 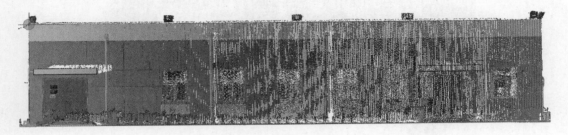 工具构建房檐的 3D 实体，如果房檐大小一致，可以通过 Copy

和 Mirror 工具绘制其余的 3D 房檐，如图实 14.6 所示。

图实 14.6　Front 视图下的 3D 房檐实体

图实 14.7　构建的简单的 3D 建筑物模型

5. 利用 AccuDraw 精确绘图工具中的 RA 键定义原点 ACS 坐标系，使用 M 键给出原点的位置，分别输入（0，0，0）、（5，0，0）和（0，5，0）。点击 View 视图的左上方工具 Display Style List，选择 3illustrator 或 5smooth 对绘制的三维模型进行着色显示，通过视图上方的 Adjust View Brightness：Default Lighting 工具调整光照情况，此时的 3D 模型有时被称为 "白模"，如图实 14.7 所示。

6. 在上方的工具栏选择 Materials：Define Materials，打开 Material Editor，在菜单 Palette（调色板）中选择 New 新建一个 Palette，在菜单 Material（材质）下选择 New 新建一个 Material，在 Material Editor 右侧选择 Solid pattern，在打开的对话框中选择建筑物材质文件，选择菜单 Material→attach 工具，单击要赋材质的面即完成贴纹理工作；如果出现纹理反转的情形，在 Visualization 工具栏中选择 Define Material→Pattern： ，选择 Flip：X 或 Y 反转纹理；如果顶部视图纹理出现偏移，在 Visualization 工具栏中选择 Dynamically

Adjust Map 工具中的 Rotate Map 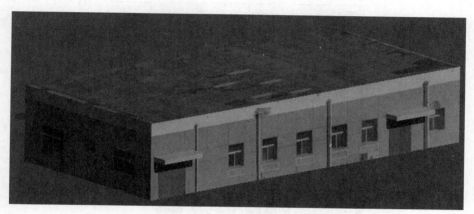工具旋转纹理，或者通过选择 Define Material→Pattern：

，设置 Offset X 或 Y 来偏移这些值。为建筑物的所有面赋予纹理后，点击 View 视图的左上方工具 Display Style List，选择 3illustrator 或 5smooth 对绘制的三维模型进行纹理显示。

7. 取消选择视图上方的 Adjust View Brightness：Default Lighting 选项。在 Tools→Visualization→选择 Render：Render（渲染）工具，先在 Luxology Rendering Setting 中选择渲染设置模板，然后在 Light Setups 中设置光源，最后打开 Begin Luxology Render 工具，开始渲染整个建筑物场景，最终的 3D 模型如图实 14.8 所示。

图实 14.8　渲染后的建筑物 3D 模型

实验 15　激光点云地面滤波及 DEM 应用

本次实验目标是掌握利用激光点云的地面点滤波方法，能生成 DEM、等高线，能根据 DEM 高程数据计算填方和挖方量。

1. 在左侧栏中右键 POLYDATA，选择 Create new polydata，在随后界面中选择经过精配准的各站扫描点云数据，如图实 15.1 所示。在 settings 选项卡中→FILTER MODE 选择 alldata，在 additional data 中选择 combine data，点击 OK，开始输出全部的点云为 polydata 数据，可在左侧栏中 POLYDATA 中查看，将 Polydata001 改名为 alldata。

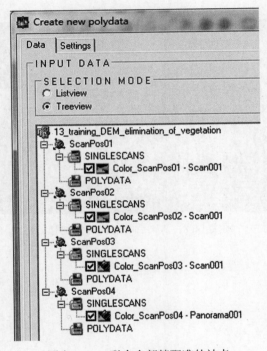

图实 15.1　联合全部精配准的站点

2. 将 all data 这个 polydata 数据拖入中间视图中，选择 True color 中的 Linear scaled。在 Selection mode 和 Bird's view（顶视图）下，观察激光点云数据所在平面对应的轴系平面，如 X-Y 轴，根据轴系平面使用创建平面█工具中的 co-planar with the $x-y$ plane 生成平面，可在右侧 Properties 栏中设置 Width 和 Height 使得该平面能覆盖欲剪切的激光点云数据（只有设置了平面的 Width 和 Height 才能在 Filter Data 中显示）。如果设置的平面大小位置偏离，选择右侧栏中 PLANES 右键新建平面，选择 Modification Orientation and Position，选择 Action→Translate，在 Translation offset（m）中设置偏移数值，在 Values→选择 Use Mouse Movement，鼠标点击下方的 X、Y、Z 轴来平移平面直到完全覆盖整个点云数据，并要求平面要低于全部的激光点云数据，平面调整界面如图实 15.2 所示。

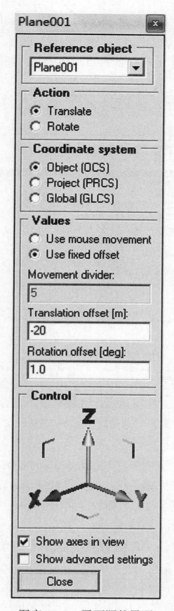

图实 15.2　平面调整界面

3. 使用 Rectangle Selection ⬚工具和 Inside Filter ★外部过滤工具，沿着新建平面精确绘制欲建模的激光点云数据的区域（所绘区域稍小于平面），区域绘制完毕后会自动用红色标记选中的选择区域外部的点云（类似于反向选择功能）。点击 Delete selected area and Create new polydata object 工具 ⬛创建裁剪的激光点云数据，命名为 outsidedata，该数据属于剪切剩余数据不起作用。

4. 在左侧栏中 alldata 上右键→filter data，注意不要选择 outsidedata！Filter mode 中选择 2.5D raster 项，Reference 选择第 1 次新建平面 Plane01，resolution 第一次先设置为较大的间隔 4m，Mode（每个格网内点云高程取值）：Minimum，选择 Triangulate data（生成三角网），点击 OK。生成三角网化的 polydata 并命名为 ground-4m，如图实 15.3 所示。

图实 15.3　2.5D raster 过滤设置

5. 在右侧栏原数据 alldata 中右键选择 Surface Comparison，将生成的模型 ground-4m 手动拖入到 Reference mesh 中，修改 Min. Distance 和 Max. Distance 值（8m）作为 2 个表面的对比高程的范围，如-3~3m，如图实 15.4 所示，点击 Update 按钮进行 2 个表面的对比，对比后会彩色显示多余的植被部分，如图实 15.5 所示。勾选 Selected Colored Points 并点击 Update 按钮选择多余植被点，确认对比结果满足要求后关闭表面对比对话框。

6. 选择![工具图标]工具反选所有的剩余点云，然后选择视图上方的 delete ![图标]删除多余植被点；再次使用选择![工具图标]工具全选剩余的点云并利用 Create new polydata object ![图标]工具创建多边形数据，命名为 veg-1st。

7. 类似于第 3 步，在左侧栏中 outsidedata 上右键→filter data，Filter mode 中选择 2.5D raster 项，Reference 选择第 1 次新建平面 Plane01，resolution 第 1 次先设置为较大的间隔 2m（第 1 次间隔的一半），Mode（每个格网内点云高程取值）：Minimum，选择 Triangulate data，点击 OK。生成三角网化的 polydata 并命名为 ground-2m。

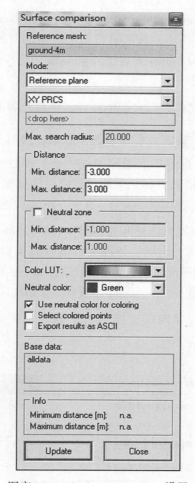

图实 15.4　Surface comparison 设置

图实 15.5　表面对比后显示选择的地面

8. 类似于第 4 步，在右侧栏原数据 alldata 中右键选择 Surface Comparision，将生成的模型 ground-2m 手动拖入到 Reference mesh 中，修改 Min. Distance 和 Max. Distance 值为第 1 次值的一半（3/2＝1.5m），点击 Update 按钮进行 2 个表面的对比，对比后会彩色显示多余的植被部分。勾选 Selected Colored Points 并点击 Update 按钮选择多余植被点，确认对比结果满足要求后关闭表面对比对话框。

9. 选择视图上方的 delete ✕ 删除多余植被点，然后选择 ▶ 工具反选所有的剩余点云，利用 Create new polydata object ◢ 工具创建多边形数据，命名为 veg-2rd。

10. 重复 4~6 步或 7~9 步直到不能剔除植被为止。多数情况下，这种半自动的滤波方法基本上能成功剔除大部分的植被，如果想通过剔除一些低矮草地或灌木进一步提高地面滤波精度则需要考虑使用剖面手动剔除的方法。首先，单选视图右侧 GL-CAMERAS ▣，在右侧 Properties 中修改 Perspective 为 Orthogonal。在 Bird eyes view 视图下，选择创建平面 ▣ 下的 from 2 points 工具，在顶视图上绘制一条线并形成垂直于激光点云的一个平面。在 Plane Selection Mode 下选择刚绘制的平面，Bandwidth 中设置 above 和 below 的剖面带宽，Offset 先设置为 0（距离设置平面的长度），increment 设置为 2，如图实 15.6 所示。使用视图左上角的选择模式 ▣ 加 ▣ 多边形选择模式选择剖面上的非地面点，并通过 ✕ 删除掉如图实 15.7 所示。

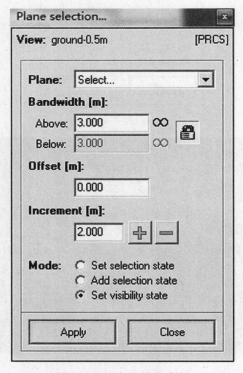

图实 15.6   剖面设置参数

图实 15.7　剖面选择非地面点

　　11. 点击工具栏中的 Measure Volume & Surface Area [V] 测量体积和表面积工具，在 Calculate Mode 中选择 Raster + Triangulation，选择自动剔除植被时的平面，勾选 Create volume（s）as triangulated mesh，设置栅格大小 0.4m，Filter mode：Min。点击 OK 后，出现 "No data selected. Do you want to use all data?"，选择 Yes 后会在视图右侧工具栏中生成多边形数据，重命名它为 DEM。将 DEM 文件拖入到视图，在 Edit View Type 中 False Color→Height 中点击高程的 ⬆ 最大值和 ⬇ 最小值后显示 DEM 模型的彩色渲染模式。生成 DEM 后使用 ⬚ Selection mode 选择工具选择 DEM 外围的基台面，然后删除生成如图实 15.8 所示的 DEM 模型。

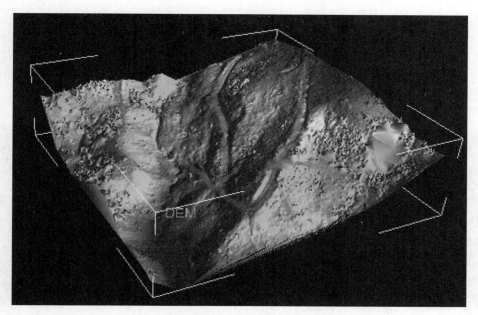

图实 15.8　删除基台面后的 DEM 模型

　　12. DEM 还有未去除干净的植被等噪声点，导致 DEM 显示多处突起，在视图右侧的 DEM 多边形文件上右键选择 Smooth and Decimate→Advanced Settings，出现如图实 15.9 所示的界面，在其中选择 Laplacian Smoothing 选项，Numbers of Iterations：200，在 Decimate （Inactive）中取消选择 Decimate 选项，点击 OK 开始平滑操作，DEM 将得到大幅平滑。

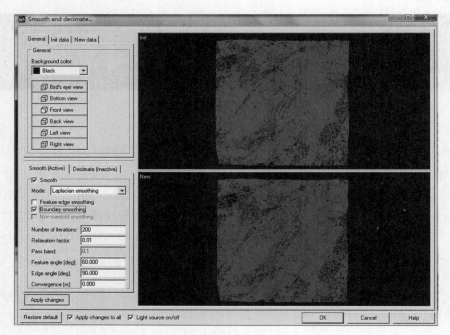

图实 15.9　Smooth and Decimate 对话框

13. 通过视图上方的创建平面 � 工具中的 co-planar with the x-y plane 分别创建 DEM 上下 2 个 X-Y 平面并在右侧 Properties→Origin（$X/Y/Z$）中设置 Z 值调整 2 个面的高度使得 DEM 正好位于这 2 个平面之间，如图实 15.10 所示。

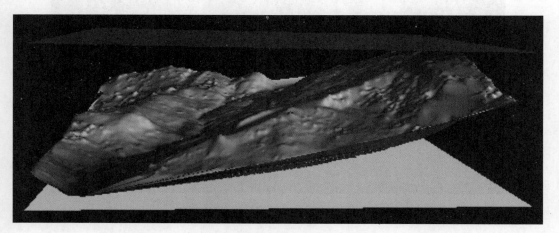

图实 15.10　DEM 上下的 2 个平面

14. 选择视图上方的 Create new section objects element 创建剖面对象工具，设置 Mode：Two Planes（1→2），按 Ctrl 建选择右侧栏中的 2 个平面对象，设置 Step Width：0.5m（等高线

间距），点击 Create Sections（创建等高线）按钮出现 "No Triangulated Polydata object select-ed. Do you want to use all data?" 对话框，点击 Yes 开始生成等高线，生成的等高线如图实15.11 所示。

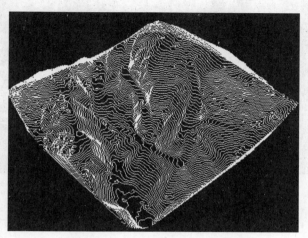

图实 15.11　间距为 0.5m 的等高线

15. 假设计算某一平面（如 Plane01）以下到 DEM 表面的土方量，选择该平面并右键选择 Invert plane normal 反转平面法线使得平面朝下，选择视图上方的 Volume and Surface Area 工具，在其中选择 Raster+Triangulation，选中 Volume 选项并命名为 Waste_ Volume，Reference Plane：Plane01，Raster Size：0.4m，Filter Mode：BiLinear（双线性内插），点击OK 出现 "No data selected. Do you want to use all data?"，然后计算出土方填方量数值，如图实 15.12 所示。

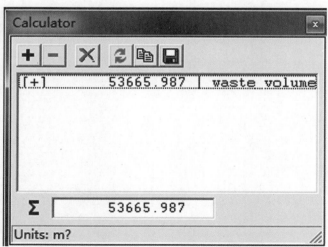

图 15.12　计算的土方量填方量结果

16. 将 waste_ volume 多边形数据拖入到 DEM 视图中可以清晰地观察到填方结果，如图实 15.13 所示。

图实 15.13　填方结果模型

参 考 文 献

［1］ Shan J, Toth C K. Topographic laser ranging and scanning: principles and processing ［M］. New York: CRC Press/Taylor & Francis Group, 2009.

［2］ 李峰. 机载 LiDAR 点云的滤波分类研究 ［D］. 北京: 中国矿业大学（北京），2013.

［3］ 俞宽新，江铁良，赵启大. 激光原理与激光技术 ［M］. 北京: 北京工业大学出版社，2008.

［4］ 魏薇，潜伟. 三维激光扫描在文物考古中应用述评 ［J］. 文物保护与考古科学，2013，25（1）: 96~107.

［5］ 卢颖. 基于三维激光扫描的桥梁检测技术应用研究 ［D］. 吉林大学，2017.

［6］ 姚明博. 三维激光扫描技术在桥梁变形监测中的分析研究 ［D］. 浙江工业大学，2014.

［7］ 袁长征，滕德贵，胡波，等. 三维激光扫描技术在地铁隧道变形监测中的应用 ［J］. 测绘通报，2017，9: 152~153.

［8］ 史小湘，刘明松. 三维激光扫描技术在大坝监测中的应用 ［J］. 吉林水利，2014，1: 52~54.

［9］ 廉旭刚，胡海峰，陈鹏飞. 矿山地面灾害三维激光扫描监测及空间分析 ［J］. 山西煤炭，2018，38（1）: 4~8.

［10］ 吕宝雄，李为乐，申恩昌. 基于三维激光扫描的崩滑地质灾害地表监测研究 ［J］. 工程勘察，2017，8: 45~47.

［11］ 王洪宝. 基于车辆变形三维点云数据的碰撞事故再现 ［D］. 江苏大学，2016.

［12］ 刘晋，税午阳，任镁. 犯罪现场三维建模技术研究进展 ［J］. 刑事技术，2017，42（3）: 216~221.

［13］ COLARD T, DELANNOY Y, BRESSON F, et al. 3D-MSCT imaging of bullet trajectory in 3D crime scene reconstruction: Two case reports ［J］. Legal Medicine, 2013, 15（6）: 318.

［14］ 杨航，徐松战. 基于三维激光扫描的汽车零部件逆向设计研究 ［J］. 河南工程学院学报（自然科学版），2015，1: 44~47.

［15］ 汪开理. 三维激光点云与全景影像匹配融合方法 ［J］. 测绘通报，2013，12: 130~131.

［16］ Vosselman G, Maas H. Airborne and terrestrial laser scanning ［M］. Catihness, UK: Whittles Publishing, 2009.

［17］ The American Society For Photogrammetry Sensing. LAS Specification Version 1.4 - R13 ［S］. Bethesda: 2013.

［18］ Wehr A, Lohr U. Airborne laser scanning—an introduction and overview ［J］. ISPRS Journal of Photogrammetry & Remote Sensing, 1999, 54（2-3）: 68~82.

［19］ 李峰. 机载 LiDAR 系统原理与点云处理方法 ［M］. 北京: 煤炭工业出版社，2018.

［20］ 邵正伟，席平. 基于八叉树编码的点云数据精简方法 ［J］. 工程图学学报，2010，4: 73~76.

［21］ 刘磊，张建霞，郑作亚. LiDAR 点云数据的栅格化重心压缩方法 ［J］. 测绘科学，2011，37（1）: 90~91.

［22］ 葛晓天，卢小平，王玉鹏，等. 多测站激光点云数据的配准方法 ［J］. 测绘通报，2010，11: 15~17.

［23］ 解则晓，徐尚. 三维点云数据拼接中 ICP 及其改进算法综述 ［J］. 中国海洋大学学报，2010，40（1）: 99~103.

［24］ 戴静兰，陈志杨，叶修梓. ICP 算法在点云配准中的应用 ［J］. 中国图象图形学报，2007，12（3）: 517~521.

［25］ 官云兰，程效军，施贵刚. 一种稳健的点云数据平面拟合方法 ［J］. 同济大学学报（自然科学版），

2008, 36 (7): 981~984.

[26] 曾成强. 纹理映射技术算法综述 [J]. 甘肃纵横科技, 2014, 43 (11): 40~44.

[27] 同济大学测绘与地理信息学院. Geomagic Studio 软件操作指南 [EB/OL]. (2015-09-15) [2017-03-22]. ttps://wenku.baidu.com/view/d2932902dd88d0d232d46a0b.html.

[28] 徐克红, 王赫. 三维激光扫描点云数据在 CloudWorxforMicroStation 下的处理 [J]. 北京测绘, 2015, 3: 72~74.

[29] Zogg H M. Investigations of high precision terrestrial laser scanning with emphasis on the development of a robust close-range 3D-laser scanning system [D]. Zurich: Institute of Geodesy & Photogrammetry Eth Zurich, 2008.

[30] Stiros S, Lontou P, Voutsina A, et al. Tolerance of a laser reflectorless EDM instrument [J]. Survey Review, 2007, 39 (306): 308-315.

[31] 李峰, 余志伟, 董前林, 杨彩霞. 车载激光点云数据精度的提高方法 [J]. 科技情报开发与经济, 2011, 21 (9): 123~125.

[32] 谭贲, 钟若飞, 李芹. 车载激光扫描数据的地物分类方法 [J]. 遥感学报, 2012, 16 (1): 50~66.

[33] 杨俊志, 尹建忠, 吴星亮. 地面激光扫描仪的测量原理及其检定 [M]. 北京: 测绘出版社, 2012.

[34] 杨忝婧. 地面三维激光扫描仪的测量误差分析 [J]. 东华理工大学学报自然科学版, 2013, 36 (2): 228~232.

[35] 李峰, 崔希民, 刘小阳, 等. 机载 LIDAR 点云定位误差分析 [J]. 红外激光与工程, 2014, 43 (6): 1842~1849.

[36] 杨胜利, 满开第, 王少明, 等. 全站仪仪器加常数自测定 [J]. 矿山测量, 2005, 3: 34~36.

[37] 刘东全. 地面激光扫描仪 (TLS) 加常数检定方法的研究 [J]. 测绘科学, 2011, 36 (3): 164~165.

[38] 刘春, 张蕴灵, 吴杭彬. 地面三维激光扫描仪的检校与精度评估 [J]. 工程勘察, 2009, 37 (11): 56~60.

[39] Gottwald R. Field Procedures for Testing Terrestrial Laser Scanners (TLS) A Contribution to a Future ISO Standard: Proceedings of the FIG Working Week, Stockholm, Sweden, 2008 [C]. FIG, SLF.

[40] 李峰, 郑雄伟, 王和平. 机载 LiDAR 系统在大比例尺地形成图中的应用 [J]. 遥感信息, 2009, 6: 20~24.

[41] 李峰, 崔希民, 袁德宝, 等. 窗口迭代的克里金法过滤机载 LiDAR 点云 [J]. 科技导报, 2012, 30 (26): 24~29.

[42] 李峰, 崔希民, 袁德宝, 等. 利用机载 LiDAR 点云提取复杂城市建筑物面域 [J]. 国土资源遥感, 2013, 25 (3): 85~89.

[43] 秦志光, 张凤荔. NURBS 曲线的算法分析及实现 [J]. 计算机工程, 1995, 4: 15~18.

[44] 范冲, 王学. 三维城市建筑物的纹理映射综述 [J]. 测绘与空间地理信息, 2014, 7: 1~4.

[45] 李增忠. 纹理映射技术的研究 [D]. 西安电子科技大学, 2005.

[46] 刘浩, 张冬阳, 冯健. 地面三维激光扫描仪数据的误差分析 [J]. 水利与建筑工程学报, 2012, 10 (4): 38~41.

[47] 杨忝婧. 地面三维激光扫描仪的测量误差分析 [J]. 东华理工大学学报 (自然科学版), 2013, 36 (2): 228~232.

[48] 李峰, 崔希民, 袁德宝, 等. 改进坡度的 LiDAR 点云形态学滤波算法 [J]. 大地测量与地球动力学, 2012, 32 (5): 128~132.

[49] 丁巍. 浅述地面三维激光扫描技术及其点云误差分析 [J]. 工程勘察, 2009, (s2): 447~452.

［50］李强，焦其松，张景发．基于地面激光雷达技术点云的北川县城震害建筑物提取研究［J］．科学技术与工程，2016，16（19）：244~249.

［51］周航，刘乐军，王东亮，等．滑坡监测系统在北长山岛山后村山体滑坡监测中的应用［J］．海洋学报，2016，38（1）：124~132.

［52］李峰，崔希民，刘小阳，等．机载 LiDAR 点云提取城市道路网的半自动方法［J］．测绘科学，2015，40（2）：88~92.

［53］谢谟文，胡嫚，王立伟．基于三维激光扫描仪的滑坡表面变形监测方法——以金坪子滑坡为例［J］．中国地质灾害与防治学报，2013，24（4）：85~92.

［54］陈俊铭．基于地面 LiDAR 数据的建筑物立面提取及建模研究［D］．东华理工大学，2017.

［55］李峰，吴燕雄，卫爱霞，等．机载激光雷达 3 维建筑物模型重建的研究进展［J］．激光技术，2015，39（1）：23~27.